U0392933

WILEY

先进电子封装技术

Electronic Packaging Science and Technology

杜经宁 King-Ning Tu
陈 智 Chih Chen 著
陈宏明 Hung-Ming Chen

王小京 蔡珊珊 郭敬东 丁梓峰 译

化学工业出版社
·北京·

内容简介

本书系统而全面地总结了现代电子封装科学的基础知识以及先进技术。第1部分概述了电子封装技术，其中包括了最重要的封装技术基础，如引线键合、载带自动键合、倒装芯片焊点键合、微凸块键合和Cu-Cu直接键合。第2部分介绍电子封装的电路设计，重点是关于低功耗设备和高智能集成的设计，如2.5D/3D集成。第3部分介绍电子封装的可靠性，涵盖电迁移、热迁移、应力迁移和失效分析等。最后还探讨了人工智能（AI）在封装可靠性领域的应用。各章中包含大量来自工业界的实际案例，能够加强读者对相关概念的理解，以便在实际工作中应用。

本书可供半导体封装、测试、可靠性等领域的工程技术人员、研究人员参考，也可作为微电子、材料、物理、电气等专业的高年级本科生和研究生的专业教材。

Electronic Packaging Science and Technology by King-Ning Tu, Chih Chen and Hung-Ming Chen

ISBN 978-1-119-41831-3

图书在版编目（CIP）数据

先进电子封装技术 / 杜经宁，陈智，陈宏明著；王小京等译. -- 北京：化学工业出版社，2024. 9.

ISBN 978-7-122-45882-7

Ⅰ. TN05

中国国家版本馆CIP数据核字第202451QQ49号

责任编辑：毛振威　　装帧设计：史利平

责任校对：张茜越

出版发行：化学工业出版社（北京市东城区青年湖南街13号　邮政编码100011）

印　　装：中煤（北京）印务有限公司

710mm×1000mm　1/16　印张14¾　字数272千字　2024年10月北京第1版第1次印刷

购书咨询：010-64518888　　售后服务：010-64518899

网　　址：http://www.cip.com.cn

凡购买本书，如有缺损质量问题，本社销售中心负责调换。

定　　价：139.00元　

译者的话

本书是关于先进电子封装技术的一本系统性著作，在内容上将封装技术与时代背景相结合，深入浅出地讲解了当前技术与时代诉求之间的差距。该书集成了杜经宁教授课题组在微互连、封装可靠性方面的研究成果；融入了作者对本领域的看法与技术期许，以及对未来的展望；并结合当前技术发展，讨论如何使用人工智能（AI）来加速可靠性预测和测试；还介绍了平均微观结构失效变化（MMTF）的基本思想，用以形成一种新的 3D 封装测试技术。

当前国际竞争的主要方面是先进半导体技术和消费电子产品制造业的竞争。国内电子封装技术已有长足发展，已经拥有国际上最大的产业集群和国际领先的封测企业（如长电科技、华天科技、禾芯集成电路等）。国内开设电子封装技术专业的高校已经由最初的 6 所增至 28 所。然而，企业培训、高校教学配套书籍的出版相对滞后。

企业工程技术人员产业背景培训、技术人员深化学习、电子封装技术本科专业学生培养，均需一些更能反映本领域最新技术的专业书籍。而本领域的固定资产动辄以亿元为单位，这一特色使得企业和高校之间在技术沟通方面显得略有障碍。而国外该领域的研究以企业研发机构为引导，联合高校的模式开展较早，其技术沉淀为书籍的过程就比国内大为迅速。这样一来，翻译较为成功的书籍，就变得尤为重要。

本书在把握微电子封装技术发展的前提下，系统讲解了现代电子封装技术中重要的基础知识和先进封装技术，以加深对半导体技术开发和制造的本质的理解。同时对于当前的后摩尔时代，电子封装技术面临的两个至关重要的挑战，本书均较好地给予了阐述、分析和讨论。这两个挑战一是针对越来越密集的 I/O（如第 3 章所示），正在开发由铜-铜键合和电介质-电介质键合组成的混合键合，二是更大的焦耳热及其散热问题（在本书第 9 章）。

本书的三个内容板块，基本涵盖了电子封装技术的所有方面，前沿技术方面还引入了纳米孪晶铜互连的 Cu-Cu 键合技术，以及将该技术用于三维系统集成中的一些内容。在最后一章，结合当前的 AI 技术给出了在本领域可靠性测试方面的应用。可以说，本书是关于现代封装技术的一本集大成的著作。无论对于从事本领域工作的工程技术人员，或是在本领域跋涉学习的在校学生，都是一本不可多得的专业书籍。

本书第 2 章、第 3 章、第 11～14 章由蔡珊珊高级工程师翻译；第 4 章、第 8 章由丁梓峰博士翻译；其余由王小京副教授翻译。译稿经第一次审稿后，经王小京做了修订。最后由王小京和郭敬东研究员对全书再次进行了总校。

由于电子封装领域的飞速发展，有些专业名词尚未统一。例如“interposer”可翻译成“中介层”或“转接板”，本书中采用其功能性诠释，全部翻译成“转接板”；有些则因为含义进行润色，比如“entropy production”和“entropy increasing”，因为熵是一个状态量，在本书范围内均为熵的增加，因此我们将之均翻译为“熵增”；再比如在应力迁移的章节，我们将“… work done by an atomic jump distance driven by this force will be …”翻译为“……该力作用下原子跳跃一个原子间距所做的功……”，是考虑到一个原子跳跃距离，只能是原子间距，加之上下文均在用“迁移”这一词，但单个原子间距还是以用原文“跳跃”合适，就保留了“跳跃”这一词，并在单个原子间距的传输距离上，均用“跳跃”这个词描述“迁移”的含义；另如，“The change of thermal energy across an atom is …”翻译为“跳跃（通过）一个原子间距，热能的变化是……”，原文用“原子”代替“间距”，可能是基于密排堆垛的假设，原子之间并无间隙，因此在中文翻译时我们直接意译为“原子间距”。

凡此种种，我们力求尽意表达，但由于知识固陋，可能存在曲解原意之处，恳请包涵、指正。

译　者

前言

进入大数据时代，移动设备无处不在。物联网（IoT）遍布各处，实现了人与人、人与机器、机器与机器的通信。近些年，远程教学、远程医疗、家庭办公、在线会议的发展，大大增加了对先进消费电子产品的需求。这些消费类电子产品拥有更小的外形、更大的内存、更多的功能、快速大规模的数据采集和传输、更低的成本以及卓越的可靠性。与此同时，5G 先进通信技术和三维集成电路（3D IC）已经开始对我们的社会产生了影响，产生了许多新的人工智能（AI）应用。

随着硅芯片技术微型化的摩尔定律（Moore's law）的放缓，微电子行业正在寻找突破该定律的替代方法。3D IC 最有希望超越摩尔定律，而其中封装技术的升级至关重要。 事实上，世界各地正在建设新的先进封装工厂。我们不禁要问，为了提高性能和可靠性，3D IC 器件的电子封装技术将有哪些创新？ 或者说，电子封装技术中，哪些具有挑战性的问题对半导体技术的近期发展至关重要?

本书的目标是介绍先进电子封装技术，以便深入理解超摩尔技术在开发和制造中的精髓。特别地，本书的前沿内容包括：使用（111）择优取向的纳米孪晶铜来实现铜与铜的直接键合，为实现高性能宽带和低功耗器件的封装集成中的创新 3D IC 系统，以及基于熵增的平均失效时间方程分析。

在第 1 章概论之后，接下来的章节分为三个部分。

在第 1 部分中，第 2 章介绍键合技术的历史，涵盖引线键合、载带自动键合、倒装芯片 C4 焊点键合、微凸块键合、铜-铜直接键合和混合键合。第 3 章介绍随机取向和（111）择优取向纳米孪晶铜的微观结构、性能和应用。随后，第 4 章和第 5 章专门讨论用于焊点形成的铜锡反应中的化学反应和动力学过程。第 4 章回顾液态焊料与 Cu 之间的固-液界面扩散（SLID）反应。第 5 章回顾固体焊料与 Cu 之间的固-固反应。金属间化合物（IMC）是一种没有成分梯度化的化学计量化合物，其生长动力学一直是固-固反应中的一个突出问题。我们引入瓦格纳扩散系数来解决这一问题。

第 2 部分主要是关于封装技术中电路集成的章节，重点是低功耗器件和智能集成的设计，讨论了与 2. 5D/3D IC 需要更快的速率和更多的数据传输量有关的技术问题，阐述了如何在封装技术中提高 I/O 密度和带宽。

第 3 部分是关于可靠性科学的章节。介绍了开放系统中原子流、热流和电荷流的不可逆过程，分析了最重要的焦耳热问题，涵盖了电迁移、热迁移、应力迁移和失效分析等主题，在熵增的基础上重新分析了平均故障时间（MTTF）方程。

最后，第 14 章简要讨论如何利用人工智能加速可靠性测试。我们提出了一种基于 X 射线的图形处理单元（X-GPU），用于在任何新开发的旨在大规模生产的 3D IC 器件中发生早期可靠性失效之前对其进行分析。这里人工智能的目标是将时间相关且耗时的可靠性测试转变为时间无关的测试。我们将介绍平均微观结构失效变化（MMTF）的基本思想，以便将 MTTF 与 MMTF 联系起来。

在本书的撰写过程中，得到了台湾交通大学 Jody Lee 女士和 John Wu 先生的大力协助，在此一并表示感谢。

杜经宁
陈　智
陈宏明

目录

第2部分

第1章 概论

1.1 引言

随着我们进入大数据时代，移动设备随处可见。在硬件方面，几乎人人都有手机。在软件方面，物联网（IoT）无处不在，实现了人与人、人与机器，以及机器与机器的通信。近些年，远程教学、远程医疗、家庭办公和线上会议的趋势大大增加了对先进消费电子产品的需求，要求更小的外形尺寸、更大的内存、更多的功能、更低的成本、更快和更大的数据传输速度，以及超高的可靠性。事实上，先进的5G通信技术和三维集成电路（3D IC）已经开始对社会产生影响。毫无疑问，周围的世界正在迅速变化。在人类历史上，这可以被视为一次重要的变革。

人类在18世纪发明蒸汽机后，进行了工业革命，通过机器动力来代替人力和畜力。文明活动从农业转向工业，有了铁路列车、远洋轮船、汽车、飞机和电力。人类社会从封建制度转变为更现代的制度，离不开工业生产。诚然，在过去的两三百年里，工业生产对人类社会的影响是巨大的。

在20世纪发明了晶体管、晶体管电路的超大规模集成和移动技术之后，我们使用数据的力量来提升机器的能力。即将到来的是人工智能（AI）革命，机器人以及无人驾驶的汽车和飞机为我们服务。由移动互联网支撑的移动技术在不久的将来还有很长的路要走。然而，伴随着快速的进步，硅芯片技术中，摩尔定律的小型化已接近尾声，因此人们怀疑这种进步是否可持续。

如果我们回顾过去的10～20年，半导体行业发生了一些有趣的事，即日本已经失去了在半导体技术方面的领导地位。欧洲的大国，如英国、法国和俄罗斯，在微电子领域没有存在感。由于TSMC（台积电）和Samsung（三星）的成功，中国台湾和韩国已经取得了领先地位。今天，中国大陆已将半导体设备的开发和制造确定为一个目标，并将花费大量资金来实现这一目标。中美贸易争端背后的关键原因之一是先进的半导体技术与消费电子产品制造方面的竞争。同时，5G通信技术和人工智能应用伴随着我们，它们对我们的社会产生了无限的影响和变化。

日本的失败有很多原因，例如日元和美元之间的汇率发生了重大变化，以及美国对 Fujitsu（富士通）的严厉惩罚。但是，日本最近与台积电合作，在日本建立了一个先进的电子封装工厂，以保持其影响力。英国和法国在半导体领域的影响力日益减弱，是因为其财政对半导体技术的支持不足，而是相当一致地倾向于支持社会的普遍需求。今天，建立一个硅基晶体管工厂将需要 30 亿～50 亿美元，越来越少的国家能够负担得起。俄罗斯本身资金不足。韩国的三星能这样做是因为有政府的支持。台积电很特别，它接受世界各地制造超大规模集成（VLSI）器件的订单，它知道技术的主要趋势，因此可以把赚来的钱用于不断创新改进技术。例如，台积电在过去五代中利用浸入式光刻技术引领了纳米级半导体设备的制造。本书撰写时，我们已实现了 5nm 技术节点，3nm 和 2nm 节点也即将到来。

中国的一些专家认为中国在半导体行业可能需要 10 年时间才能赶上前沿水平，但没有给出要花这么长时间的理由。中国在高铁和卫星技术方面已经非常成功。当中国能够制造出和美国一样便宜的晶体管时，就表明中国已经赶上了。下面给出了一个合理的理由。

中国的经典哲学家王阳明认为“知难行易”。半导体技术则完全相反，“知易行难”。以教孩子拉小提琴或弹钢琴为例，我们可以找到最好的老师来教孩子如何演奏好所有的技术和技巧。即使是一个非常有天赋的孩子，他/她仍然要花 10～20 年的时间来练习才能精通。做得好需要的是“经验”。的确，“经验”是无法快速传授的，也无法复制，更无法偷窃。此外，在半导体制造业，经验不仅仅是一个人的，而是整个行业的。

1.2 摩尔定律对硅技术的影响

摩尔定律指出，在不增加生产成本的情况下，每个芯片面积的晶体管密度每 18～24 个月翻一番。图 1.1 描述了根据摩尔定律，采用硅技术的二维集成电路的成就。从 1970 年到 1985 年，每个芯片的密度从 1k（10^3）增加到 1M（10^6），增长了 1000 倍。从 1985 年到 2005 年，从 1M 增加到 1G（10^9），这又是 1000 倍的增长。这是 40 年来任何人类活动中最成功的可持续性事件。

该定律有两个重大影响。首先，现在一个晶体管的价格比在报纸上印刷一个字母还要便宜，这是摩尔定律的一个重要结果，即电路装配密度可以增加一倍而生产成本不增加。因此，我们可以用非常低的成本使用晶体管。其次，它使计算机的物理尺寸缩小，从而可以制造出手持和移动设备。图 1.2 显示了 2002 年一台大型计算机的一部分。该模块尺寸约为 10 cm×10 cm，在模块中的两块陶瓷板之间，有 10×11＝110 块硅芯片。根据图 1.1 所示的摩尔定律，2002 年每块芯片的电路装配密度约为256M。如果我们能将中央处理器（CPU）和110块芯片上的存储器集成到一块芯片上，就可以通过使用一块芯片来建立一个移动设备或移动计算机了！毫无疑问，还需要减少封装结构，以及用手指触摸技术取代键盘。值得一提的是，在图1.2中，虽然没有看到芯片，但看得到电子封装结构，其中明亮的焊点无处不在。这表明焊点技术在电子设备制造中是多么重要。这是因为焊点仍然是连接两根铜线，甚至两根铜纳米线的最佳方式。

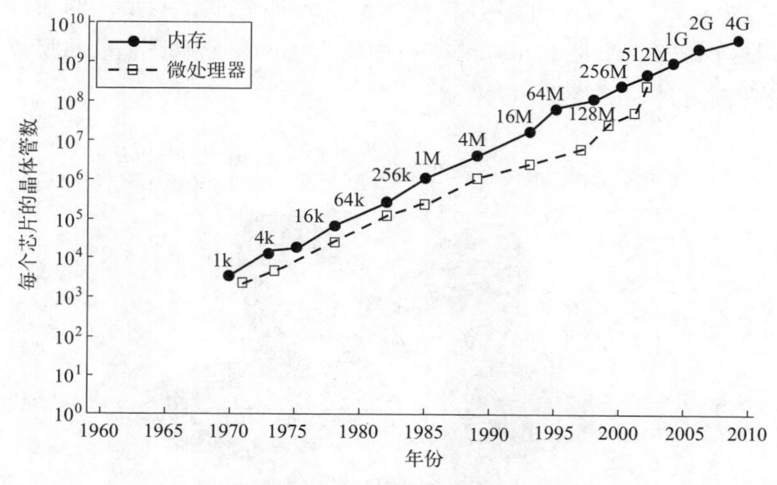

图1.1 根据摩尔定律硅技术2D IC的成就简述

图1.2 2002年大型计算机的部分器件结构的图像。该模块的尺寸约为10cm×10cm

1.3 5G技术和AI应用

互联网意味着计算机与计算机之间的通信。移动互联网意味着移动计算机（手机）与移动计算机的通信。此刻，5G和人工智能的快速发展要求摩尔定律至少再继续前进10～20年，但摩尔定律正在终结。

在人类文明中，通信技术从语言、文字、印刷、电话和电报、电视、互联网，到现在的移动互联网，一步步慢慢推进。今天，移动互联网背后的先进通信技术被定义为5G，其标准是有一定的性能要求。图1.3是一朵花，它有六个花瓣。每个花瓣有两组：内部较亮的花瓣和外部较暗的花瓣。后者代表5G技术，前者代表4G技术。每个花瓣定义了一个具体的技术要求，如表1.1所示。例如，关于信号的端到端延迟，在4G中是10ms，在5G中约为1ms。如果我们能将所需的性能推进到5G的花瓣之外，那将是6G。

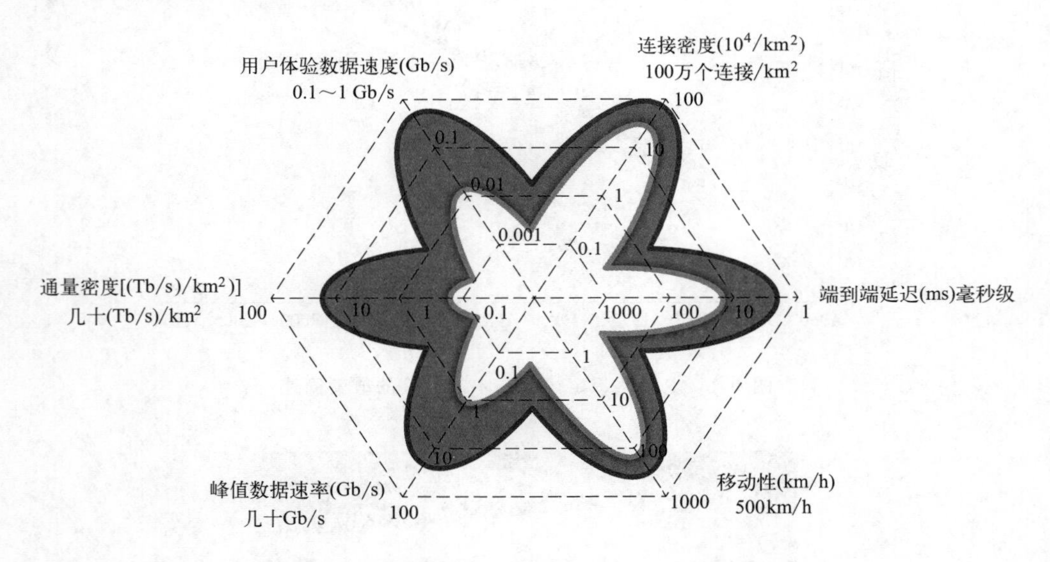

图1.3 花的花瓣中显示出4G和5G所需的功能

表1.1 5G技术要求

主要要求	次要要求
端到端延迟(ms) 峰值数据速率(Gb/s) 移动性(km/h) 通量密度[几十(Tb/s)/km²] 连接密度(10^4/km²) 万物互联 能源效率	安全性和可靠性 低成本

2014年，人们已经预测到在2020年左右，5G技术将被广泛使用。然而，中国的华为公司宣布，其5G技术在2019年已经准备就绪，领先于所有人。这成为

中国和美国贸易争端中的一个关键问题，后者已将华为列入其实体名单或禁令名单。5G的硬件由卫星、服务器、光纤线路、基站、手机和终端传感器组成，软件由各种移动互联网组成，如谷歌的安卓。华为特别擅长制造基站。

数据和信号可以通过天上的卫星传输，但卫星在战争开始时很容易被击落。它们还可以通过地下和海洋上的光导纤维进行传输，制作光纤需要掺入稀土元素，所以稀土元素的战略重要性可想而知。此外，它们还可以通过陆地上的基站进行传输，因此，建设大量的基站是国家安全问题。

20世纪90年代末，网络公司得到了发展，但很快就破灭了，因为当时没有手机。手机普及后，Apple、Microsoft、Amazon等取代了GE、IBM和Exxon等，成为了现在世界最大的公司，这正是因为移动技术的广泛应用。

关于5G技术的全球标准要求，见表1.1，首先是信号的端到端延迟，只有几毫秒。延迟是指发送信号和接收信号的总时间。在一个移动的汽车链中，如果第一辆车突然停下，第二辆车必须在延迟时间内停下，否则就会发生事故。如果我们考虑一个无人汽车，汽车顶部的LiDAR［激光雷达，不是radar（雷达）］应该能够检测到突然出现的行人或汽车，这样它就可以停下来，避免事故。

另外，LiDAR和雷达是视线范围内的技术。然而，我们需要有一个车对万物的网络，以便有非视线的意识，知道静止或移动物体后面是什么。此外，它应该有一个超快的数据传输速度，以便清楚地显示高速行驶的汽车周围的图像变化。它还可以立即下载或上传新闻或天气报告。在5G技术中，下载一部电影现在只需要3秒。5G想要成功，它必须有非常多的基站，这样才能从一个地方到另一个地方不断地接收和传输信息。表1.1中的其他标准要求不再赘述，它们显而易见。例如，任何在汽车发动机盖下使用的设备都应该有很高的可靠性，因为有热量。然后，低成本对于在家庭和办公室中使用万物互联是很重要的。

毫无疑问，5G技术将增强人工智能的应用。在本书最后的第14章，将讨论使用人工智能加速研究可靠性的必要性，这样就可以把它从一个依赖时间的事件变成一个不依赖时间的事件。另一个使用人工智能的领域将是生物医学和健康应用。例如，中医多年来一直以大数据为基础，而针灸技术可以通过现代微电子设备得到提升。微电子和生物医学应用之间的联系将是未来最重要的先进技术。

1.4 三维集成电路封装技术

随着硅技术的小型化趋势放缓，微电子行业一直在寻找保持小型化势头的方法，也就是说，要走向比摩尔定律更大的发展空间[1-3]！硅器件的关键特征尺寸已经达到纳米级，低于10nm。因此，要使硅芯片上的晶体管电路越来越小而成本不大幅增加是越来越难了。目前，扩展摩尔定律最有希望的方法是从二维集成电路转到三维集成电路。实际上，这种模式的改变在 10 多年前就已经发生了，但由于成本和可靠性的问题，三维集成电路还没有进入大规模生产。

在半导体制造中，由于产品数量极其庞大，所以高良率和高可靠性是至关重要的。低良率会增加成本，可靠性差会导致召回，例如手机的电池故障。对于任何大规模生产的消费类电子产品来说，对可靠性的关注是至关重要的，尤其是现在被广泛用于远程教学和家庭办公的先进消费类电子产品的三维集成电路封装。

在本章中将解释：什么是电子封装？还有，其中涉及的科学和工程是什么？特别是那些与可靠性有关的科学和工程。如果我们想给手持设备增加更多的功能，就必须增加内存、逻辑和特殊功能的操作。同时，功率和电池容量也必须增加。更大尺寸的电池会压缩设备其他部分的体积，这使得发热问题更加严重。为了散热，必须有一个温度梯度。如果考虑在直径为 10μm 的微观结构上有 1℃的温差，其温度梯度就是 1000℃/cm，这将诱发热迁移。反过来，焦耳热将增强电迁移，而热应力将诱发应力迁移。虽然这些是与时间有关的事件，但它们是主要的可靠性问题。

图 1.4 是一个 2.5D 集成电路测试装置的横截面的扫描电子显微镜（SEM）图像。它只有两片堆叠在聚合物板上的硅芯片。在电气上，它们通过三组焊点相互连接。在聚合物板的底部或外部是一组最大的焊球，其直径达 760μm，这被称为球栅阵列（BGA）。这些球允许测试设备与印制电路板上的电路连接。在聚合物板内，还有铜线以及镀铜的通孔，这些在图片中没有显示。在聚合物板的顶部，是第二组直径约为 100μm 的倒装芯片焊球，即所谓的 C4（controlled collapse chip connection，可控塌陷芯片连接）焊球，将电路板与第一个硅芯片连接起来，这就是"转接板"（interposer，也译"中介层"）。在这个测试装置中，转接板上没有晶体管，它是无源的，只作为一个基板，不会给上面的有源硅芯片带来热应力。通常这

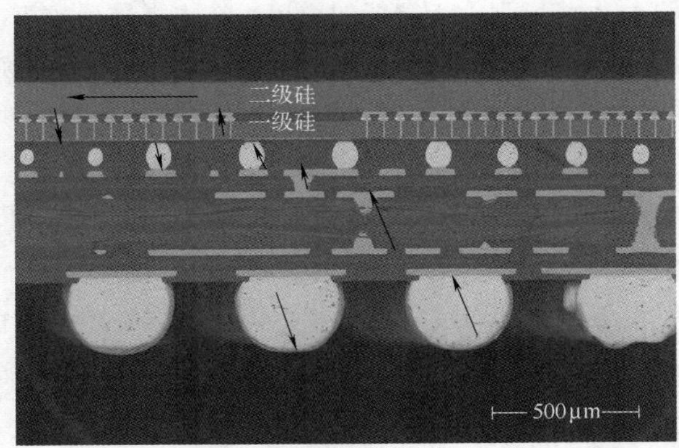

图 1.4 SEM 拍摄的三维集成电路测试装置的横截面图像。它只有两片堆叠在聚合物板上的硅芯片

种测试装置被称为2.5D IC，因为转接板上没有晶体管。如果转接板上有晶体管，它就成为3D IC。

在该转接板中，有一排垂直的硅通孔（through silicon via，TSV）镀了铜，与第三排直径为10～20μm的焊点连接，即所谓的微凸块（micro-bumps或μ-bumps），它将夹层与顶部的硅芯片连接起来。顶部的硅芯片是一个有源器件芯片，所以它有晶体管。图1.4中器件的厚度大约是1美分硬币的厚度。由于移动消费电子产品外形尺寸的限制，器件的厚薄是一个关键的要求。因此，硅芯片的厚度也很薄。硅芯片转接板的厚度约为50μm，比传统的200μm厚度的硅芯片薄很多。薄的转接板会造成翘曲问题，以及热传导问题，这些将在后面的章节中讨论。转接板中TSV的直径约为5μm，所以TSV的深径比为10∶1。

在上述例子中，除了有源硅芯片，其余部分包括转接板都可以被视为电子封装。封装使硅芯片能够发挥作用，并使其能够与外部世界互动。在封装中，值得一提的是，在两组不同大小的焊点之间，应该有一个重布线层（RDL）结构，用于电路扇出型封装。在从低密度焊点到高密度焊点的过程中，它增加了电路的输入/输出（I/O）触点的数量。I/O的密度越高，数字电磁波的频率分辨率就越高，因为每个I/O都被设计为传输小宽度的电磁波。

目前，在电子封装技术方面有两个极其重要的挑战。首先是需要越来越密集的I/O，这意味着微凸块的直径和它们之间的间距必须减少。如第3章所示，由铜与铜之间的键合和电介质与电介质之间的键合组成的混合键合正在开发中。其次是焦耳热和热量耗散，这将在第9章中讨论。

关于I/O的增加，从BGA到C4接头，在聚合物板的上部有一个铜线的RDL；从C4接头到微凸块，在转接板芯片的下部有一个铜线的RDL。该第二个RDL在图中是看不见的，但它在三维集成电路中是新的，因为它不存在于二维集成电路器件中，在二维集成电路中通常只有两层焊点。新RDL的故障是值得关注的。

图1.5（a）和（b）分别显示了一个3D IC和一个2.5D IC器件的一部分同步辐射断层图像，后者的长度约为4mm，厚度和高度约为0.5mm。由于对X射线的微弱吸收，两个硅芯片和聚合物基板变得不可见，可以看到垂直的TSV柱。此外，焊球和铜线也被清楚地显示出来。在图1.5（a）中，通过使用一对BGA球作为阴极和阳极，并在100℃下通过50mA电流，沿着表示传导路径的箭头，可以研究由电迁移和焦耳热引起的时间依赖性故障（将在第10章讨论）。

为什么要强调电迁移和焦耳热？这是因为电子器件是电流-电压（I-V）器件，所以施加的电流在一个开放系统中进出器件。它导致了焦耳热和电迁移，这是可靠性的关键问题。图1.6是一个典型的三维集成电路器件的横截面示意图。从本质上讲，其结构与图1.4所示的结构相同，只是在右侧，在作为CPU的逻辑芯片上有

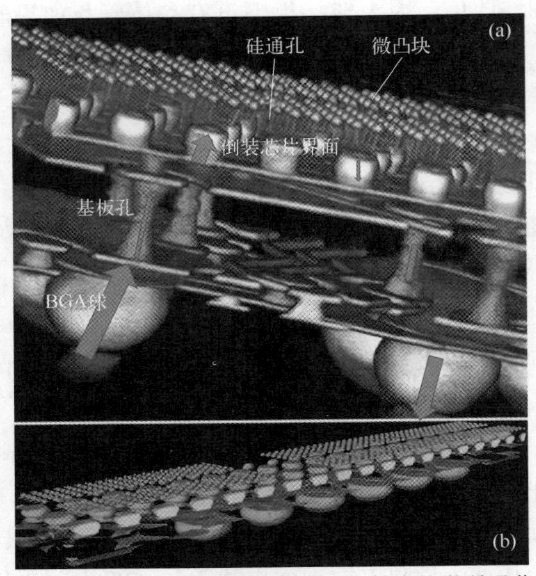

图 1.5 (a) 3D IC 器件的同步辐射断层图像，由于 X 射线的微弱吸收，两个硅芯片和聚合物基板变得不可见，但焊球和铜线显示得很清楚。(b) 2.5D IC 器件的同步辐射断层图像，其长度约为 4mm，厚度和高度约为 0.5mm，可以看到垂直的 TSV 铜柱

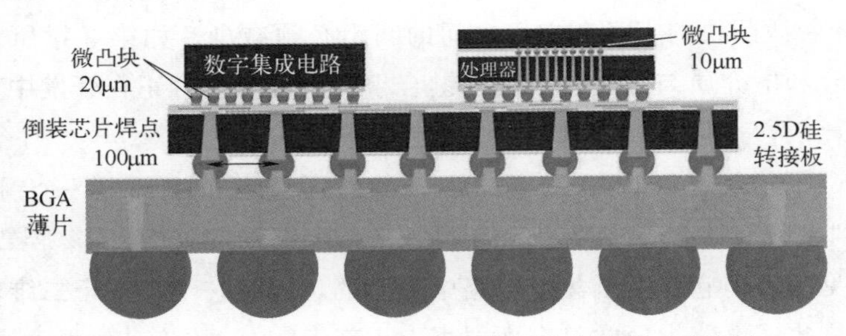

图 1.6 一个典型的三维集成电路器件的横截面示意图

一叠存储芯片。如果用光学或复合半导体或 MEMS 芯片取代堆叠，就变成了异构集成。

在比较三维集成电路和二维集成电路的结构时，区别在于多层芯片的堆叠以及使用 TSV 和微凸块的互连。在加工 TSV 时，芯片越薄，越容易钻出通孔。在制作微凸块时，其熔点应低于 C4 接头的熔点，以便后者不会在前者熔化时熔化。因此，基本的挑战是晶圆更薄和加工温度更低。

从封装技术的角度来看，可以说三维集成电路的本质或主要挑战是缩小封装结构的尺寸，使其能够与芯片技术中的尺寸相匹配。在封装技术中没有摩尔定律，所以它有缩小的空间。

电子封装的主要功能是什么？手机是一种可移动的电子封装产品或移动计算机，它使我们能够进行计算并与周围的世界进行交流。手机中的一组芯片可以水平地、并排地排列，但它们需要空间。或者它们可以垂直排列，一个在另一个之上，这被称为3D IC，减小了外形尺寸，占用更少的空间。然而，3D IC的散热更难，因为封装更密集。一旦发生过热，就会引起可靠性问题。总的来说，产品应该在电气、机械、化学和散热上都是稳定的。

1.5 可靠性科学与工程

一个运行中的电子设备是一个开放的系统，因为电荷在设备中流进和流出。虽然传输中的电荷数量是守恒的，但熵增却不是。熵增中的废热是基于不可逆过程的焦耳热[4,5]。对于电传导，昂萨格（Onsager）方程如式（1.1）所示，熵增是 j 的共轭通量［电流密度=库仑/(厘米^2 · 秒)］和 E 的共轭驱动力的产物（电场 $E=j\rho$，其中 ρ 是电阻率）。第9章将给出昂萨格方程的推导。

$$\frac{T\mathrm{d}S}{V\mathrm{d}t}=jE=j^2\rho \tag{1.1}$$

式中，T 是温度，V 是样品的体积，$\mathrm{d}S/\mathrm{d}t$ 是熵产率，$j^2\rho$ 是单位体积单位时间的焦耳热。通常情况下，焦耳热的功率被写成 $P=I^2R=j^2\rho V$，其中 I 是施加的电流，R 是样品的电阻。因此，$j^2\rho$ 是样品单位体积单位时间的功率密度或焦耳热，单位为 $\mathrm{W/cm^3}$；I^2R 是整个样品单位时间的焦耳热，单位为W。很明显，这就是需要低功耗设备或低熵增设备的原因。

虽然在大规模生产时3D集成电路的生产成本可以降低，但由于过热导致的可靠性问题必须通过智能系统设计或可靠性设计（DFR）以及材料集成的关键选择来从根本上解决。简单地说，需要设计低功耗的设备，同时需要了解不可逆过程中的产热（焦耳热）和设备结构中的热量耗散情况[6]。因此，电子封装老化的科学和工程成为焦点。

熵增是对不可逆过程中电迁移、热迁移和应力迁移引起的失效最相关的解释[7]。失效的统计分析需要知道平均失效时间（MTTF）。一个例子是布莱克（Black）关于电迁移的MTTF方程。在第13章中，将在熵增的基础上提出一个统一的电迁移、热迁移和应力迁移的MTTF模型。

图1.7显示了铜互连中由电迁移引起危害的例子。互连中的高电流密度诱发了原子沿电流方向的移动，从阴极到阳极，导致阴极区域的空位积累和空洞形成。互连体的电阻逐渐增加，直到电路中出现一个开路，电阻急剧增加。

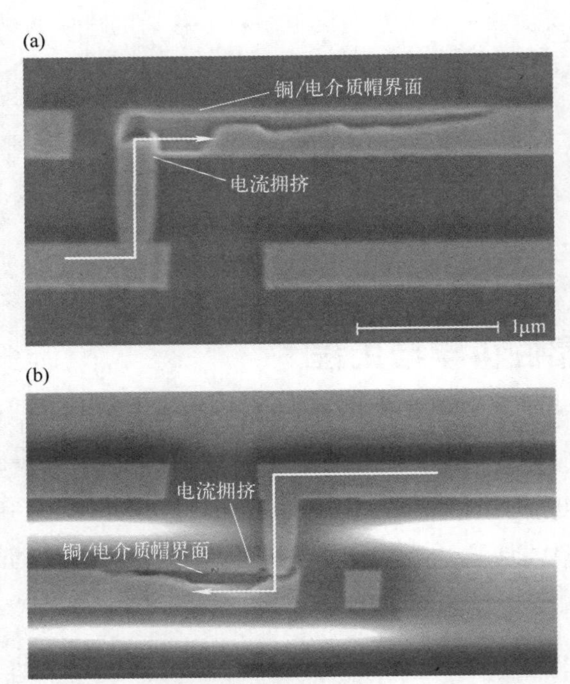

图 1.7 电迁移引起的在铜互连中形成空洞的失效案例。(a) 电子从底部铜线漂移到顶部铜线。(b) 电子从顶部铜线漂移到底部铜线

1.6 电子封装技术的未来

在不久的将来，三维集成电路器件的封装技术研发将成为重点。电子封装在硅基微电子技术中的作用正变得越来越重要。反过来，可靠性将成为主要关注点。引入人工智能以促进新的三维集成电路器件的应用，以及减少耗时的可靠性测试，将需要我们为之努力。从长远来看，电子封装技术在生物医学设备中的应用将是非常重要的。例如，随着人们寿命的延长，糖尿病在老年人中很常见。为了确定血液中的含氧量和含糖量，通常使用侵入性方法从手指上取一滴血进行测量。这是很不舒服的！如果能发明一种非侵入性的方法，例如在手指或手臂上佩戴一个移动设备，这将大大减轻糖尿病患者在日常生活中的不悦感。更进一步，如果能在体内植入一个小型设备来执行血液检测功能，将需要理解生物材料与非生物材料之间的界面相互作用。换句话说，需要研究生物可压缩材料，以及在体温下体液的化学反应。此外，可能需要将生物材料连接到非生物材料上。要做到这一点，可能需要一种低温焊料或黏合剂，它可以在体内缓慢分解。然而，常见的无铅焊料——共晶 SnAg 的熔点超过 200℃（将在第 4 章的焊点反应中讨论），因此可能需要一种新的焊料，用于生物医学

设备，其湿润温度约为100℃，该温度高于工作温度，但相对更接近人体温度。这些问题超出了本书的范围，但也说明电子封装技术未来还有很长的路要走。

1.7 全书概要

接下来的章节将分为三个部分。在第1部分中，第2章简要介绍了键合技术，包括引线键合、载带自动键合（TAB）、倒装芯片C4焊点键合、微凸块键合、铜与铜直接键合和混合键合。第3章将介绍随机取向和（111）单向取向的纳米孪晶铜的结构、性能和应用。然后，第4章和第5章将专门讨论焊点形成中的化学反应和动力学过程。其中，第4章将回顾液态焊料和铜之间的固-液互扩散（SLID）反应。第5章将回顾退火时固体焊料和铜之间的固-固反应。金属间化合物（IMC）是一种没有成分梯度的随机化合物，它的生长动力学一直是分层界面反应动力学分析中的一个突出问题，将引入瓦格纳（Wagner）扩散系数来解决这个问题。

第2部分由三章组成，与电子封装中的电路有关。重点是关于低功耗设备和高智能集成的设计，讨论了需要更快的速率和更大的数据传输量的技术问题，解释了如何提高I/O密度和封装技术的带宽。

第3部分是关于可靠性科学的章节汇编。首先是关于互连中的原子流、热流和电荷流等不可逆过程的章节。其次，将涵盖电迁移、热迁移、应力迁移和故障分析等主题。最后，在熵增的基础上，将对平均失效时间（MTTF）的内容进行介绍。

在最后一章，即第14章，将探讨如何使用人工智能来加速解决可靠性问题。提出了一个基于X射线的图形处理单元（X-GPU）来分析任何新开发的用于大规模生产的三维集成电路器件的可靠性故障分布。其目的是将依赖时间的、耗时的可靠性测试改为与时间无关的测试。

参考文献

1 Chen，K.-N. and Tu，K. N.（2015）. Materials challenges in three-dimensional integrated circuits. *MRS Bulletin* 40：219-222.

2 Iyer，S.（2015）. Three-dimensional integration：an industry perspective. *MRS Bulletin* 40：225-232.

3 Chen，C.，Yu，D.，and Chen，K.-N.（2015）. Vertical interconnects of microbumps in 3D integration. *MRS Bulletin* 40：257-263.

4 Prigogine，I.（1967）. *Introduction to Thermodynamics of Irreversible Processes*，3e. New York：Wiley-Interscience.

5 Tu，K. N.（2011）. Chapter 10 on "Irreversible processes in interconnect and packaging technolo-

gy". In: *Electronic Thin-Film Reliability* (ed. K. N. Tu). Cambridge, UK: Cambridge University Press.

6 Tu, K. N., Liu, Y., and Li, M. (2017). Effect of Joule heating and current crowding on electromigration in mobile technology. *Applied Physics Reviews* 4: 011101.

7 Tu, K. N. and Gusak, A. M. (2019). A unified model of mean-time-to-failure for electromigration, thermomigration, and stress-migration based on entropy production. *Journal of Applied Physics* 126: 075109.

第1部分

第2章 电子封装中的Cu-Cu键合与互连技术

2.1 引言

半导体器件的制造可分为三个部分：前道工艺（FEOL）、后道工艺（BEOL）和封装。FEOL 涉及晶体管、电容器和电阻器的制造。BEOL 是指在沉积第一层金属层之后的制造工艺，在高端器件中，通过双镶嵌技术沉积超过 10 层金属层用于铜互连。对于目前的 7nm 节点，第一层金属是铜。BEOL 的目的是连接各个晶体管、电容和电阻。半导体器件封装的最后阶段是将一个或多个芯片通过引线键合连接到金属引线框架上，通过载带自动键合连接到聚酰亚胺载带上，通过焊点连接到有机/陶瓷基板上，或者在最先进的 3D 集成电路（IC）中通过铜-铜（Cu-Cu）键合连接到硅转接板或者另一个芯片上。图 2.1 所示为引线框架上的第一级封装示意图。带芯片的引线框架或基板被连接到印制电路板（PCB）上，这被称为二级封

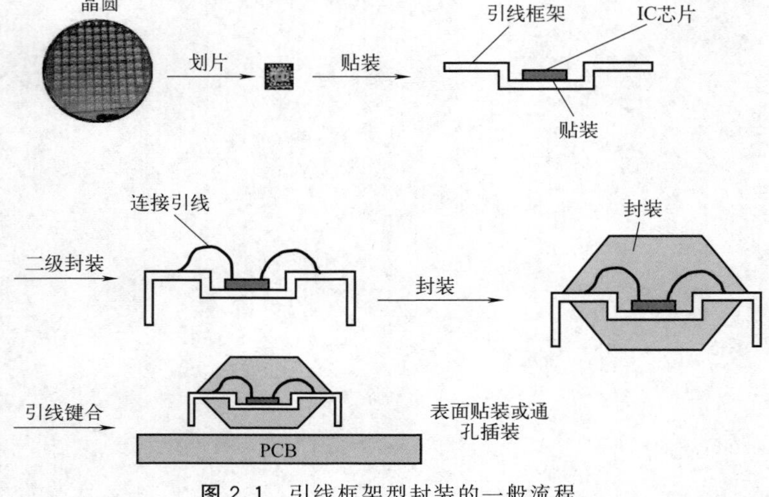

图 2.1　引线框架型封装的一般流程

装。然后根据需要将带有芯片的PCB连接到主板（三级封装），以完成封装过程。可移动手持消费品的封装也大致相同。封装的目的是提供信号通道、电源分配、散热以及物理芯片保护和防腐蚀。

一般来说，一级封装可以分为五代，包括引线键合、载带自动键合、倒装芯片技术（C4）、微凸块和铜-铜键合。

2.2 引线键合

芯片（chip）或裸片（die）从晶圆上分离后，会连接到中央引线框架板上。如图2.2所示，引线框架是由焊盘（paddle）和封装引线组成的合金框架。一个硅芯片被连接在焊盘上，电气导线用引线连接到芯片上。引线框架用于提供可靠的焊接和良好的热传导。通常的工艺包括位置读取、芯片拾取、对准、芯片放置，以及热处理或机械处理以形成键合。添加基于环氧树脂的聚合物黏合剂以提供金属颗粒，以在芯片和引线框架之间形成导热和导电路径。环氧树脂必须能够在温度变化和固化温度为60～350℃时承受热应变。引线框架的封装流程如下：在晶圆制造之后，分离的芯片被连接到引线框架上，这被称为芯片连接，引线键合将中心芯片连接到引线框架上，并为二级封装进行封装，这将在下面讨论。图2.1给出了引线框架上引线键合芯片的结构和工艺示意图。

图2.2　引线框架照片

引线键合使用超声波键合、热压键合和热声键合等方法，将细金属线从引线框架或印制电路板（PCB）顶部的焊盘，连接到IC芯片上的键合焊盘。

超声波键合利用楔头来引导金属线将其牢固固定在焊盘上，这是第一级键合。

然后需要将导线键合到基板上，这是第二级键合。施加频率为 20～60kHz、振幅为 20～200μm 的超声波来达到冷焊效果，以完成键合。使用超声波不仅可以去除焊盘表面的氧化物和污染物，而且可以产生声学弱化效应，以驱动键合界面的动态恢复和再结晶，从而完成键合过程。超声波键合具有键合温度低、键合尺寸小、线绕截面小等优点，非常适用于小芯片的键合焊盘。

在热压键合过程中，键合丝通过一个高热阻的毛细管状键合头，然后键合设备引导键合丝到第一个焊点，在那里热压形成一个球键合。之后，引线被引导到基板上的第二个焊点，在那里释放引线，形成一个月牙形的接合，如图 2.3 所示。整个过程中，第一焊点在 300～400℃下进行，第二焊点则在 150～250℃下操作。

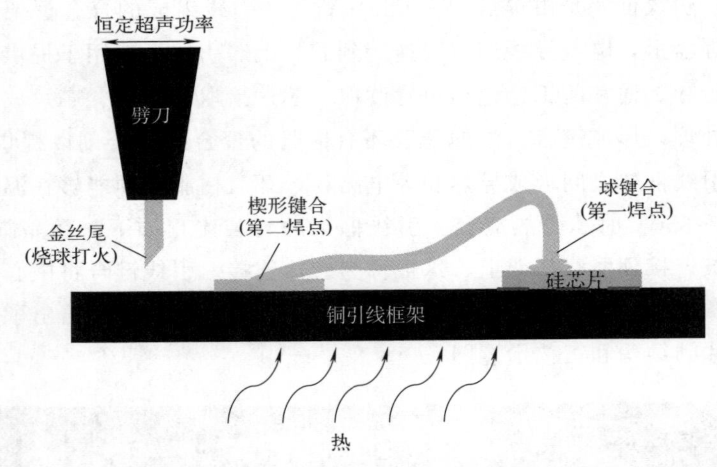

图 2.3　超声引线键合中的第一焊点和第二焊点

热超声键合技术结合了超声和热压两种方法，能有效地将键合工艺温度控制在 150～250℃，同时能避免在高温下形成较厚的金属间化合物以及电路板在高温下的劣化。

用于引线键合的材料在很大程度上取决于键合过程中所需的机械强度或断裂强度和伸长率。另一个考虑因素是成本。常用的材料是铝线，加入 1％的硅以提高力学性能，或加入 0.5％～1％的镁以增加疲劳失效和避免大量金属间化合物的形成。在 Au-Al 的二元相图中，Au 与 Al 反应可形成 5 种金属间化合物，分别为 $AuAl_2$、AuAl、Au_2Al、Au_5Al_2 和 Au_4Al。一般来说，金属间化合物本质是很脆的。因此，形成过多的金属间化合物会对接头的可靠性产生不利影响。

金丝具有抗氧化的优点，但它太软，增加了加工难度。加入少量铍、钙和铜杂质元素可以使金变韧，以获得更细的直径。铜、银和钯线也因其比铝和金更高的硬度而被使用。由于金的成本高，已经开发了铜线来代替某些器件中的金线。

目前的行业趋势是，在需要更小的键合间距和更多的互连数量的驱动下，金线已经慢慢被铜线取代。铝焊盘仍然是最广泛和常用的，而其他材料如金、银、镍和铜也被使用。所有这些材料都有一定的缺点，如铝焊盘有金钝化层，金焊盘需要有黏附金属层，银在 400℃时氧化而不能用于高温工艺，镍需要钝化气体环境以避免氧化。铜也有氧化问题，因此加入钯是为了防止铜的氧化。

引线键合只能用于硅芯片的外围制造，在那里不能放置晶体管或有源器件。这是因为超声波可能损坏晶体管或其他器件。因此，每个芯片的 I/O（输入/输出）数量是有限的。后面再讨论这个问题。

2.3 载带自动键合

载带自动键合（TAB）是由通用电气公司的 Frances Hugle 发明的，将单独的封装电路单元一个接一个地放置在条状柔性电路板上的一种工艺，见图 2.4。该工艺是通过将芯片安装到柔性封装电路单元上完成的，类似于电影胶卷，旨在使装配过程更加顺畅和方便。在将放置裸片的载带上打孔。键合位置由金凸块或银凸块制成，允许在安装过程中将芯片直接连接到电路。

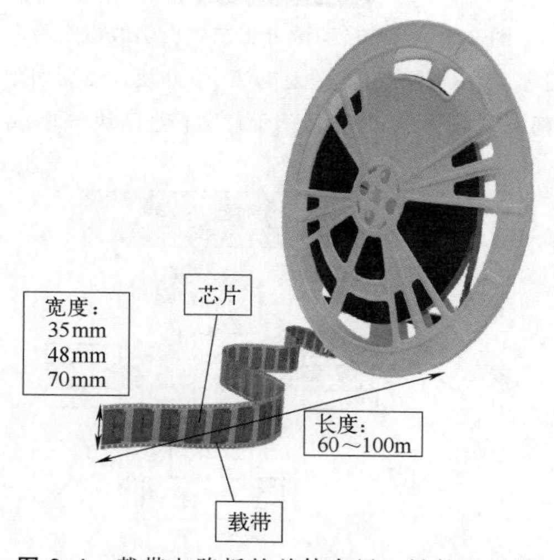

图 2.4　载带电路板的总体布局。链轮孔引导载带进行定位，从而提高芯片附着率

连接芯片和载带的 TAB 称为内引线键合（ILB），连接载带和外部电路的键合称为外引线键合（OLB），其工艺和结构示意图见图 2.5。将 Au 凸块电镀到硅晶圆上。硅片切割后，将硅片与载带对准，然后采用热压键合或组合键合的方法将硅片上的 Au 凸块与 TAB 电路的引线键合。如图 2.6 所示，组合键合采用专门设计的焊接工具，可同时对所有引线和凸块施加压力和温度。如果不使用超声波能量，这种类型的键合可以称为热压键合。组合键合提供了高生产率。

在组合键合之后，键合区域连同部分载带被环氧树脂或塑料密封剂覆盖，用来在固化之后为电路提供保护。然后，对芯片进行电气测试，之后从载带上冲下可用部分，以组装到最终应用中。

TAB 采用成批键合工艺，具有自动化高的优点。这为芯片设计提供了很大的灵活性，其中每个芯片的 I/O 密度可以高达 300 个，并且芯片可以面朝上也可以面朝下。优点是重量轻、体积小、载带有柔性。因此，它已被用于液晶显示器（LCD）驱

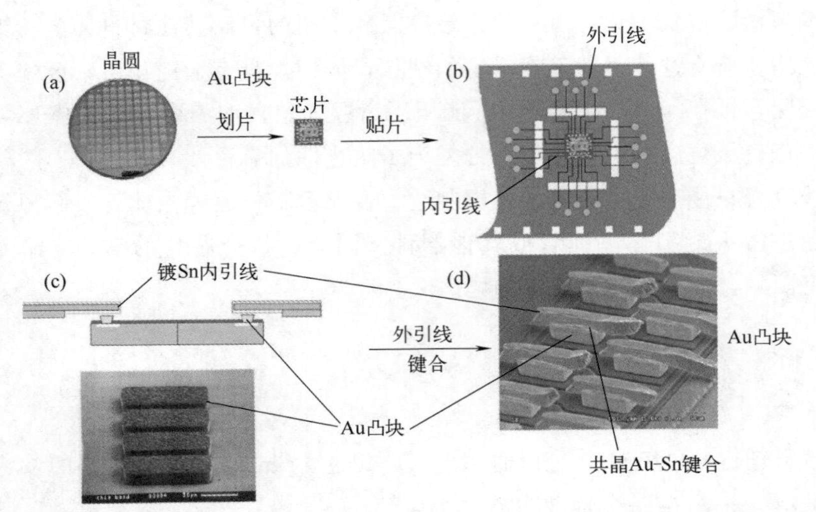

图 2.5　载带自动键合工艺，内引线键合将芯片连接到载带，外引线键合将载带连接到外部基板。(a) 在硅晶圆上电镀 Au 凸块，然后切割成小的芯片。(b) 硅芯片放置在载带下方并与内部引线对准。(c) 横截面示意图，金凸块与镀 Sn 的铜引脚对齐，下图显示了金凸块的 SEM 图像

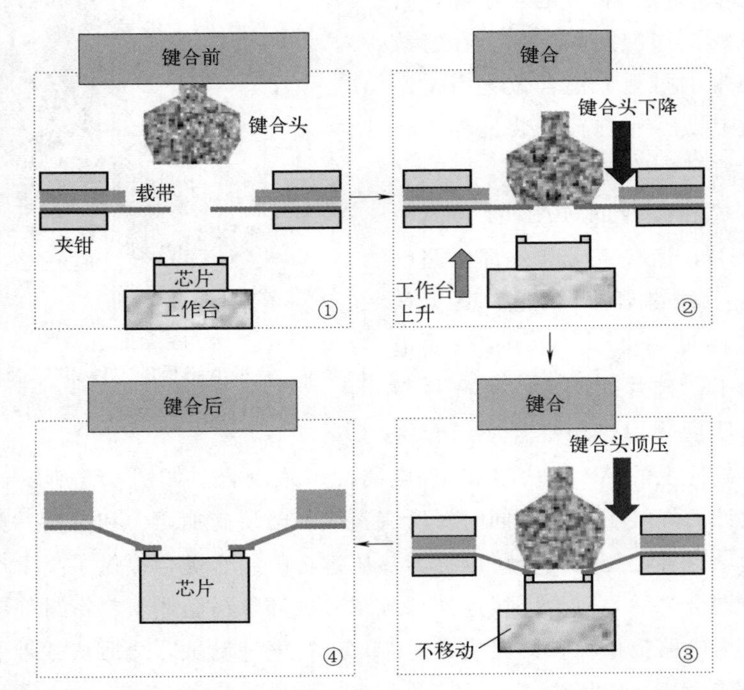

图 2.6　组合键合示意图。压力机一次向多个凸块施加压力，形成多个键合

动芯片的封装。然而，TAB 加工的缺点限制了其广泛使用，该工艺由于所需的设备和测试工具而不够灵活；开发成本相对较高，而且很难找到这方面的专家。

Au 和 Sn 的共晶反应是硅芯片连接到 TAB 内引线的键合机制。铜内引线通过浸渍，涂覆有薄的锡层。在热压过程中，Au 和 Sn 发生相互扩散，当局部成分达到 Au80Sn20（wt %，质量分数）的共晶成分时发生共晶熔化。

与引线键合类似，TAB 键合只能在硅芯片的四周键合，因为内引线在键合之前是悬浮的（free standing），可能会缠绕在一起，如果存在大面积的引线阵列，电路可能会短路。因此，每个芯片的 I/O 数量也受到限制。

2.4 倒装芯片焊点键合

倒装焊技术最早是由国际商用机器公司（IBM）在 20 世纪 60 年代商业化引入的，用于单个晶体管和二极管[1-3]。可控塌陷芯片连接（C4）焊点旨在利用焊料凸块将芯片连接到具有更多 I/O 连接的陶瓷模块。从那时起，它已成为封装技术中的常见应用，并且出现了许多变体，以兼容不同的封装组件。

该技术最典型的制造工艺包括重布线层（RDL）的制造、凸块下金属化（UBM）和焊锡凸块技术。其中，焊料可以以不同的方式沉积在硅芯片的整个表面，如电镀、丝网印刷、芯片拾取与贴装技术和蒸发。然后翻转芯片，因此被称为“倒装”芯片，再将芯片翻转并放下，以便焊点与基板上的连接器连接，见图 2.7。然后将焊料重新熔化或回流，形成电气连接。

图 2.8 所示为连接到大型计算机 PCB 上的陶瓷模块的横截面示意图。这是一个两级封装方案，因为有两级焊点，其中 C4 焊点用于将硅芯片连接到陶瓷基板上，然后通过球栅阵列（BGA）焊球连接到 PCB 上。在制造过程中，二级封装的焊点（BGA）的熔点应低于第一级焊点（C4），这是为了防止后者在前者的加工过程中熔化。

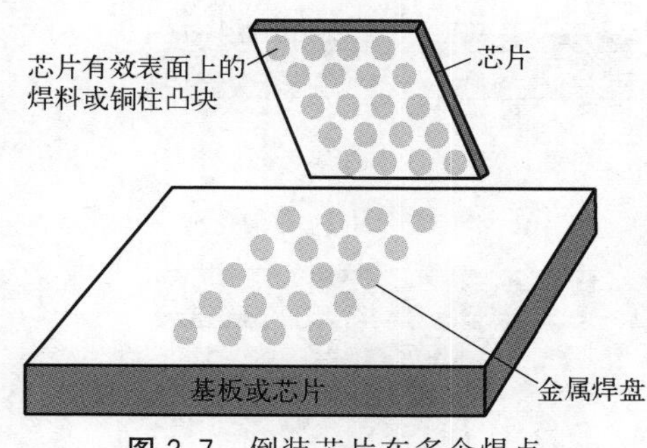

图 2.7 倒装芯片在多个焊点形成键合的示意图

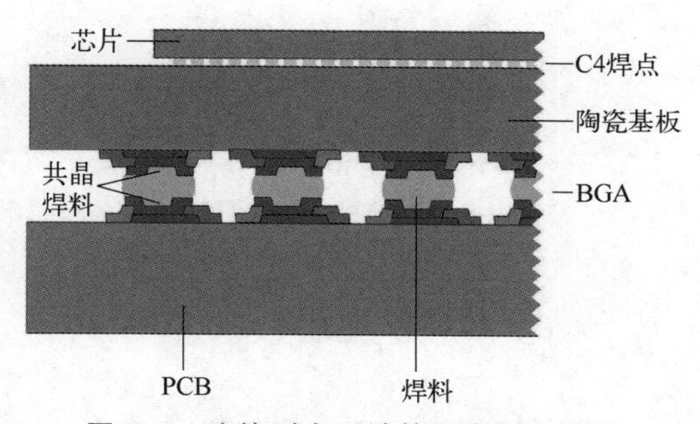

图 2.8 连接到大型计算机印制电路板（PCB）的陶瓷模块的横截面示意图

图 2.9 中显示了 C4 倒装芯片焊点及其 UBM 的横截面示意图。在多层 Al 互连结构中，Cr/Cu/Au 三层结构作为 UBM，便于铝互连结构与高铅 Pb97Sn3 (wt %)的连接。其中，Cr 膜是黏附层；铜膜与焊料反应形成互连；金膜保护铜层不被氧化。这是一个两级封装方案，因为有两级焊点，其中 C4 焊点将硅芯片连接到陶瓷基板，然后通过 BGA 焊锡球连接到 PCB。在制造过程中，二级封装的焊点（BGA）应比第一级焊点（C4）具有更低的熔点（共晶 SnPb 为 183℃），这是为了防止第二级封装的焊点在加工前的过程中熔化。

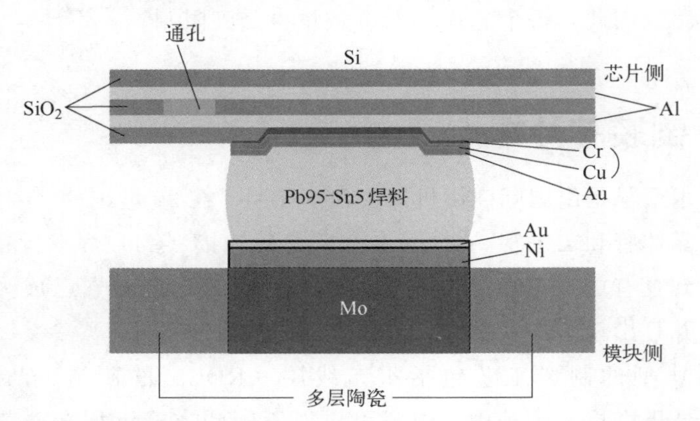

图 2.9　C4 倒装芯片焊点及其 Cr/Cu/Au UBM 的横截面示意图

图 2.10 中描述了 C4 的加工步骤。首先，制作钝化口并蒸发球限金属层(BLM)，如图 2.10（a）所示。熔点超过 300℃的高铅焊料被沉积在 UBM 上，见图 2.10（b）。第一次回流焊（约 350 ℃）在 UBM 上形成一个球形凸块，如

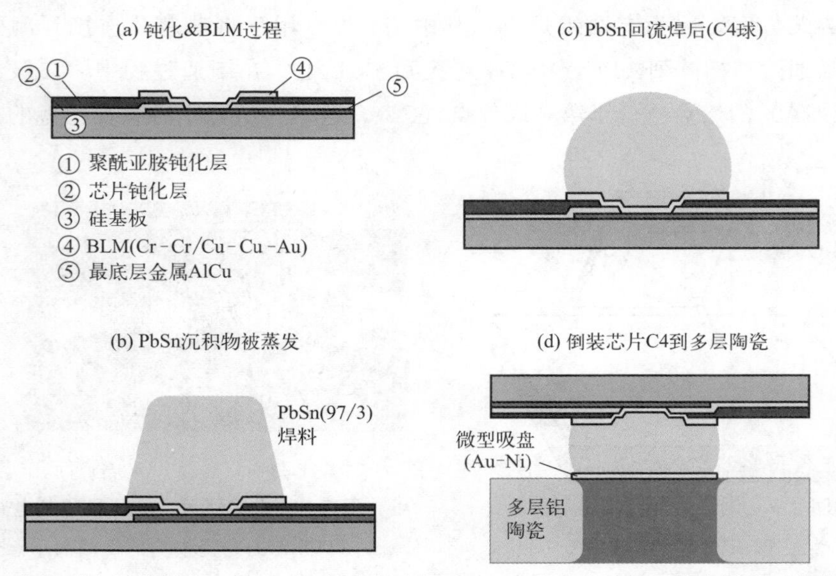

图 2.10　凸块下金属化焊点上的 C4 焊点形成示意图。(a) 硅芯片及其上的金属化层的横截面图；(b) PbSn 焊料蒸发后；(c) 第一次回流之后；(d) 在对准和第二次回流后与陶瓷基板键合

图 2.10（c）所示。因为 SiO_2 的表面不能被熔融焊料润湿，熔融焊料凸块的底部由 UBM 的接触开口限定，因此熔融焊料凸块在 UBM 接触件上形成球状。因此，锡球的体积是由沉积限定之后，UBM 控制锡球的尺寸（高度和直径）。这就是“可控-塌陷-芯片连接”，或“可控塌陷芯片连接”。如果没有这种控制，焊锡球会因为低润湿角而扩散或塌陷，这可能会导致相邻焊点的连接。然后芯片被翻转，因此得名“倒装”芯片，将其压下以使焊点与基板上的连接器连接，见图 2.10（d）。接着将焊料重新熔化或回流，形成电气连接。

倒装芯片焊接技术的一个主要优点是自对准。如图 2.11 所示，为了将芯片连接到陶瓷模块上，需要进行第二次回流以将焊料凸块连接到陶瓷基板上的金属化层。在第二次回流期间，熔融的锡凸块的表面能提供自对准力，使得芯片自动定位在模块上。实际上，当焊料熔化时，由于熔锡球表面能的降低，芯片会轻微下降和轻微移动，但它可实现芯片与模块之间的精确对准，因此是一项非常宽容的技术。

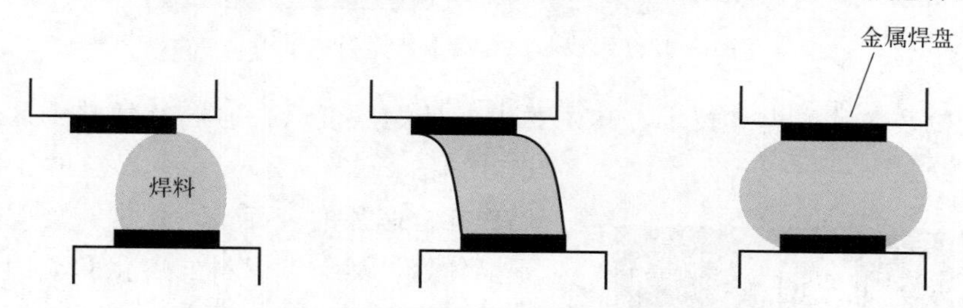

图 2.11　C4 焊点回流焊自对准过程的示意图

随着个人电脑（PC）在 20 世纪 80 年代的普及，成本和重量成为倒装芯片封装的关键考虑因素。因此，昂贵而笨重的陶瓷基板被高分子基板所取代。然而，这一变化带来了两个问题。第一个是高分子基板的玻璃化转变温度较低，低于 250℃，因此，高铅焊料不能用于倒装焊。第二个是高热膨胀系数（CTE）。Si 和氧化铝（Al_2O_3）的线性热膨胀系数分别为 $2.6\times10^{-6}K^{-1}$ 和 $7.6\times10^{-6}K^{-1}$。硅基板与陶瓷基板键合时热应力较低。然而，高分子的热膨胀系数通常大于 $40\times10^{-6}K^{-1}$。当使用高分子基板时，热应力显著增加。针对前一个问题，采用共晶焊料或复合焊料将回流温度降低至 220℃。对于后一个问题的解决方案，IBM 发明了底部填充来加强封装。2003 年，由于环境问题和当年颁布的《有害物质限制条例》（RoHS），封装行业开始采用无铅焊料取代共晶 SnPb 合金。SnAg 焊料成为最常用的无铅焊料。

图 2.12 显示了倒装芯片技术的典型流程和结构示意图。在 BEOL 最终金属布线的制造工艺之后，在硅晶圆上进行 SnAg 焊料的电镀，然后将硅晶圆切割成单独的芯片。将芯片翻转并对准高分子基板，然后在 250～260℃下回流以形成倒装芯片焊点。

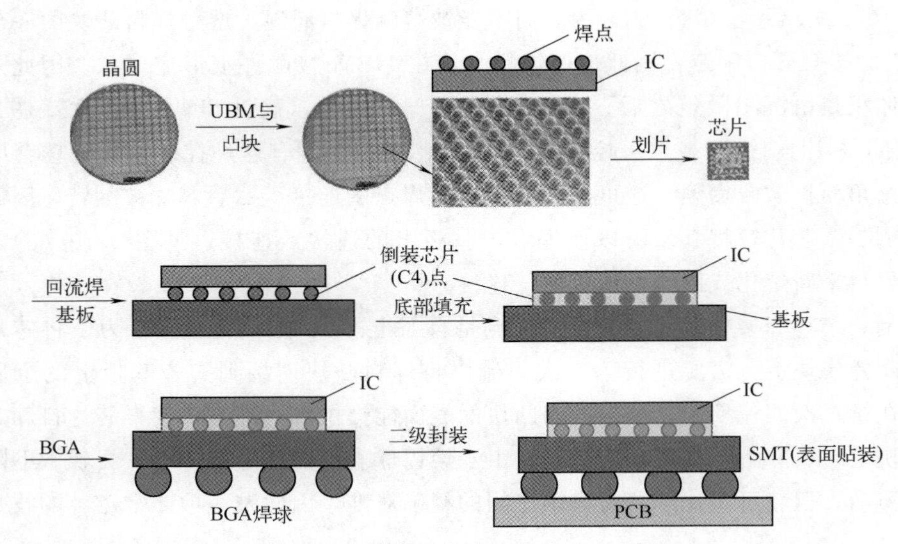

图 2.12　倒装芯片焊点工艺流程示意图

对于倒装芯片的焊点技术，其主要优点是焊点可以在硅芯片的整个区域上制造，如图 2.13 所示，其中焊点的区域阵列制作在硅芯片的表面上，这意味着焊点下面是晶体管。然而，焊料的熔化和凝固不会给晶体管带来高机械应力。与引线键合和 TAB 相比，引线仅布置在硅芯片的边缘，如图 2.14 所示，这意味着由于高振动机械应力，引线键合不能应用于具有晶体管的芯片区域。因此，在尺寸为 1 cm× 1 cm 的硅芯片上，可能在每个边缘上最多有 200 个键合焊盘，间距为 50 μm，因此键合或 I/O 引线的数量为 800 个。但在芯片表面，I/O 焊点的数量可以多达 100 × 100 = 10000 个，间距为 100μm。随着微电子技术的发展，功能和内存的增加需要越来越多的 I/O。因此，在过去几十年中，倒装芯片焊点已成为主要的封装技术。

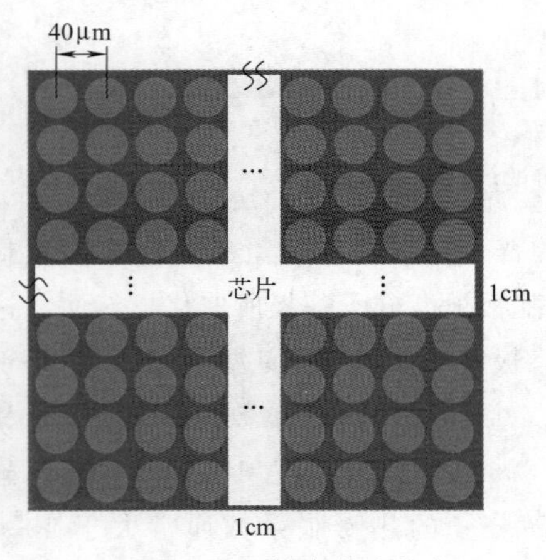

图 2.13　C4 焊点在硅芯片整个表面的分布示意图

然而，在最先进的手机中，相邻焊点的间距越来越小，现在限制在 10 μm 左右，例如在高端产品的镜头封装中。这种限制是因为在回流期间，焊料的熔化可能导致相邻接头的桥接。因此，已经开发出直接铜-铜键合来代替焊点，这将在后面讨论。

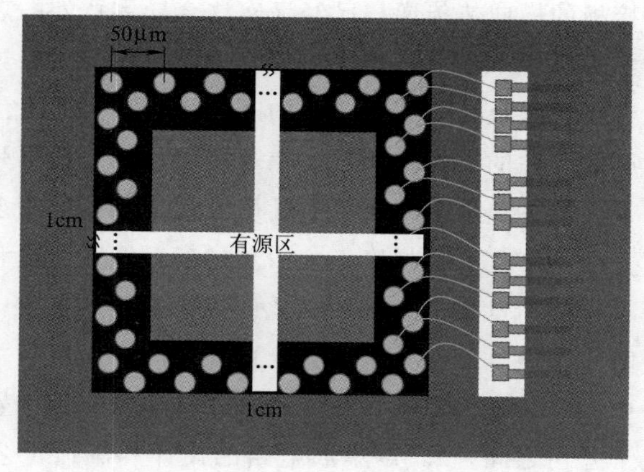

图 2.14　引线键合和载带自动键合的外围分布 I/O 连接示意图

早期的倒装芯片基板是用陶瓷制造的。如果将图 2.8 和第 1 章的图 1.6 进行比较，可以认识到陶瓷基板是转接板的早期示例。陶瓷作为一种稳定的材料，不会与 UBM 发生反应，并且厚度很薄。这与所使用的高铅焊球相得益彰，因为高铅焊料具有更高的可靠性和高熔化性，需要大约 350℃ 的高回流温度。

2.5　微凸块键合

随着大数据时代的到来，5G 通信技术以及基于移动互联网和移动设备的人工智能（AI）应用无处不在。这些影响了我们的社会，也影响了生活的方方面面。移动设备对更小尺寸、更多功能、更低功耗和更低成本的持续需求是一个挑战，因为摩尔的小型化定律正在终结。十多年来，微电子行业发生了从 2D IC 到 3D IC 的范式转变。然而，由于高成本和低可靠性，转型并未成功[4]。目前，5G 技术在人工智能应用中的使用，为推动 2.5D IC 的量产（而非 3D IC 的量产）提供了动力。在第 1 章中，图 1.6 给出了一个 2.5D IC 结构的横截面示意图。与 2D IC 器件相比，2.5D IC 器件中硅转接板的增加，需要多一层重布线层（RDL），也多一层焊点。这是因为需要使用硅通孔（TSV）和微凸块进行垂直互连。

过去，当研究铝或铜线的电迁移时，可能主要关注应力迁移，而不是热迁移。这是因为在合金中发生的索雷效应（Soret effect）。当倒装芯片 C4 焊点或微凸块的可靠性成为问题时，热迁移的研究便开始了。结果发现，在直径为 100 μm 的 C4 焊点上，若温差为 10℃，则温度梯度为 1000℃/cm。这在小型结构中更为严重，在直径为 10 μm 的微凸块中，如果其两端只有 1℃ 的温差，则温度梯度为 1000℃/cm，会发生严重的热迁移。在高密度 2.5D IC 封装中，散热非常差。为了加强散热，需要有一个较高的温度梯度。不利的是，梯度会导致热迁移。此外，硅转接板的使用增强了沿转接板的横向热传递，已经证实这会导致意外的热迁移失效。

在用于移动技术的2.5D IC中，器件的总厚度是有限的。反过来，堆叠中的硅芯片厚度很薄，尤其是转接板，与它们之间的间隙相同。因此，焦耳热和热管理变得很严重，并影响所有关注的可靠性问题。焦耳热增强的电迁移是失效的主要关注点，尤其是早期失效。当将焦耳热纳入可靠性研究时，需要处理多种驱动力和动力学响应。在驱动力方面，有化学势梯度、应力势梯度、温度梯度和电场。在动力学响应上，有热通量、原子通量和电子通量。此外，在原子通量中，有晶格、晶界和表面扩散。为了了解未来微电子设备中的特定可靠性问题而进行关键实验变得越来越困难。在第9章中，将引入熵增（熵产）来分析这些可靠性问题。

目前，在微电子公司之间，2.5D集成电路的设计和制造工艺差异很大。这种状态是不稳定的。每家公司都倾向于选择一种特定的集成和加工方案，这种方案最适合他们对特定器件的设计，这样他们根据过去的制造经验认为最可靠，而且可能受到他们的专利保护。例如，对于TSV的加工，已经有了先通孔（晶体管形成之前）、中通孔（晶体管形成之后但金属互连形成之前）和后通孔（在整个器件制造之后）几种选择。因此，预计现在和不久的将来，生产的所有2.5D IC器件中的焦耳热和电迁移引起的故障都不会相同。这是因为每个产品都有自己独特的“薄弱环节”，往往会提前失效或在统计分布之外失效。

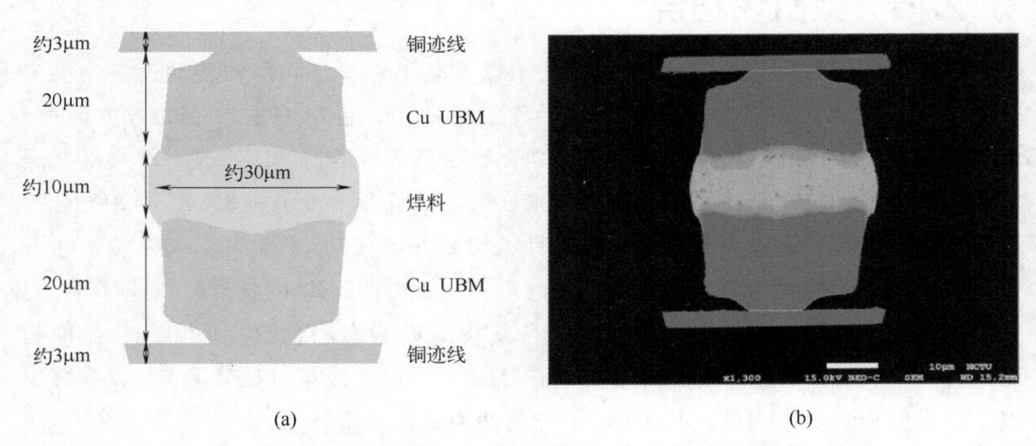

图 2.15 Cu/焊料/Cu微凸块的示意图和SEM图

图2.15（a）和（b）分别是一个微凸块的示意图和横截面SEM图。在不久的将来，焊点的直径甚至可能降到10 μm以下。但是，当直径从C4焊点的尺寸缩小至1/10时，即从100 μm缩小到10 μm时，体积缩小至1/1000。微观结构的变化是巨大的。例如，如果假设晶粒尺寸为10 μm，则微凸块可能只有一个晶粒，而C4焊点可能有1000个晶粒。可以假定后者具有各向同性性质，但前者则不然。这种各向异性问题对β-Sn或白锡尤其重要，因为它们是体心四方的晶胞，其中c轴

小于a轴和b轴。铜沿c轴的扩散速度比沿a轴或b轴的扩散速度快得多。实际上，研究发现，如果c轴与铜接触，铜UBM和Sn晶粒之间的反应确实要快得多，这意味着大量微凸块之间的界面反应可以有很宽的范围分布，所以其中一些可能会导致微凸块焊接的早期失效。

缩小焊点的最大问题之一是侧面润湿现象。据报道，Cu/Ni/焊料/Ni/Cu微凸块在260℃下回流20min会导致发生侧面润湿[5,6]。Sn扩散到Ni和Cu UBM的周围形成Ni_3Sn_4和Cu_3Sn。由于微凸块中的焊料量约为倒装芯片焊点的1%，因此侧面润湿可能导致微凸块出现颈缩或开路故障。图2.16（a）和（b）显示了Cu/SnAg焊料/Cu微凸块在260℃下回流20min和40min，分别导致了侧壁和多孔Cu_3Sn的形成。

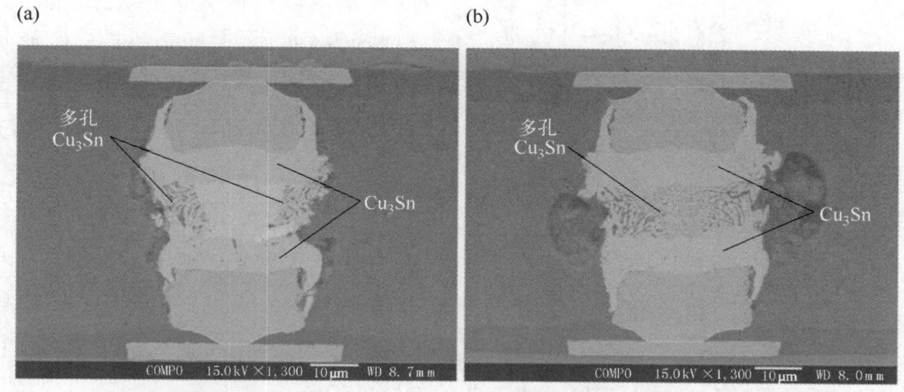

图2.16　微凸块中侧壁润湿和多孔Cu_3Sn形成的SEM横截面图。Cu/SnAg焊料/Cu微凸块在260℃下分别回流（a）20 min和（b）40 min

关于微凸块的另一个新问题是凸块上两个反应界面之间的相互作用。在直径超过100 μm的C4焊点中，很少发现两个反应界面之间的化学作用。但在微凸块中，这种情况已经发生了。此外，如果考虑一个直径为1 μm的凸块，其体积减小至C4焊点体积的$1/10^6$。整个微凸块可能转化为金属间化合物（IMC），不仅会对接头的力学性能和电学性能产生很大影响，而且还会改变IMC形成的动力学速率。该速率也会受到侧壁润湿效应的严重影响，这将导致空洞和/或颈缩。这是因为表面/体积比的增加，必须考虑表面扩散，这将在第5章中讨论。此外，表面/体积比的增加也带来了微凸块技术新的形态变化：首先是侧壁反应，其次是多孔Cu_3Sn的形成。这两种情况将在第5章中详细介绍。

最后，铜-铜直接键合近年来一直是半导体行业高度关注的领域，是一种很有前景的技术，可以取代被广泛认为是核心封装材料的凸块。但是当它按比例缩小到越来越小的间距尺寸时，会发生侧面润湿现象以及形成多孔Cu_3Sn。为了保证键合的可靠性，其应用范围被大大限制在最小 10 μm 的间距内。铜-铜直接键合和混合键合的相关内容将在下面讨论。

2.6 铜-铜直接键合

近年来，由于高性能计算和通信设备对超高 I/O 和更宽带宽的需求，铜-铜直接键合一直是半导体行业高度关注的领域[7-16]。图 2.17 是迄今为止讨论过的所有类型键合技术中每个芯片的 I/O 数量图。它已经成为一种有前景的技术，可以取代广泛用作核心封装材料的微凸块。随着电子元件缩小并按比例缩小到更小的间距尺寸，焊点互连面临工艺和可靠性问题。关于电迁移测试后 IMC 的形成也有很多研究，IMC 对于互连来说是脆性的[4-6]。在 4.6×10^4 A/cm^2、150℃、48h 的电迁移测试条件下，观察到裂纹在微凸块上扩展，其中整个焊料已转变为 IMC。这些问题极大地限制了微凸块的缩小。尽管微凸块可以缩小到 10 μm 间距以下，但锡基钎料（11.5 μΩ·cm）、Cu_6Sn_5（17.5 μΩ·cm）和 Ni_3Sn_4（28.5 μΩ·cm）IMC 的高电阻率将导致高性能计算和通信设备的 RC 延迟。

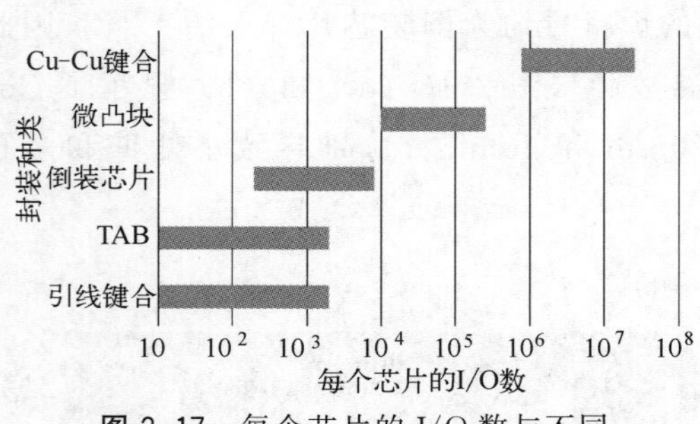

图 2.17 每个芯片的 I/O 数与不同类型的键合技术的关系图

此外，铜具有优良的导电性（1.7 μΩ·cm）和导热性，它是一种有希望在封装技术中取代焊料微凸块的材料。相比锡微凸块，铜微凸块具有更好的可扩展性、电气性能和热性能。它具有更高的带宽和较低的功耗，因此可解决超高间距互连中的侧面润湿问题。铜-铜直接键合已经被证明是可行的，并且可以缩小到亚微米尺寸。

两片铜可以在高温下键合。但是，由于铜的熔点为 1085 ℃，所以在 250 ℃时铜的晶格扩散系数很低，在低温（<250℃）下键合两层铜膜具有一定的挑战性。铜还容易被氧化。1997 年，Suga 教授采用表面活化键合技术实现铜-铜键合。1999 年，Reif 教授的团队报告称，在 450℃的温度下经过 30min，可实现铜-铜键合。透射电子显微镜（TEM）图像表明：退火和键合过程中晶粒长大，锯齿状界面证明两层铜层之间的相互扩散。还利用 TEM 研究了键合的铜层界面上空洞的形成和演化过程，结果表明，在 300℃和 400℃时，键合层中存在较大的空洞。

2.6.1 铜-铜键合的关键因素

铜-铜键合的过程和结果在很大程度上取决于样品的制备和键合过程。一些决定因素是表面粗糙度、表面污染或活化、表面晶粒的晶体取向（表面扩散系数）、键合温度、键合压力、钝化表面、结构设计和晶粒尺寸。键合工艺的要求很大程度上取决于晶体管元件，其最终目标是在对芯片造成最小损伤的同时获得最佳的键合结果。例如，对于低 k 值的电介质，其键合压力应低于 1 MPa，存储芯片的键合温度应低于 220℃。为了提高键合质量，可以通过表面平坦化或抛光来降低表面粗糙度，或者采用表面扩散快的表面（如 FCC 的〈111〉面）来提高键合质量。

表面粗糙度对键合温度起着关键作用[17]。在表面粗糙度较低的情况下，铜-铜键合有较小的初始界面空洞，可以在较低的温度或较短的时间内实现键合。图 2.18 显示了不同表面粗糙度下键合的铜晶圆的对比[4]，其最低键合温度与非抛光样品一起被绘制出来。铜薄膜通过化学机械抛光（CMP）进行平坦化，表面粗糙度可达 1.05～1.40 nm，电沉积样品的最低键合温度可低至 175℃，物理气相沉积（PVD）样品的最低键合温度可以达到室温。相比之下，未进行表面粗糙度抛光的样品，电沉积样品至少需要 400℃ 的键合温度，PVD 样品至少需要 150℃的键合温度。这表明低表面粗糙度对于降低所需的键合温度的重要性。

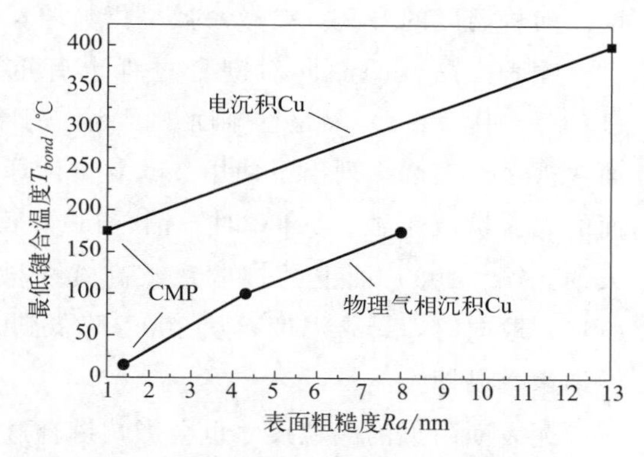

图 2.18　表面粗糙度对最低键合温度的影响

另一种降低表面粗糙度的方法是在铜表面溅射钝化或覆盖层。这种方法不仅可以降低表面粗糙度，而且可以起到抗氧化阻挡层的作用。常用的覆盖材料有 Au、Ti 和 Pd。通过直接浸渍沉积的 Au 层将表面粗糙度从 51 nm 降低到 38 nm，并在 350℃下经过 15min 成功键合。由于表面的活化能较低，Cu 表面上的钝化 Ti 和 Pd 也有助于键合过程。Cu 倾向于向表面扩散，而 Ti/Pd 则向硅基板扩散。这使得 Cu 在 180℃和 150℃键合，分别覆盖 Ti 和 Pd[12,18]。钝化层的引入可以大大降低键合温度，成为一种可行的方法，适用于应避免氧化的工艺。

另一种使表面平坦化的方法是使用“飞切”（fly-cut）方法[13]。在快速切割和精确控制铜凸块高度之后，可以实现键合。该方法在间距为 40 μm 的凸块阵列上进行了验证，形成了无界面层的凸块互连。应用飞切降低表面粗糙度提供了一种实现凸块一致性的方法，这也显示出将键合温度/时间降低至 300℃/15min 的潜力。

为了避免表面污染和提高键合质量，通过离子束或等离子体处理表面，进行表面活化，是一种清洁吸收物表面的方法。在铜直接键合之前进行表面活化，并在 200℃ 的膜对膜、凸块对凸块和凸块对膜键合实验中取得了成功的结果。此外，引入了甲酸处理，以清洁污染物并创建纳米黏附层，作为辅助键合步骤。经过 CMP 工艺和甲酸处理后，表面粗糙度控制在 3 nm，在 200℃下经过 10min，样品成功键合。表面处理的应用在降低键合温度和时间以及提高整体键合质量方面显示出潜力和重要性[19]。

键合温度对铜-铜接头的质量起着至关重要的作用。在热压键合过程中，铜原子发生扩散，填补界面空洞，铜的扩散系数 D 取决于：

$$D = D_0 \exp\left(\frac{-E_a}{kT}\right) \tag{2.1}$$

式中，D_0 为前因子，E_a 为扩散的活化能，k 为玻尔兹曼常数，T 为绝对温度。随着温度的升高，扩散系数呈指数增长，键合时间显著缩短。

铜表面晶粒的晶向对键合过程也有重要的影响。铜的晶体结构为面心立方 (FCC)，其（111）面是密排面。因此，铜原子在（111）面上的扩散速度要比其他面快得多。表 2.1 列出了使用文献参数计算的不同温度下铜（111）、(100)、(110) 面的表面扩散系数。300℃时，铜（111）面上的扩散系数为 1.5×10^{-5} cm^2/s，大约比铜（100）面上的扩散系数高 3 个数量级。因此，当两个键合铜表面均为（111）取向时，键合温度可从 300℃降低到 150℃。将在第 3 章中介绍（111）取向的纳米孪晶铜。

铜表面附近的晶粒尺寸也会影响键合过程。几位研究人员报道，具有应变的小晶粒的铜薄膜可以在 150℃下键合，因为细小的晶粒在低温下容易再结晶。此外，在 200℃下经过 30min，铜-铜接头的键合界面消失了。

表 2.1 铜表面扩散系数 cm^2/s

温度	(111)	(100)	(110)
300℃	1.51×10^{-5}	1.48×10^{-8}	1.55×10^{-9}
250℃	1.22×10^{-5}	4.71×10^{-9}	3.56×10^{-10}
200℃	9.42×10^{-6}	1.19×10^{-9}	5.98×10^{-11}
180℃	8.36×10^{-6}	6.27×10^{-9}	2.63×10^{-11}
150℃	6.85×10^{-6}	2.15×10^{-10}	6.61×10^{-12}

Surface Science 515，21-35 (2002)

2.6.2 铜-铜键合机理分析

由于铜薄膜/凸块在键合过程中保持固态，因此铜-铜键合被归类为固态扩散键合[20-23]。一些研究人员已经进行理论建模，以研究表面粗糙度和空洞形状对键合时间和接触面积分数的影响。Made 等人提出了一个解析模型，可以很好地拟合实验数据。它们可以预测在不同温度下，键合强度随键合时间的变化规律[21]。

有研究者提出了表面蠕变模型，作为在铜-铜键合过程中发生的机制[8]。图2.19（a）显示了具有多个接触点的初始键合界面的示意图，图2.19（b）显示了其中一个键合界面的参数图[39]。考虑到两个铜膜的表面在纳米尺度上是粗糙不平的，因此在热压合阶段，接触区将处于高压应力下。非接触区域可能在非常低的应力下形成应力梯度，这驱动铜原子从高应力区向低应力区逐渐“填充”间隙。由于键合压力通常不超过铜的屈服应力（约为100 MPa），并且铜薄膜在高温下处于静态应力下，铜原子在铜薄膜表面扩散。因此，键合机理属于表面蠕变。这种表面蠕变现象是解释接触面积增加和键合过程中空洞消除的核心理论。

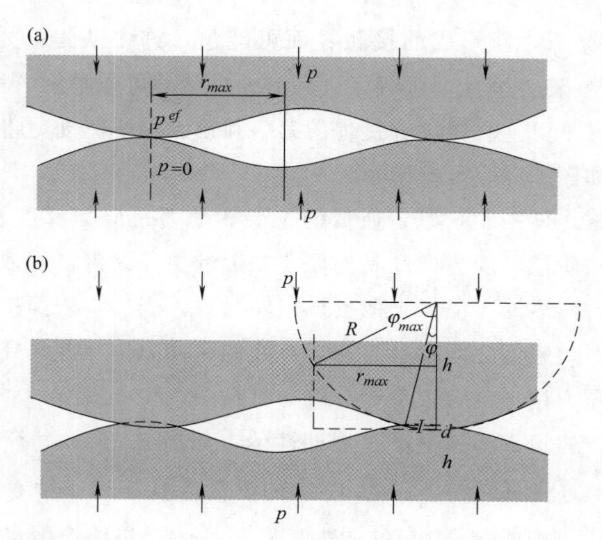

图2.19 铜-铜界面示意图。（a）描述了接触区与非接触区之间的应力梯度。（b）在热压条件下，通过挤压原子使接触区域变大；键合模型中的参数显示在右上角

铜直接键合大致可分为四个阶段。初始阶段为两个铜表面的机械接触，在较小的接触区域内可能发生一定的塑性变形。第二阶段是在接触界面形成晶界和孤立的空洞。第三阶段是键合处空洞的熟化。第四阶段是通过晶粒长大消除键合界面。已有学者提出一个模型，来模拟键合温度、压力和表面粗糙度对不同温度下键合时间的影响。

不可逆键合过程的主要驱动力是在固定温度和固定外压下系统吉布斯自由能的降低，可以分为以下几个部分：

① 在两个“波浪形”（理想情况下不是均匀的）表面之间的第一次接触后，两个表面之间的剩余自由空间成为系统中拓扑复杂的空间。系统的体积可以表示为：$V_{total}=V_1+V_2+V$，其中，V_{total} 为系统的总体积，V_1 为顶部的铜体积，V_2 为底部的铜体积，V 为 V_1 和 V_2 之间的空白的中间空间。因此，在键合过程中，该空

白空间的任何减少都对应于乘积 pV_{total} 的减少，因此代表了键合的第一驱动力，其中 p 是外部压强。

② 在接触点接触后，原子通过表面扩散扩散到适当的位置，形成晶界取代两个自由表面，例如在两个接触的（111）自由表面之间形成一个相对旋转的扭转晶界。通常 $\gamma_{GB}<2\gamma_{surf}$，其中 γ_{GB} 为晶界能，γ_{surf} 为表面能。因此，键合过程中界面能的变化 $(\gamma_{GB}-2\gamma_{surf})\Delta A_{contact}$ 为负值，而 $\Delta A_{contact}$ 为正值，表示接触界面的增加，$\Delta A_{contact}$ 为接触面积的变化。因此，$(\gamma_{GB}-2\gamma_{surf})\ \Delta A_{contact}$ 代表第二驱动力，通常称为毛细力。

③ 在某些情况下，新形成的接触界面可能包含许多缺陷（如纳米孪晶晶界，或应力，或位错网络）。因此，接触区进一步的再结晶可能是第三种驱动力。

在这里，只有不可逆直接键合过程的第一和第二主要驱动力将通过简单的几何构型进行讨论，如图 2.19（b）所示。

在纯（单元素）体系中，原子通量的主要驱动力是应力梯度和吉布斯-汤姆孙毛细效应。在第一阶段，应力梯度是铜原子扩散的主导因素，扩散开始通过表面扩散增加接触面积，然后通过晶界扩散形成扭转晶界。当然，表面扩散和晶界扩散的区分是模糊的，因此它们之间存会有一个有效的驱动力。在此研究中，第一阶段的键合过程将通过压力诱导键合模型进行解释，见图 2.19（b）。

为简单起见，假设表面粗糙度是周期性的，如图 2.19（a）所示，其中两个大曲率半径为“R”的曲面形成半径为“r”的界面，且 r 远小于R。当 r 达到 r_{max} 时，键合过程停止（完成键合）。在这种情况下，r_{max} 是单个触点的半径。关键的是，可以注意到成键的进行，仅仅是由于原子从半径为 r 的压缩接触界面，向接触界面外的自由表面的挤压。在图 2.19（b）中，到曲率中心的距离 h 减小，接触半径 r 增大。h-dh 是从接触点到曲率中心的距离变化。这意味着在应力梯度的驱动下，体积 $2\mathrm{d}h\times\pi r^2$ 通过表面和晶界扩散从接触界面中挤出。假设自由表面接触区域外的应力梯度为零，但在点的中心，应力梯度为 $p^{ef}=p\ \dfrac{\pi r_{max}^2}{\pi r^2}$，其中，$p^{ef}$ 是接触区域的有效压力。因此，质量守恒给出：

$$-\pi r^2\times 2\mathrm{d}h\approx\delta\times 2\pi r\ \frac{D}{kT}\times\frac{\left(\dfrac{pr_{max}^2}{r^2}\Omega-0\right)}{r}\mathrm{d}t \tag{2.2}$$

式中，δ 是原子扩散路径的有效厚度，D 是键合表面或晶界扩散的有效扩散系数，k 是玻尔兹曼常数，T 是键合温度，Ω 是铜原子体积，$\dfrac{D}{kT}$是迁移率，$\dfrac{pr_{max}^2}{r^2}\Omega-0$

是已经形成接触的原子与仍然自由的内表面的原子之间的能量差，$\frac{\frac{pr_{max}^2}{r^2}\Omega-0}{r}$是每个原子的平均挤压力，$\frac{D}{kT}\times\frac{\frac{pr_{max}^2}{r^2}\Omega-0}{r}s$ 是原子挤压外流的粗略估计。

在图 2.19（b）中，取 $r=R\sin\varphi\approx R\varphi$，$h=R\cos\varphi\approx R\left(1-\frac{\varphi^2}{2}\right)$，$\mathrm{d}h=-R\varphi\mathrm{d}\varphi$，得到：

$$-\frac{r^4}{r_{max}^2}\mathrm{d}h\approx\frac{\delta D}{kT}p\Omega\mathrm{d}t$$

$$\frac{R^3}{\varphi_{max}^2}\varphi^5\mathrm{d}\varphi\approx\frac{\delta D}{kT}p\Omega\mathrm{d}t \tag{2.3}$$

式（2.3）的积分从开始到完全键合给出：

$$\frac{R^3}{\varphi_{max}^2}\times\frac{\varphi_{max}^6}{6}\approx\varphi_{max}\ \frac{r_{max}^3}{6}\approx\frac{\delta D}{kT}p\Omega t_{bonding}$$

因此，由于压力引起的原子沿着接触界面迁移，从单个接触点开始的完全键合时间（$t_{bonding}$）为：

$$t_{bonding}\approx\varphi_{max}\frac{r_{max}^3}{6\delta D}\times\frac{kT}{\rho\Omega} \tag{2.4}$$

在上述模型中，假定扩散系数由沿着接触点半径的晶界扩散控制，因为晶界扩散系数远远小于沿未键合的自由表面的表面扩散系数。在 $T=300$℃时，对于铜，乘积δD_{GB} 应为：

$$\delta D_{GB}^*=9.5\times10^{-15}\ \frac{\mathrm{m}^3}{\mathrm{s}}\times\exp\left(-\frac{8.9RT_{melt}}{RT}\right)=6.8\times10^{-24}\ \frac{\mathrm{m}^3}{\mathrm{s}}$$

图 2.20 显示了用原子力显微镜（AFM）分析的铜表面形貌。剖面显示半波长约 150 nm 的波浪形表面，丘陵和山谷有不同的振幅。然而，预计极少数纳米大小的山丘会受到巨大的有效压力，并且会被压平，直到所有接触点的有效压力小于屈服强度。利用式（2.4）可以将波浪形的键合面切割成如图 2.19（b）所示的单个山丘的小单元。r_{max} 可以定义为局部粗糙度的半波长。但实际键合条件下，r_{max} 不会等于局部粗糙度的半波长，所以谷底深度不同；一定数量的空洞必须在第一阶段键合过程之后保留，然后是第二阶段的空洞熟化。

因此，再次使用式（2.4），但将 r_{max} 替换为 150 nm，这是一个波浪形表面的半波长（见图 2.19）。现在，r_{max} 是单个起始接触点的 1/100，$\pi\times100^2$ 阵列中有超过 30000 个接触点，可以避免塑性变形的影响。键合时间约为 17min，接近已公

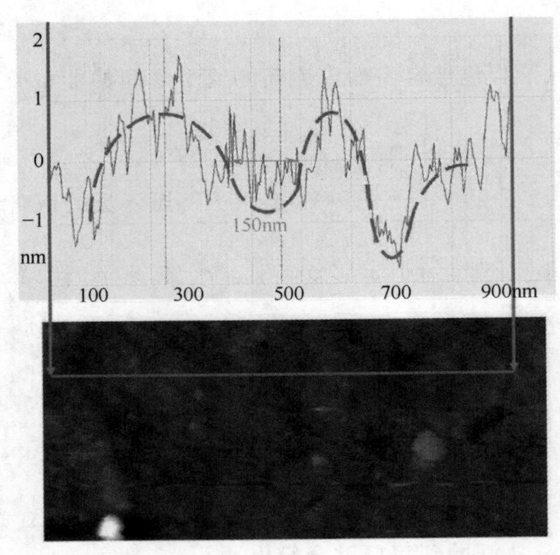

图 2.20　原子力显微镜（AFM）分析铜表面形貌

布的数据。因此，可以用式（2.4）来预测多个触点的键合条件。

式（2.4）的理论结果表明，表面粗糙度和温度对键合时间有很大的影响。当 r_{max} 从 10 nm 增加到 150 nm 时，键合时间可能会增加 3 个数量级，这表明表面粗糙度对键合时间有显著影响。图 2.21（a）显示了在 200℃下不同施加压力下，r_{max} 对键合时间的影响。施加压力或应力梯度对键合时间的影响较小。此外，温度对键合时间也有很大的影响，如图 2.21（b）所示。当温度从 150℃ 增加到 300℃时，键合时间缩短了 3 个数量级。

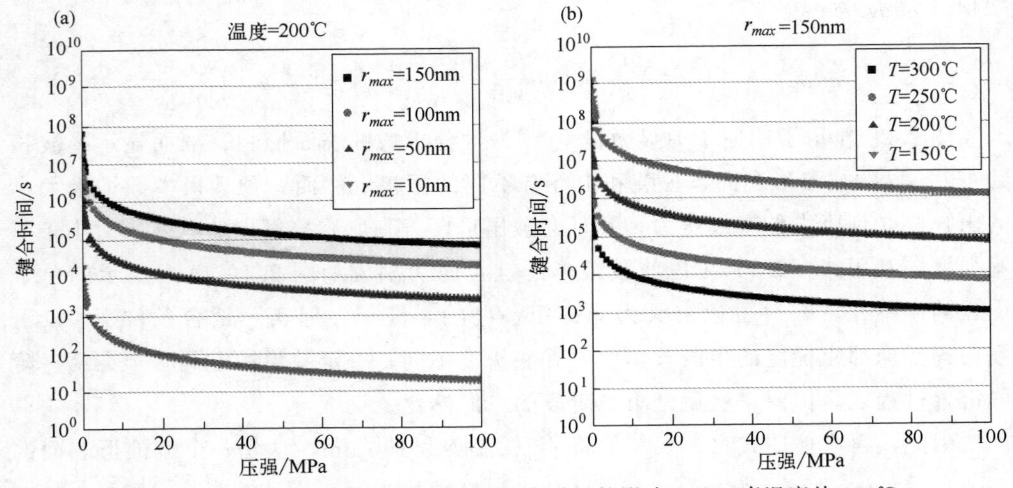

图 2.21　（a）200℃时表面粗糙度对键合时间的影响。（b）当温度从 150℃升高到 300℃时，键合时间缩短了 3 个数量级

由于铜直接键合是从两个表面接触形成晶界开始的，表面扩散在形成晶界之前是一个关键因素，之后则以晶界扩散为主。例如，铜（111）表面的表面扩散系数比其他晶向至少高4个数量级，因此有报道称，在铜直接键合中，两个（111）表面可以在200℃下，30min内键合在一起，而无需表面活化键合（SAB）或钝化层等表面处理。在扭转晶界形成后，沿扭转晶界的扩散系数远低于（111）表面的扩散系数。此外，在键合过程中，接触面积或扭转晶界不断增大。然而，在接触区域周围总是存在自由表面，并在键合的第一阶段保持了高度（111）取向的表面具有最高表面扩散系数的优势。

如果将式（2.4）中的晶界扩散系数替换为表面扩散系数，则根据表面取向的不同，时间将减少约2～6个数量级。例如，当键合压力为1 MPa，键合温度为200℃，r_{max} 为150 nm时，两个（111）表面的键合时间约为2s。实际上，总键合时间应该包括克服键合界面的氧化物阻碍或在非完美（111）表面上的扩散，因此实际表面扩散系数可能只有完美（111）表面的1%或0.1%。这导致了对键合时间的低估。另一个例子，如果键合温度为300℃，可以在10s内将两个高度（111）定向的表面键合在一起。相反，SAB方法在室温下可以连接两个超光滑（粗糙度为1 nm）表面。这种平坦化表面的键合过程将跳过原子扩散，当高能表面接近原子间距离时，金属键立即形成。值得注意的是，初始阶段的扩散可能以表面扩散为主，如图2.19（a）所示。然而，当初始接触点附近的间隙被铜填充并形成晶界时，后续的铜原子可能需要通过晶界扩散来填充剩余的空洞，如图2.19（b）所示。因此，在键合后期，扩散可能由晶界主导。

2.6.3　铜-铜键合界面的微观结构

键合过程结束后，键合界面中存在大量纳米级的空洞，即使经过高温退火，这些空洞也可能不会完全消除[25-28]。图2.22（a）为铜-铜接头在200℃下键合10min的TEM截面图，键合界面有许多空洞。在200℃退火30min后，如图2.22（b）所示，空洞似乎比图2.22（a）中的样品要少得多。观察界面空洞形态的较好方法是平面TEM图，如图2.23（a）所示[40]。可以看出，大部分空洞位于晶界交界处，其尺寸小于100 nm。图2.23（b）描述了图2.23（a）样品中空洞大小的分布。空洞尺寸范围为10～110 nm，平均值为（53±19）nm。此外，空洞占据了界面面积的5.4%，因此对提高凸块电阻的影响很小。高温退火或长时间退火后，纳米尺度的空洞可能会熟化为大空洞，但空洞数量会减少[40]。Kagawa等人还利用三维FIB成像检测了空洞的分布。图2.24为150℃退火后铜-铜键合的空洞分布。大多数空洞小于70nm。这些空洞如何影响可靠性是值得关注的。需要进一步研究以更好地了解退火、电迁移或温度循环测试期间的空洞演化。

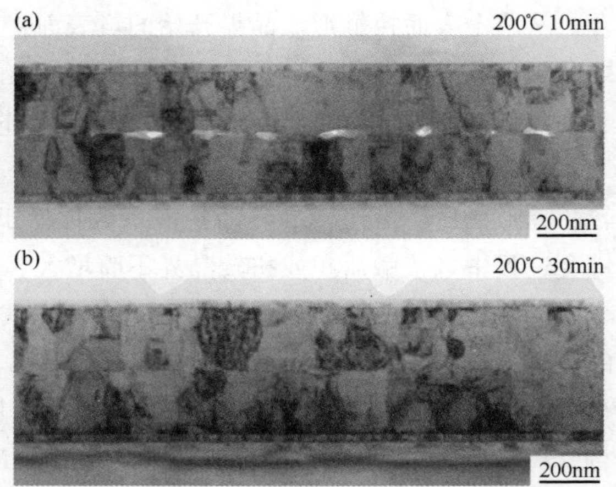

图 2.22 铜-铜键合中空洞的横截面 TEM 图像，200℃退火，（a）10min 和（b）30min 后

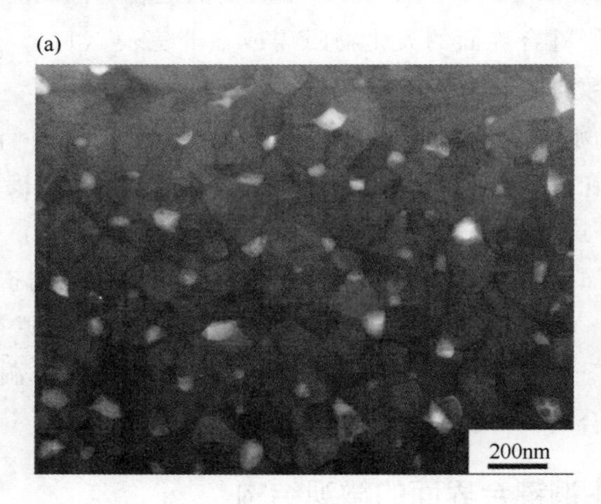

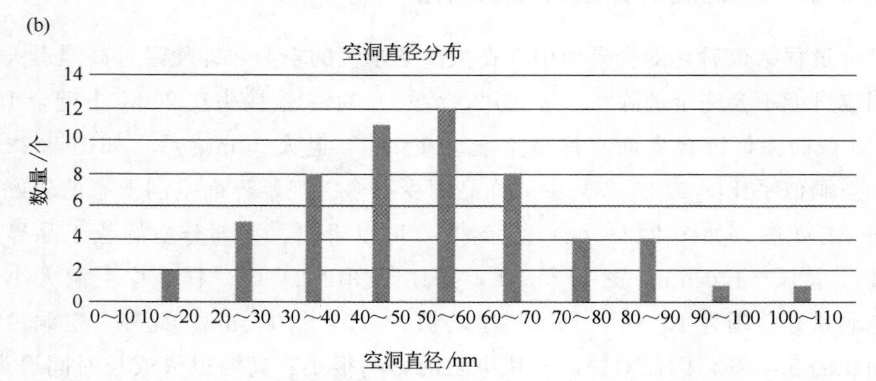

图 2.23 （a）铜-铜键合界面空洞的 TEM 图像平面图。（b）界面空洞的分布

键合界面可能由常规的低角或高角晶界组成。有时，也可能形成扭转晶界[8]。当两种晶粒取向相同，但旋转角度不同时，会形成扭转晶界。图 2.25（a）为键合界面上低角晶界的高分辨率 TEM 图像。晶格原子在界面上是连续的，这表明键合

几乎是完美的。图2.25（b）显示了一个扭转晶界，如图右上角的电子衍射图所示，其取向差为3°。其TEM图像中可以观察到六边形网络，界面由螺位错阵列组成。需要更多的研究来了解哪些晶界可以更好地抵抗电迁移和应力。

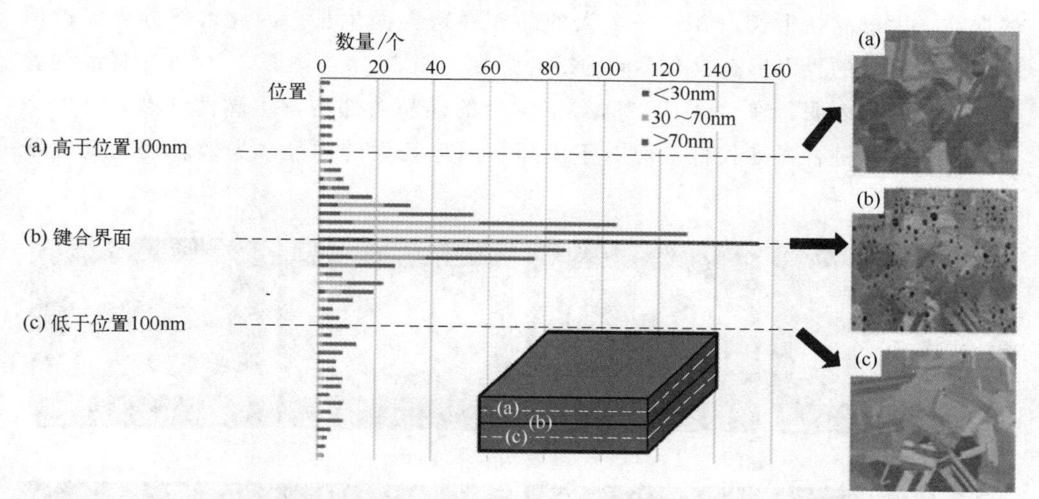

图2.24 Kagawa等给出的150℃退火后铜-铜键合的空洞分布，大多数空洞小于70nm

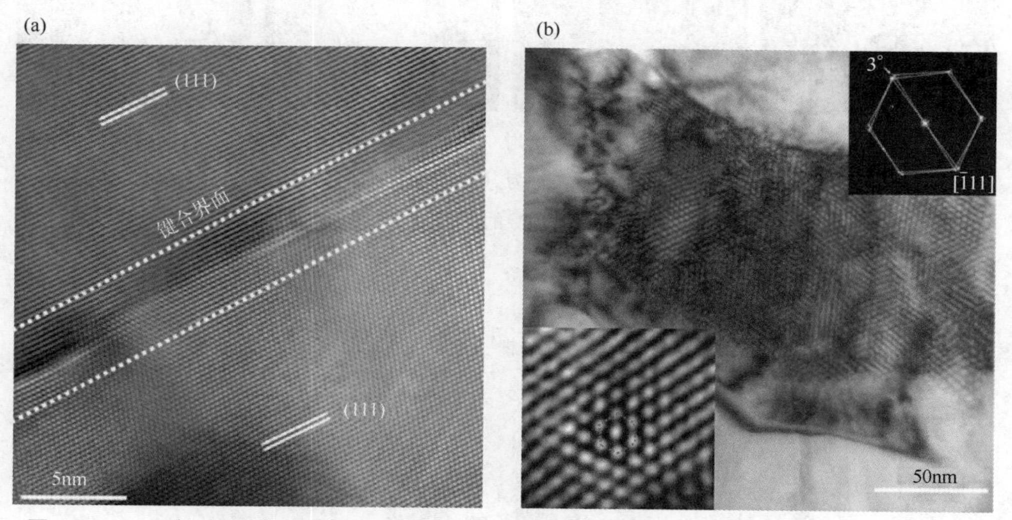

图2.25 （a）铜-铜键合界面低角晶界的高分辨率TEM图像。晶格原子在界面上是连续的，表明键合几乎是完美的。（b）从右上角的电子衍射图可以看出，扭转晶界的取向差为3°

键合界面的消除是铜-铜键合中的另一个重要问题。笔直的界面可能表示界面上没有发生晶粒长大，而且键合强度较弱。锯齿形界面代表一些晶粒生长。理想的条件是晶粒长大而消除键合界面[29,30]。因此，铜-铜键合的电学和力学性能接近块体铜。Juang等人对在200℃、250℃、300℃、350℃[31]的温度下制作的铜-铜接头进行了剪切试验。图 2.26（a）～（h）为 4 个铜-铜接头的显微组织，200℃、250℃下键合的样品在界面附近几乎没有晶粒长大，界面仍然是直的。在 300℃下键合的样品中，部分界面处出现晶粒长大，这使得界面呈锯齿状。在 350℃下键合的样品，大量晶粒生长，并且一个大的晶粒横跨界面生长。因此，部分界面被消除。这些不同的界面形态具有不同的键合强度。图 2.27 为图 2.26 中四个样品的剪切强度。结果表明，在 200℃、250℃下键合的样品内部均发生脆性断裂，其内部无晶粒长大，键合强度较低。而对于内部有晶粒长大的样品，失效转变为韧性断

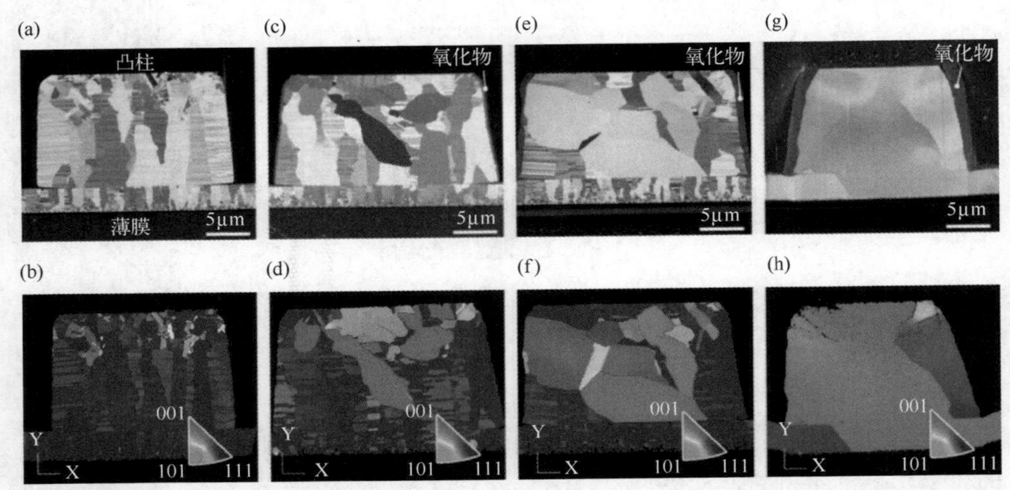

图 2.26 聚焦离子束（FIB）和电子背散射衍射（EBSD）横截面图，显示了不同键合温度下铜点中的晶粒长大。(a) 200℃下 FIB 图。(b) 为 (a) 中焊点的 EBSD 图。(c) 250℃的 FIB 图。(d) 为 (c) 中焊点的 EBSD 图。(e) 300℃的 FIB 图。(f) 为 (e) 中焊点的 EBSD 图。(g) 350℃下的 FIB 图。(h) 为 (g) 中焊点的 EBSD 图

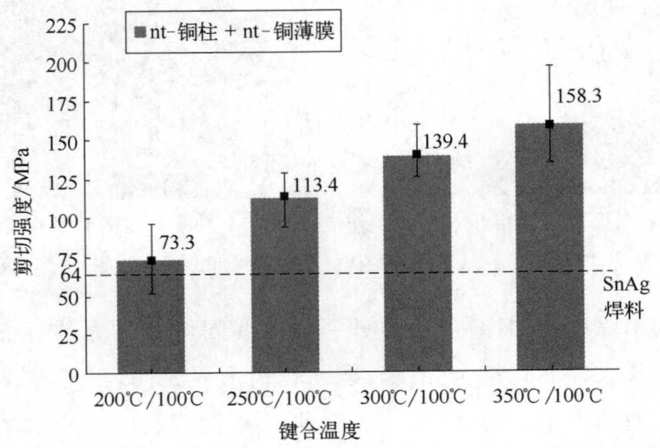

图 2.27 铜薄膜上铜柱抗剪强度随键合温度变化曲线图

裂。对于内部普遍晶粒生长的样品其强度可达158 MPa。对于常规的电镀和溅射铜，目前尚不清楚何种微观结构可能会引发大量晶粒生长而消除键合界面。Chu等人报道，在高度（111）取向的纳米孪晶铜（nt-Cu）中，通过各向异性的大晶粒生长可以完全消除键合界面。将在第3章对此进行详细说明。

2.7　混合键合

混合键合技术似乎是实现异构3D集成的高密度铜-铜键合的最重要技术。这项技术最初由Ziptronix开发（2015年被Tessera收购，即现在的Xperi）。铜直接键合实现了1.6μm的精细间距。专利US 7,387,944 B2和US 7,807,549 B2提出了一种蚀刻或清洗步骤，可形成强度至少为2000 mJ/m^2 的氧化物键[32,33]。图2.28(a)～(c)描绘了与SiO_2电介质材料混合键合的过程和结构的示意图。嵌入氧化物电介质中的铜凸块的制造可以通过（双）镶嵌方法在硅晶圆上完成，这与半导体工艺兼容。铜凸块必须有轻微的凹陷，凹陷必须被很好地控制在纳米级，这取决于铜-铜键合温度。如图2.28（a）所示，最初，在室温下，通过对准两个硅晶圆并通过热压键合，形成氧化物-氧化物键合。然后将晶圆加热到高温。由于铜的热膨胀系数（CTE）比硅氧化物大，所以铜会比氧化物膨胀得更多，以闭合铜凸块之间的凹陷，如图2.28（b）所示。最后，在没有外部压力的情况下，将晶圆进一步加热到300℃左右。铜凸块的膨胀会在铜-铜凸块界面产生压应力，并为铜-铜键合提供必要的压力。另一方面，氧化层在键合过程中受到拉应力，如图2.28（c）所示。

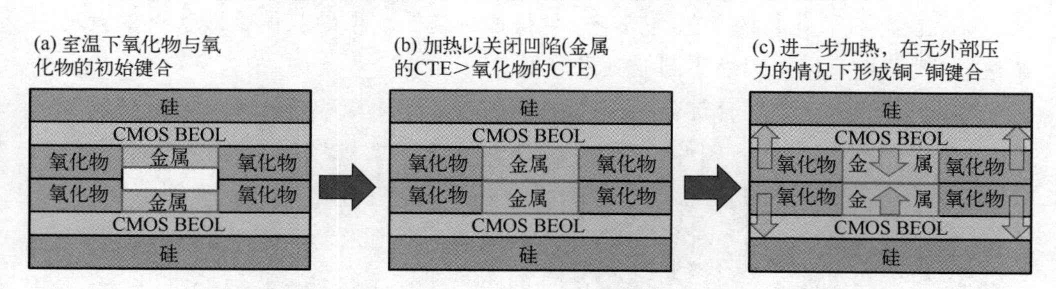

图2.28　铜凹陷对混合键合的影响。(a) 初始氧化物与氧化物键合，上下铜之间存在间隙。(b) 加热以缩小两个铜之间的间隙。(c) 进一步加热可以在没有外部压缩的情况下将两个铜压缩在一起

该技术利用铜和硅氧化物之间的CTE差异来提供形成铜-铜扩散键合所需的压力。一般情况下，线性CTE差可以表示为：

$$\Delta L=\Delta\alpha L_0\Delta T \tag{2.5}$$

式中，L_0为初始长度，ΔL为热膨胀引起的长度差值，$\Delta\alpha$为CTE的差值，

ΔT 为温差。考虑一个 2μm 厚的铜/氧化物层，可以估计实现混合键合所需的铜凹陷。SiO_2 和铜的线性 CTE 分别为 $5.6\times10^{-6}K^{-1}$ 和 $16.6\times10^{-6}K^{-1}$。当键合温度为 300℃时，铜相对于 SiO_2 层膨胀的高度为 6.4nm，如下所示：

$$\Delta L=\Delta\alpha L_0\Delta T=(16.6-5.6)\times10^{-6}\times2000\text{nm}\times(300-25)=6.4\text{nm}$$

这是凹陷的最大值，意味着两个铜凸块可以相互接触。凹陷必须小于该值，以便提供足够的压力来实现铜-铜扩散键合。然而，必须通过化学机械抛光（CMP）在整个晶圆上很好地控制凹陷。当凹陷太大时，铜凸块可能无法相互接触并键合在一起。当铜凹陷太小时，铜凸块将膨胀超过所需程度，并导致氧化层/氧化层的界面出现分层。随着键合温度的降低，凹陷的公差变得甚至更小。当键合温度降至 150℃时，高度差仅约为 3 nm，如下所示：

$$\Delta L=(16.6-5.6)\times10^{-6}\times2000\text{nm}\times(150-25)=2.8\text{nm}$$

因此，低温混合键合具有很大的挑战性，而 CMP 在混合键合技术中起着至关重要的作用。

混合键合有许多优点，包括以下优点：

① 初始的氧化物-氧化物键合在室温下形成。在随后的退火过程中晶圆不会滑动，热处理后可以保持对准。

② 最终的铜-铜退火过程不需要外部压力。因此，晶圆退火可分批进行，可提高产能。

③ 氧化物将铜-铜键合密封起来，防止它们氧化和腐蚀。氧化物键合提供了约 2000 mJ/m^2 的键合强度，并在机械上保护铜-铜键合。

④ 混合铜/氧化物的工艺类似于半导体的后道工艺中的双铜镶嵌法（双大马士革法）。铜凸块可以持续缩小到亚微米以下。

因此，铜/氧化物混合键合已经在许多手持设备中实现。2016 年，三星发布了 Galaxy S7 手机中 CMOS 图像传感器（CIS）模块的微观结构图像[34]。间距约为 10 μm 的铜互连被键合，如图 2.29 所示的横截面图所示。已证明能够按比例缩小间距[35,36]。图 2.30 显示了使用 SiCN 电介质的最先进的混合铜-铜键合。通过将 270 nm 铜凸块叠加在 540 nm 铜凸块上，间距最小为 1.08 μm。TEM 图像显示 SiCN-SiCN、Cu-Cu 和 SiCN-Cu 这 3 种键合界面均无空洞存在。底部凸角处的空洞是由于 CMP 过程中的电化学腐蚀造成的。

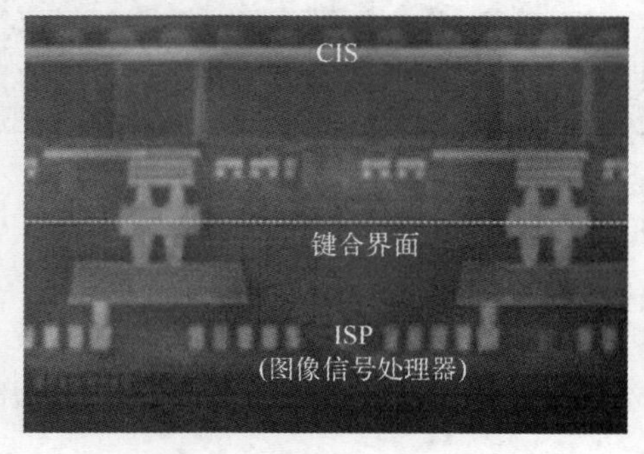

图 2.29 间距约为 10 μm 的铜互连的 SEM 截面图

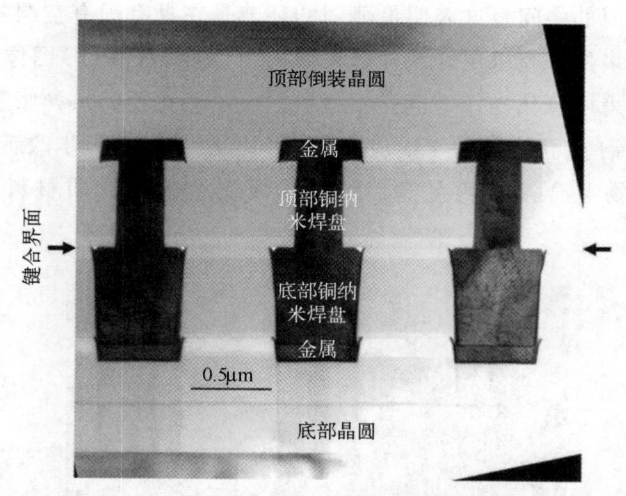

图 2.30　使用 SiCN 电介质的最先进的混合铜-铜键合。通过在 540 nm 铜凸块上堆叠 270 nm 铜凸块，间距小至 1.08 μm

2.8　可靠性——电迁移和温度循环测试

到目前为止，铜-铜键合的可靠性还没有得到很好的研究，因为大部分的工作都是在工艺和良率方面进行的。一些研究人员报告了混合键合的可靠性测试的初步结果，如温度循环测试（TCT）、高温储存（HTS）和电迁移（EM）。电迁移的基本原理将在第 10 章介绍。众所周知，铜比钎料具有更高的电迁移寿命。然而，铜-铜键合的电迁移失效模式目前尚不清楚。2016 年，Moreau 等对用于 CMS 图像传感器的 3.6 μm× 3.6 μm 铜/氧化物中进行了电迁移测试，在 350℃下进行 20 mA 电迁移测试后，铜-铜键合本身没有失效。相反，空洞是在 BEOL 电流馈线处形成的。值得注意的是，键合界面处的固有空洞不受电流应力的影响。因此，BEOL 中最薄弱的环节是铜线。Shie 等人对直径为 30 μm 的铜-铜键合进行了电迁移测试。在 150℃下，在 1.5 A（2.12×10^5 A/cm^2）的电流应力下作用约 1600h 后，接头的电阻比初始值增加了 20 %。在铜凸块和 BEOL 铜线间的界面上形成了空洞。原始键合界面的固有空洞形态变化不大。在某些接头中，电迁移试验促进铜的晶粒长大，从而消除了键合界面。

对于直径为 30 μm 的聚合物底部填充的铜-铜键合，其 TCT 的初步结果也被报道[38]。温度范围为－55～125℃；浸泡时间为 5min；升温速率为 18℃/min。由于热膨胀系数的差异，铜-铜接头在温循过程中承受拉应力和压应力。图 2.31 显示了 1000 次循环后的铜-铜接头的微观结构，接头的电阻比初始值增加了约 15 %。裂纹形成于键合界面的中间。这表明最薄弱的环节是在具有固有空洞的原始键合界面处。需要进行更多的研究以更好地理解失效机制。对于CMOS图像传感器的铜/氧化物混合键合，采用氧化硅作为电介质材料。由于氧化硅的热膨胀系数小于铜，随着温度的升高，铜-铜接头将处于压应力状态。压应力可进一步改善铜-铜键合。因此，铜-铜/氧化物混合接头的可靠性要比采用聚合物电介质材料的铜-铜接头好得多。

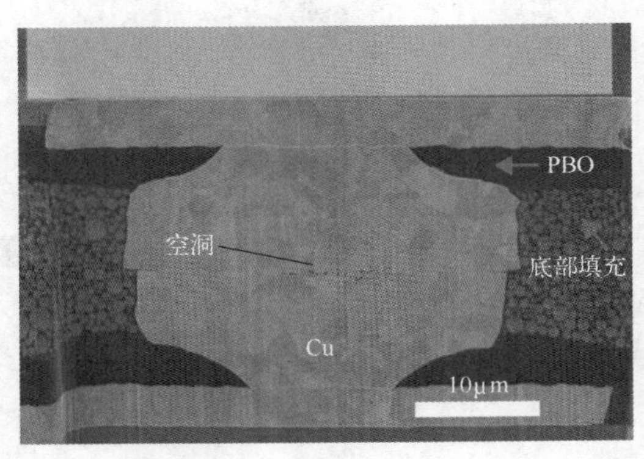

图 2.31　1000 次循环后铜-铜接头的微观结构，接头电阻比初始值增加了约 15%

问题

2.1　微电子封装的主要作用有哪些？

2.2　20 世纪 60 年代，IBM 的倒装芯片封装由陶瓷基板和高铅焊料组成。IBM 采用了薄膜下凸块金属化（UBM）。

(a) 为什么 IBM 采用陶瓷基板？

(b) 为什么 IBM 选择高铅（Pb97Sn3）焊料？

(c) 画出薄膜 UBM 的剖面图并说明各层的作用。

2.3　高铅焊料和陶瓷基板由于其优异的力学性能，在 20 世纪 70 年代开始用于微电子器件的封装，当个人电脑问世时，成本是一个重要的考虑因素。因此，在 20 世纪 90 年代采用高分子基板和共晶 SnPb 焊料来替代高铅焊料和高分子基板。

(a) 这一变化产生的两个主要问题是什么？

(b) 解决这些问题的方法是什么？

在 21 世纪 00 年代，由于环境问题，采用无铅焊料来替代共晶 SnPb 焊料。

(c) 这一变化产生的两个主要问题是什么？

(d) 这些问题的解决方案是什么？

2.4　倒装芯片焊点因其优异的性能被广泛应用于高端芯片封装中。与引线键合相比，倒装芯片在电性能和热学性能方面有哪些优势？

2.5　对于载带自动键合（TAB）技术：

（a）画出在键合前内引线和凸块芯片的示意图，并标明材料。

（b）通常情况下，通过在350℃下热压0.5s而不使用超声波就可以实现键合，解释为什么可以在这么短的时间内形成键合。

（c）为什么TAB技术不能用于制造平面阵列键合？

2.6　（a）描述热超声引线键合技术的工艺流程。

（b）为什么第一个键合焊点是球形而第二个键合焊点是新月形？为什么能在如此短的时间和低于200℃的温度下实现键合？

2.7　就每个芯片的连接数量而言，C4焊点可以达到比引线键合焊点高10倍左右。

（a）解释其原因。

（b）对于1 cm × 1 cm、间距为50 μm的芯片，估计每个芯片C4和引线键合的连接数。

2.8　倒装芯片焊点因其优异的性能，已被高端芯片封装所采用。

（a）其优点之一是自对准。描述自对准的工作原理，解释自对准的驱动力是什么。

（b）与引线键合相比，倒装芯片在电性能和热性能方面有何优势？

2.9　铜线已被成功开发，用来替代部分金线。

（a）铜线的主要优点是什么？

（b）铜线的主要问题是铜容易被氧化，如何解决该问题？

2.10　铜-铜直接键合已被用于超精密封装。如本章所示，已在CMOS图像传感器中实现10 μm间距的铜-铜直接键合。列出这项技术的两个优点。

参考文献

1　K. Puttlitz and P. Totta，“Area Array Technology Handbook for Micro-Electronic Packaging”，Kluwer Academic，Norwell，MA (2001).

2　J. H. Lau，Flip Chip Technology，McGraw-Hill，New York (1996).

3　K. N. Tu，Solder Joint Technology；Materials Properties，and Reliability Springer，New York，(2007).

4　C. Chen，D. Yu，and K. N. Chen，“Vertical interconnects of microbumps in 3D integration”. *MRS Bulletin*，40 (3)，257-263，(2015).

5　Y. C. Liang，C. Chen，and K. N. Tu，Side wall wetting induced void formation due to small solder volume in microbumps of Ni/SnAg/Ni upon reflow *ECS Solid State Letters* 1，4，60-62

(2012).

6 Jie-An Lin, Chung-Kuang Lin, Chen-Min Liu, Yi-Sa Huang, Chih Chen, David T. Chu and K. N. Tu, Formation mechanism of porous Cu3Sn intermetallic compounds by high current stressing at high temperatures in low-bump-height solder joints, *Crystals*, 6, 12 (2016).

7 K. N. Chen, A. Fan, C. S. Tan, R. Reif, & C. Y. Wen, 《Microstructure evolution and abnormal grain growth during copper wafer bonding》, *Applied Physics Letters*, 81 (20), 3774-3776 (2002).

8 C. M. Liu, H. W. Lin, Y. C. Chu, C. Chen, D. R. Lyu, & K. N. Chen, and K. N. Tu, Low-temperature direct copper-to-copper bonding enabled by creep on highly (111)-oriented Cu surfaces, *Scripta Materialia* 78-79 (2014) 65-68.

9 C. M. Liu, H. W. Lin, Y. S. Huang, Y. C. Chu, C. Chen, D. R. Lyu, K. N. Chen and K. N. Tu, "Low-temperature direct copper-to-copper bonding enabled by creep on (111) surfaces of nanotwinned Cu", *Scientific Reports*, 5,9734 (2015).

10 B. Rebhan, and K. Hingerl, "Physical mechanisms of copper-copper wafer bonding", *Journal of Applied Physics*, 118, 135301 (2015).

11 H. Noma, T. Kamibayashi, H. Kuwae, N. Suzuki, T. Nonaka, S. Shoji, & J. Mizuno, "Compensation of surface roughness using an au intermediate layer in a Cu direct bonding process", *Journal of Electronic Materials*, 47 (9),5403-5409 (2018).

12 Y. P. Huang, Y. S. Chien, R. N. Tzeng, M. S. Shy, T. H. Lin, K. H. Chen, H. M. Tong & K. N. Chen, "Novel Cu-to-Cu bonding with Ti passivation at 180 °C in 3-D integration", *IEEE Electron Device Letters*, 34 (12), 1551-1553 (2013).

13 Hu, Y. H., Liu, C. S., Lii, M. J. et al. (2012). 3D stacking using Cu-Cu direct bonding for 40μm pitch and beyond. 4th Electronic System-Integration Technology Conference (pp. 1-5). IEEE.

14 Riko I Made, Chee Lip Gan, Liling Yan, Katherine Hwee Boon Kor, Hong Ling Chia, Kin Leong Pay, And Carl V. Thompson, "Experimental characterization and modeling of the mechanical properties of Cu-to-Cu thermocompression bonds for three-dimensional integrated circuits", *Acta Materialia*, 60, 578-587 (2012).

15 W. Yang, M. Akaike, & T. Suga, "Effect of formic acid vapor in situ treatment process on Cu low-temperature bonding", *IEEE Transactions on Components, Packaging and Manufacturing Technology*, 4 (6), 951-956 (2014).

16 Y. Kagawa, N. Fujii, K. Aoyagi, Y. Kobayashi, S. Nishi, N. Todaka, & K. Tatani, "Novel stacked CMOS image sensor with advanced Cu2Cu hybrid bonding" *IEEE International Electron Devices Meeting (IEDM)* (2016), 208-211.

17 H. Takagi, R. Maeda, T. R. Chung, N. Hosoda, and T. Suga, "Effect of surface roughness on room-temperature wafer bonding by Ar beam surface activation", *Japanese Journal of Applied Physics*, 37,4197-4203 (1998).

18 Y. P. Huang, Y. S. Chien, R. N. Tzeng, and K. N. Chen, Demonstration and electrical perform. ance of Cu-Cu bonding at 150 °C With Pd passivation, *IEEE Transactions on Electron Devices*, 62 (8), 2587-2592 (2015).

19 Suga, T., Yuuki, F., and Hosoda, N. (1997). A new approach to Cu-Cu direct bump bonding. IEEE 1st Joint International Electronic Manufacturing Symposium and the International Microelectronics Conference (IEMT/IMC) Symposium.

20 R. A. Nichting, D. L. Olson, and G. R. Edwards, "Low-temperature solid-state bonding of copper", *Journal of Materials Engineering and Performance*, 1, 35-44 (1992).

21 Made RI, Gan CL, Yan L, Kor KHB, Chia HL, Pey KL, et al. Experimental characterization and modeling of the mechanical properties of Cu-Cu thermocompression bonds for three-dimensional integrated circuits. *Acta Materialia* 2012; 60 (2); 578-587.

22 Derby B, Wallach ER. Diffusion bonds in copper. *Journal of Materials Science* 1984; 19 (10); 3140-3148.

23 Ashby MF. A first report on deformation-mechanism maps. *Acta Metallurgica* 1972; 20 (7); 887-897.

24 K. C. Shie, J. Y. Juang, and C. Chen, "Instant Cu-to-Cu direct bonding enabled by ⟨111⟩-oriented nanotwinned Cu bumps", *Japanese Journal of Applied Physics*, 59, SBBA03 (2020).

25 C. S. Tan, R. Reif, N. D. Theodore, and S. Pozder, "Observation of interfacial void formation in bonded copper layers", *Applied Physics Letters*, 87, 201909 (2005).

26 C. M. Liu, H. W. Lin, Y. C. Chu, C. Chen, D. R. Lyu, K. N. Chen and K. N. Tu, Low-temperature direct copper-to-copper bonding enabled by creep on highly (111)-oriented Cu surfaces, *Scripta Materialia* 78-79 (2014) 65-68.

27 A. Fan, A. Rahman, and R. Reif, "Copper wafer bonding", *Electrochemical and Solid-State Letters*, 2, 534-536 (1999).

28 Mudrick, J. P., Sierra-Suarez, J. A., Jordan, M. B. et al. (2019). Sub-10μm pitch hybrid direct bond interconnect development for die-to-die hybridization. IEEE Electronic Components and Technology Conference (ECTC).

29 Y. C. Chu, and C. Chen, "Anisotropic grain growth to eliminate bonding interfaces in direct copper-to-copper joints using ⟨111⟩-oriented nanotwinned copper films", *Thin Solid Films*, 667, 55-58 (2018).

30 S. Y. Chang, Y. C. Chu, K. N. Tu, and C. Chen, Effect of anisotropic grain growth on improving the bonding strength of ⟨111⟩-oriented nanotwinned copper films, *Materials Science and Engineering A* 804 (2021) 140754.

31 J. Y. Juang, C. L. Lu, Y. J. Li, K. N. Tu and C. Chen, Correlation between the microstructures of bonding interfaces and the shear strength of Cu-to-Cu joints using (111)-oriented and nanotwinned Cu, *Materials*, 11, 2368 (2018).

32 Three dimensional device integration method and integrated device. US patent (2006), US

6984571 B1，Ziptronix，Inc.

33 Method for low temperature bonding and bonded structure. US Patent (2000)，US 6902987，Ziptronix，Inc.

34 Chipworks (2016). Samsung Galaxy S7 Edge Teardown Report.

35 Beyne，E.，Kim，S. W.，Peng，L. et al. (2017). Scalable，sub 2μm pitch，Cu/SiCN to Cu/SiCN hybrid wafer-to-wafer bonding technology. IEEE International Electron Devices Meeting (IEDM).

36 Kim，S. W.，Fodor，F.，Heylen，N. et al. (2020). Novel Cu/SiCN surface topography control for 1 μm pitch hybrid wafer-to-wafer bonding. IEEE Electronic Components and Technology Conference (ECTC).

37 S. Moreau，A. Fraczkiewicz，D. Bouchu，P. Bleuet，P. Cloetens，J. C. Da Silva，H. Manzanarez，F. Lorut，and S. Lhostis，"Correlation between electromigration-related void volumes and time-to-failure by high resolution x-ray tomography and modeling"，*IEEE Electron Device Letters*，40，1808-1811 (2019).

38 Shie，K. C.，Hsu，P. N.，Li，Y. J. et al. (2021). Electromigration and temperature cycling tests of Cu-Cu joints fabricated by instant copper direct bonding. IEEE Electronic Components and Technology Conference (ECTC)，995-1000.

39 K. C. Shie，A. M. Gusak，K. N. Tu C. Chen，"A kineticmodel of copper-to-copper direct bonding under thermal compression"，*Journal of Materials Research and Technology*，15，2322 (2021).

40 https://doi. org/10. 1016/j. matchar. 2021. 111459.

第3章 随机取向和(111)取向的纳米孪晶铜

3.1 引言

为什么纳米孪晶铜（nanotwinned Cu，nt-Cu）很重要？从技术上讲，Cu是微电子技术中应用最广泛的导体，包括在芯片上和封装上。从科学上讲，nt-Cu是金属强化的第五种机制。K. Lu在2004年发表于《科学》期刊的一篇论文中报道了nt-Cu的屈服强度约为1000 MPa，相对于普通Cu的屈服强度（约100 MPa），其屈服强度可提升10倍[1]。同时，其电阻率几乎不变。在传统冶金学中，最重要的挑战之一是如何强化金属。常规已经有四种机制。第一种是位错缠结引起的加工硬化。第二种是固溶强化，例如，纯金太软，所以它不能支撑住钻石，因此，需要添加一些银或铜来制作18K或14K金，以制作钻戒。第三种是沉淀硬化，如Al(Cu)合金中GP区的形成，其中Al_2Cu的沉淀必须经过θ''、θ'、θ相。第四种是晶粒尺寸减小，由Hall-Petch关系给出。现在，纳米孪晶形成是第五种强化机制[2-16]。

此外，nt-Cu线具有比常规Cu线更高的电迁移寿命。Chen等人采用原位高分辨透射电镜（HRTEM）观察Cu线的电迁移，观察到Cu原子在孪晶界的迁移速率被延缓，如图3.1所示。去除孪晶界上Cu的时间大约是常规晶格Cu所需时间的10倍。因此，nt-Cu线可以作为三维集成电路（3D IC）集成的重布线层（RDL）的潜在材料。

目前，三维集成电路的技术趋势需要新的封装技术，如铜直接键合和细线扇出技术。集成扇出晶圆级封装（InFOWLP）技术取得了突破性进展，目前已成为消费电子产品的主流封装技术。与传统的倒装芯片晶圆级封装技术（FCWLP）相比，InFOWLP具有更多的引脚数、更低的功耗、更高的电气性能、更好的散热和更低

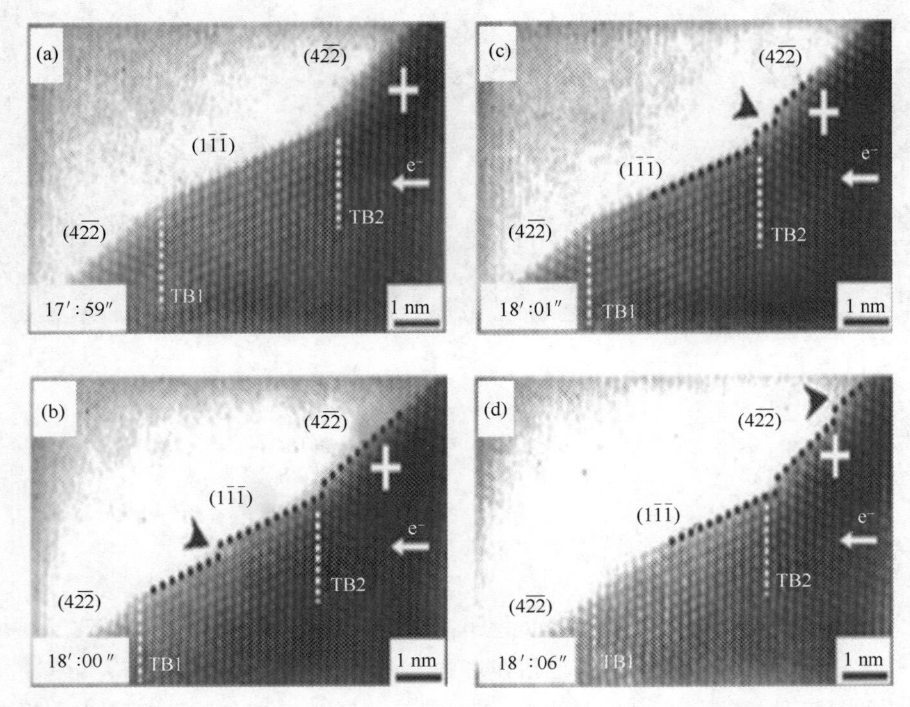

图 3.1　高分辨率 TEM 图像，显示原子在 $2.5\times10^6\,A/cm^2$ 下的电迁移随时间的变化，电子从右向左漂移。左下角以分（′）和秒（″）为单位显示图像采集的时间。TB 代表孪晶界。(a) 17′:59″;(b)18′:00″;(c)18′:01″;(d)18′:06″

的整体成本等优势。然而，InFOWLP 使用环氧模塑料（EMC）与硅集成，由于不同的热膨胀系数，导致热应力成为可靠性问题。因此，高强度的 nt-Cu 可能是一种解决方案。

在本章中，将解释纳米孪晶的形成机制。更重要的是，将强调（111）取向 nt-Cu 的形成，用于 3D IC 器件中独特的扇出互连和直接键合应用[1-8]。

3.2　纳米孪晶铜的形成机理

面心立方（FCC）金属的晶体结构可以通过（111）晶面的堆垛来表示，按照 ABCABC 的顺序进行重复。当堆垛顺序出现错误，使得堆垛顺序变为 ABCACBA，其中，中间的平面 A 可以看成两侧原子平面的镜像，就形成了孪晶。

由于孪晶面上的每个原子仍有 12 个最近邻原子，堆垛误差只是略微增加了晶体内部的能量。因此，孪晶被认为是一种低能量的共格平面缺陷，与一个层错的能量量级相当。对于 Cu 和 Ag 等具有低层错能的金属，它们容易形成微孪晶，这意味着孪晶面的间距为微米量级。而且，Al 和 Ni 具有较高的层错能，因此很少形成孪晶。共格孪晶界的能量仅为晶界能量的 3%左右。

利用 VASP 中局域密度近似（LDA）对孪晶面的形成能进行第一原理总能量计算，构建了周期性的纳米尺度孪晶结构，并引入应变来估计应变增加时总能量的变化。

在计算中采用了双轴应力状态。假设基板上 Cu 薄膜的结构，其沿膜表面的法线方向是无应力的。图 3.2 显示了通过重复所选超晶胞而形成的周期性纳米孪晶结构。每个超晶胞包含 12 个（111）原子平面，其堆垛顺序为“…ABCAB[C]BACBA[C]ABCAB[C]BACBA[C]…”，因此在图 3.2 所示的 24 个原子平面中，两个超晶胞中的每一个都有两个孪晶面，如四个［C］平面表示（图上未显示）。在这两个孪晶面之间有 6 个（111）晶面，这些平面可以增加到 9 个或 12 个或更多平面，以增加孪晶片层厚度或者降低孪晶密度。

可以用下面的方程计算孪晶的层错能：

$$\gamma_{twin}=\frac{E-NE_{fcc}}{2A}$$

式中，E 是超晶胞的总能量，N 是非孪晶超晶胞中的原子数，E_{fcc} 是理想 FCC Cu 中每个原子的能量，A 是超晶胞中每个孪晶面的表面积，因子 2 解释了超晶胞中存在两个孪晶面。

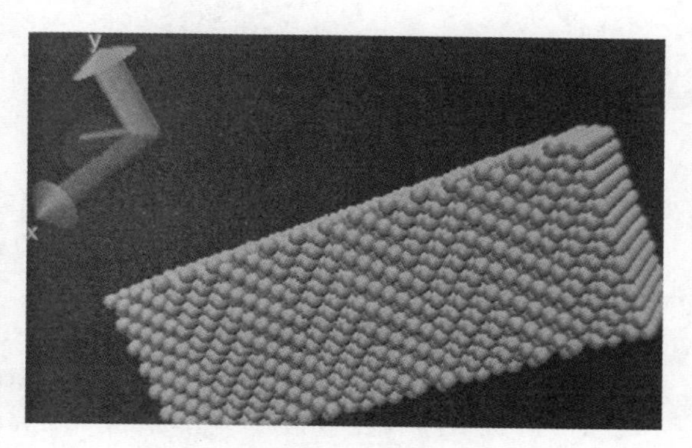

图 3.2　重复所选超晶胞而形成的周期性纳米孪晶结构示意图

为了研究应力/应变对 Cu 薄膜中孪晶形成的影响，引入了各向同性双轴应力，采用块体 Cu 的泊松比 0.34，创建了三维结构中具有应变的超晶胞。如图 3.3 所示，研究了两种类型的双轴应力，它们是在｛111｝面内 x 轴//［110］晶向和 y 轴//［112］晶向的双向应力，以及在｛112｝面内 x 轴//［110］晶向和 z 轴//［111］晶向的双向应力。

计算得到的孪晶层错能很小，只有大约 1 eV/atom（电子伏特/原子）的千分之二，这与其他理论和实验研究接近。回顾下原子间的对势能，通常为 0.5eV/atom。

图 3.4 显示了非孪晶 FCC Cu（下曲线）和 nt-Cu（上曲线）在｛111｝面上对双轴应力响应时总能量的演化。这对曲线表明，当非孪晶 Cu 薄膜中的应变大于一定值时，应变 FCC Cu 的总能量大于无应变 nt-Cu 的总能量。为了清楚地看到这一点，在图 3.4 中画了一条与上曲线底部相切的水平直线。水平线将在左侧（压缩应变侧）的 0.008 处和右侧（拉伸应变侧）的 0.011 处切割下方曲线。这意味着，如

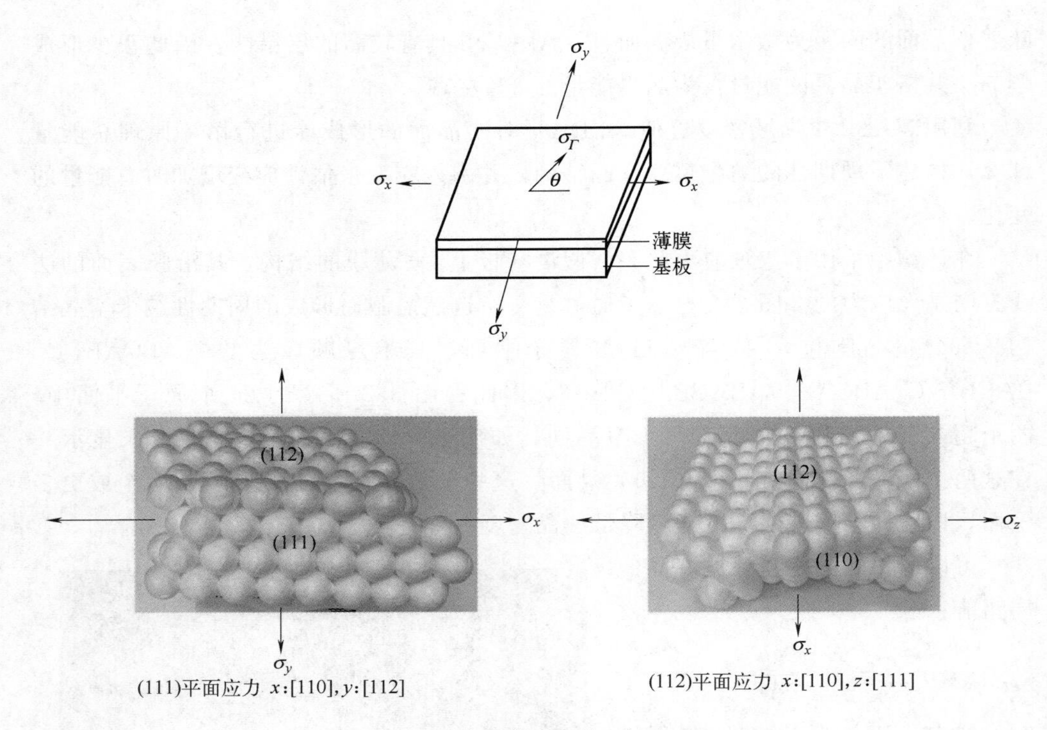

图 3.3 计算模型中的双轴应力

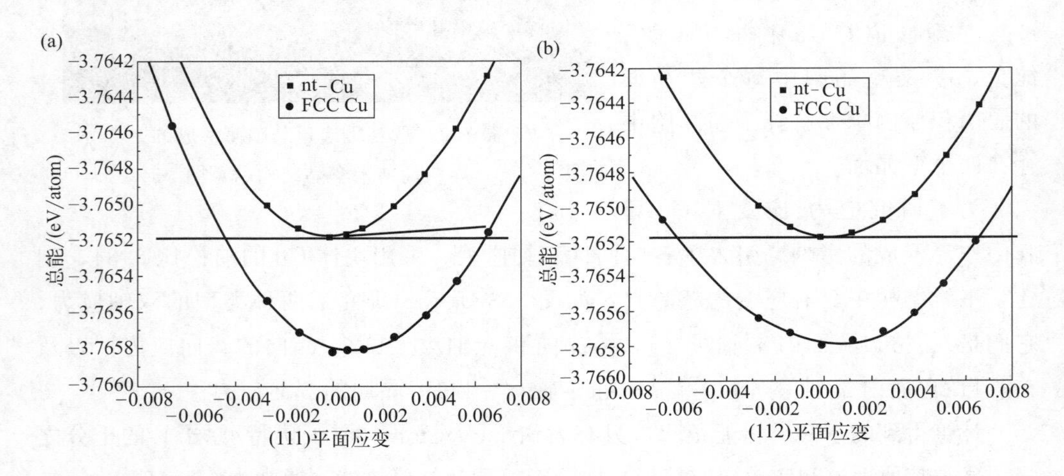

图 3.4 （a）计算曲线，显示了 FCC Cu（下曲线）和 nt-Cu（上曲线）在（111）面应变作用下的总能量变化。（b）当双轴应力位于（112）面时，由结果计算得到的曲线

果对非孪晶铜施加超过 0.8%的压缩应变，其能量将高于无应变的纳米孪晶铜的能量，因此应变能可以转化为形成孪晶间距为 6 个｛111｝原子平面的纳米孪晶，以降低能量。或者，如果对非孪晶铜施加超过 1.1%的拉伸应变，也可以转化为形成

孪晶间距为 6 个 {111} 原子平面的纳米孪晶以降低能量。可以得出结论，高应变的 nt-Cu 在能量上不如无应变的 nt-Cu 稳定。显而易见，nt-Cu 可能并非完全无应变。这是因为在给定的应变下，纳米孪晶的成核和生长速度可能不足以补偿整个应变。

3.3 纳米孪晶沉积过程中应力演化的原位测量

采用弯梁法原位测量了高频脉冲电镀纳米孪晶铜薄膜的应力，它显示了脉冲电镀中应力累积和松弛的重复循环事件。图 3.5 展示了原位应力测量系统。它包括一个电化学电镀池，一个可以高灵敏度检测悬臂梁弯曲的光学系统，悬臂梁上正在电镀纳米铜薄膜，以及一个信号处理单元组成。每 1 ms 记录一次激光反射响应，其速度足以记录每次脉冲沉积过程中的弯曲。当测量悬臂梁的弯曲或半径时，根据如下所示的 Stoney 方程计算应力[17, 18]。

$$\sigma_f = \frac{Y}{1-\upsilon} \times \frac{t_s^2}{6rt_f}$$

式中，σ_f 为薄膜中的双轴应力，Y 和 υ 为悬臂梁基板的杨氏模量和泊松比，t_s 为基板厚度，t_f 为沉积膜厚度，r 为悬臂梁半径。该式表明，为计算双轴应力，需要知道薄膜厚度。通常，薄膜厚度是在沉积后测量的。然而，在脉冲沉积中，无法原位测量每个脉冲期间沉积的薄膜厚度。在 Stoney 方程中，可以将 t_f 的膜厚从右边移到左边，因此当得到半径时，在每次脉冲沉积过程中都要测量乘积 $\sigma_f t_f$。

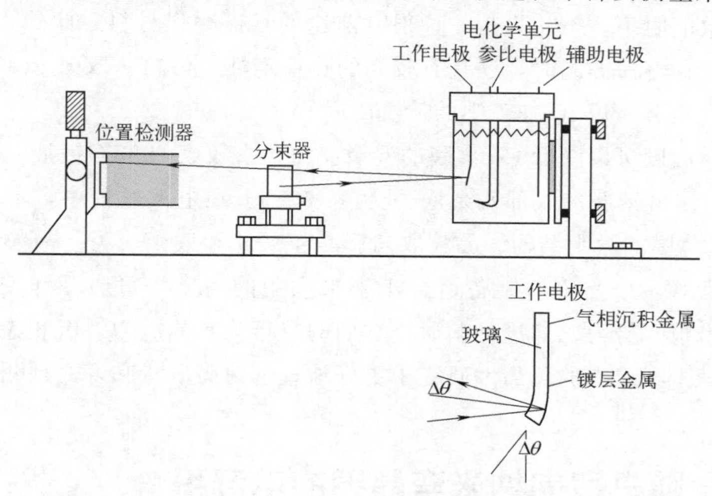

图 3.5　原位应力测量系统示意图。包括：一个电化学池；一个光学系统，可以高灵敏度地检测正在沉积 nt-Cu 薄膜的弯曲；一个信号处理单元

图 3.6 显示了应力与膜厚的乘积随脉冲沉积时间的变化。该乘积的演化周期与脉冲周期一致。在脉冲开启期间，应力与厚度的乘积沿拉应力方向移动，而在脉冲关闭期间，约 60%的拉应力得到松弛。用 X 射线衍射、扫描电镜和透射电镜观察到了孪晶结构。孪晶片层间距约为 20 nm，孪晶的取向随机分布。

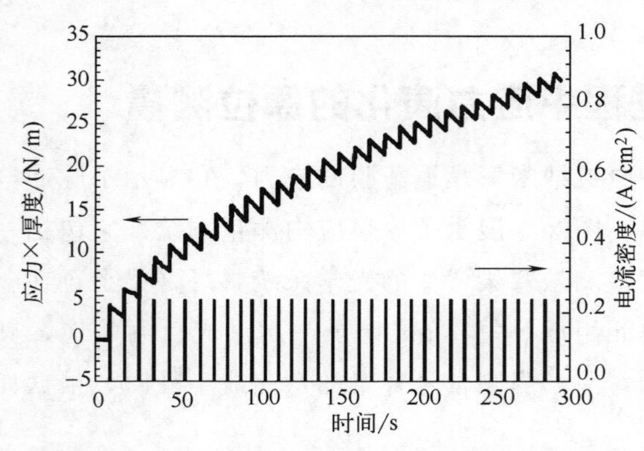

图 3.6 应力和膜厚的乘积随脉冲沉积时间的变化

为了调整 Cu 薄膜中的应力，采用同步辐射 X 射线衍射，测量了不同镀液温度对随机取向 Cu 薄膜和高度（111）取向 nt-Cu 薄膜残余应力的影响。镀液温度为 15～40℃变化。结果表明，高度（111）取向 nt-Cu 薄膜中典型的残余应力高于随机取向 Cu 薄膜中的残余应力。而高度（111）取向 nt-Cu 的应变随温度升高而减小。典型的残余应力通常从 15℃下电镀的 253 MPa 降低到 35℃下的 95 MPa。可以成功地调整和测量 Cu 薄膜的残余应力。低残余应力的薄膜可防止基板发生翘曲，并降低在铜-铜直接键合以及其他需要良好对准的工艺中的加工失效。

经过热循环测试后，在 RDL 内，穿过 EMC 与 Si 界面的 Cu 互连出现了严重的断裂失效。为了克服高应力问题，nt-Cu 由于具有比块体 Cu 更高的力学强度，同时保持等效电阻率，被认为是一种很有前途的互连替代材料。此外，nt-Cu 在提高互连线电迁移寿命的同时，还具有较高的热稳定性。（111）取向 nt-Cu 的低氧化速率特性可以显著缩短 IC 加工中的清洗时间。

提高电镀温度可以降低 Cu 薄膜的残余应力。在较高的 35℃镀液温度下，高度（111）取向 nt-Cu 薄膜的底部残余应力为 95 MPa。在电镀过程中，不同的镀液温度会影响 Cu 薄膜的微观结构、晶粒取向、晶粒尺寸和残余应力。晶粒尺寸随镀液温度的升高而增大。然而，制备适合于未来应用的高度（111）取向 nt-Cu 薄膜，仍然需要付出很多努力，如进一步研究它们的热行为和热应力。沉积态 Cu 薄膜的残余应力有助于在未来的可靠性研究中更好地理解薄膜质量和寿命预测。

3.4 随机取向纳米孪晶铜的电沉积

2004 年，通过脉冲电沉积制备了随机取向的 nt-Cu 薄膜[1]。图 3.7 显示了具有密集纳米孪晶的电镀 nt-Cu 薄膜和其孪晶片层厚度的分布，其平均晶粒尺寸为

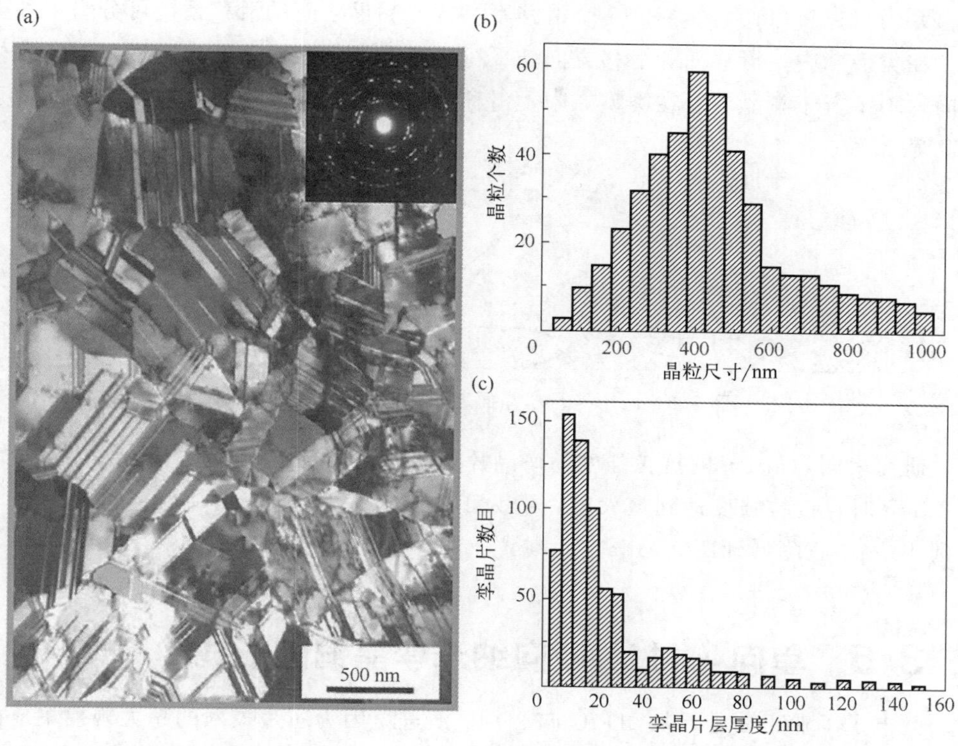

图 3.7　脉冲电沉积的随机取向 nt-Cu 的微观结构。(a) TEM 图像；(b) 晶粒尺寸分布；(c) 孪晶片层厚度分布

400nm。如 3.3 节所述，在脉冲关闭过程中，孪晶的形成使 Cu 薄膜的应力放松。

众所周知，晶界可以强化金属。式（3.1）是晶粒尺寸对屈服强度影响的 Hall-Petch 方程。

$$\sigma_y = \sigma_0 + \frac{k_y}{\sqrt{d}} \tag{3.1}$$

式中，σ_0 为晶格摩擦阻力，k_y 为强化系数，d 为平均晶粒直径。

此外，在一个晶粒中，孪晶面是相互平行的，可以采用约束层滑移（CLS）模型来解释孪晶强化机理。在 CLS 模型中，用孪晶片层间距代替极限厚度可以得到式（3.2）：

$$\sigma_{cls} = M\beta \frac{\mu b}{\lambda} \ln \frac{\alpha\lambda}{b} \tag{3.2}$$

式中，M 为泰勒因子，μ 为剪切模量，b 为伯格矢量分量，λ 为孪晶片层厚度，α 为与位错核有关的材料常数，β 为泊松比。泰勒定律可以解释多滑移系统中的变形。图 3.8 显示了两个共格孪晶界间可能的位错滑移系统。对于 FCC 金属，

滑移系为 $\{111\}\langle 1\bar{1}0\rangle$，共有 12 个滑移系。两孪晶界之间的滑移系统可分为三种类型。在类型 1 中，滑移面和滑移方向均平行于孪晶界。在类型 2 中，滑移面和滑移方向均不平行于孪晶界。在类型 3 中，滑移面不平行于孪晶界，而滑移方向平行于孪晶界。

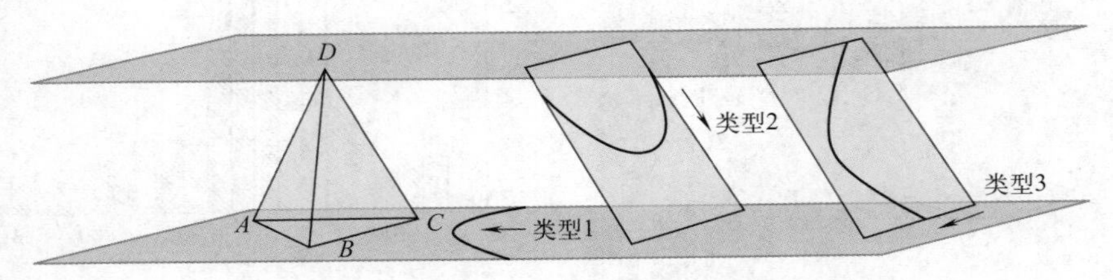

图 3.8 两个平行孪晶面之间位错滑移的示意图

研究表明，nt-Cu 的抗拉强度随孪晶片层厚度的减小而增大，当孪晶片层厚度为 15nm 时，抗拉强度达到最大值，约为 1050 MPa，随着孪晶片层厚度进一步减小到 4 nm，它降低到 700 MPa。

3.5 单向（111）取向纳米孪晶铜的形成

微电子工业正在进行从 2D IC 向 3D IC 演进，因为芯片技术的超大规模集成已经接近极限。从本质上讲，3D IC 就是要把封装技术和芯片技术结合起来。关于芯片表面焊料凸块密度的缩小问题，目前倒装芯片焊料凸块的直径约为 100μm，有可能缩小到 1μm。这种改进将使单位面积上的凸块密度增加 4 个数量级，而焊料体积将减少 6 个数量级。然而，焊料的凝固点保持不变，这意味着每个微凸块在加工后可能只包含几个晶粒。晶粒取向的变化可能导致微凸块取向依赖性差异较大，从而导致早期失效和可靠性差。这是因为 β-Sn 的某些晶粒取向会导致超快的间隙扩散和电迁移[7]。由于在 3D IC 器件中堆叠芯片上有大量的微凸块，如何在每个芯片上的数千个微凸块中实现一致的微观结构可能是关键问题。

由于回流，保持对微凸块微观结构的控制并非易事。回流是指为了实现芯片到芯片或芯片到基板的连接，焊料凸块被熔化。当熔融焊料凸块凝固时，很难调节其固态组织；通常，其晶粒是随机取向的。

此外，在微凸块的固态老化过程中，焊料将转变为 IMC。这些化合物将主导微凸块的性能，因为为了连接硅通孔（TSV），每个微凸块中的焊料厚度需降至约 10μm 或更小。

由于孪晶面是 Cu 的（111）面，如果在电镀过程中把这个平面沉积成平行于基板的表面，将得到单向生长的（111）取向的 nt-Cu 薄膜，或者获得非常强织构的 Cu 薄膜。这样做的原因是如果能够控制 Cu 薄膜的微观结构，反之就可以影响

Cu与焊料之间的界面反应，或在Cu-Cu直接键合中与其自身的界面反应。

在本节中，将讨论通过直流电沉积制备得到具有高纳米孪晶密度且高度［111］取向的nt-Cu晶粒[8]。据报道，利用磁控溅射沉积可制备出具有［111］择优取向的nt-Cu。然而，在互连和封装技术中，铜互连是通过电沉积实现的，因为电镀可以更好地填充狭窄的沟槽和通孔。

在直流电镀过程中，在电解液中加入表面活性剂，电解液的搅拌速度从600～1200r/min开始，这对电镀结果至关重要。图3.9显示了以80 mA/cm^2的电流密度，在1200r/min下电镀30 min的nt-Cu的横截面聚焦离子束（FIB）图像。Cu薄膜厚度大于20μm，并获得了具有单一取向纳米孪晶的柱状晶Cu。所有的［111］取向纳米孪晶几乎垂直于薄膜生长方向排列。X射线衍射表明，这些Cu晶粒具有非常强的［111］择优取向。在图3.9中，可以注意到薄膜表面出现了很多锥体。在横截面的TEM图上观察到孪晶的形貌，并用相应的电子衍射花样验证了［111］取向。纳米孪晶片层厚度的范围为10～100nm。图3.9（a）为FIB图像，其中包含强取向的nt-Cu的俯视图和横截面图，横截面上为柱状晶Cu，并且在每一晶粒中均有层状的平行孪晶面。图3.9（b）显示了样品的X射线衍射谱，其中只显示

图3.9 （a）强取向纳米孪晶Cu膜的俯视和横截面的FIB图。（b）强取向的纳米孪晶Cu膜的X射线衍射谱；仅检测到非常强的Cu（111）和Cu（222）反射

了非常强的 Cu（111）和 Cu（222）反射。在电解抛光后，利用电子背散射衍射（EBSD）对图 3.9（a）中的样品进行了分析，结果如图 3.10 所示。nt-Cu 薄膜的表面晶粒几乎全部为［111］取向。因此，nt-Cu 薄膜具有很高的［111］择优取向。

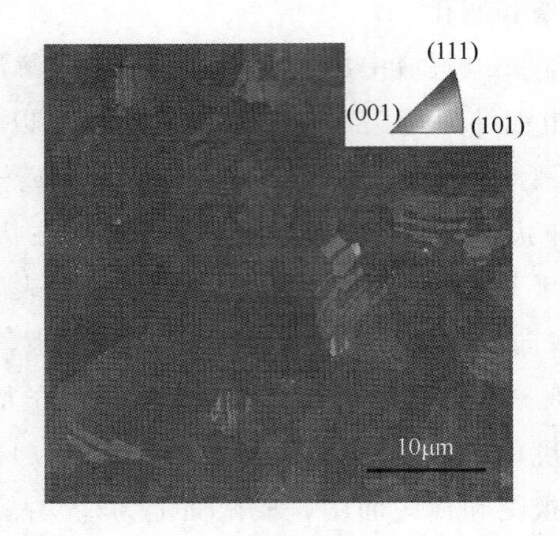

图 3.10　nt-Cu 膜表面晶粒取向的平面 EBSD 图

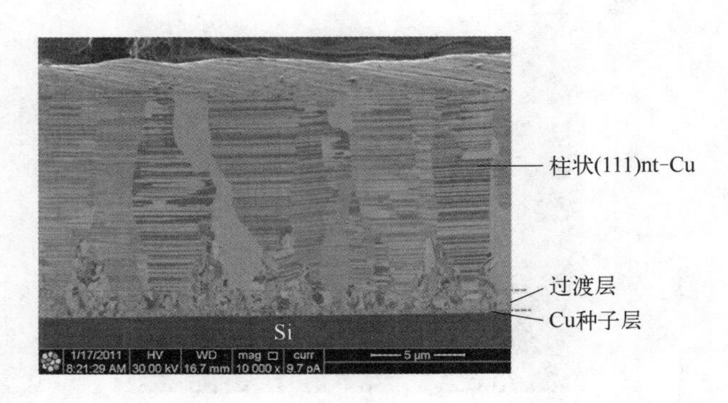

图 3.11　电沉积［111］取向纳米孪晶 Cu 膜的横截面 FIB 图像

［111］择优取向的 nt-Cu 薄膜的生长机制可能不同于随机取向 nt-Cu 薄膜。一般来说，表面活性剂在直流电沉积过程中起着重要的作用。表面活性剂可能对非［111］取向的晶粒具有较高的吸附能力，从而使［111］晶粒暴露在电解质中。但［111］柱状晶主导生长需要时间。图 3.11 显示了电镀 nt-Cu 膜的横截面 FIB 图像。在 Cu 种子层上，存在一层纳米级的随机取向层，被称为过渡层。然后，在过渡层后生长出大晶粒的［111］柱状晶 Cu。根据电镀条件，这一层通常为 0.2μm 到几微米。过渡层可以通过周期性的反向波形来减小，这是因为非［111］晶粒在反向波形中可以溶解。

3.6 [111] 取向纳米孪晶铜中的晶粒生长

这一节介绍电沉积制备的［111］取向 nt-Cu 中有趣的晶粒长大行为[19-23]。过渡层由纳米晶组成，因此是热力学不稳定的。对于磁控溅射制备的［111］nt-Cu 薄膜，几乎没有过渡层。因此，溅射的 nt-Cu 晶粒在高达 800℃ 时是稳定的。而对于电沉积制备的［111］nt-Cu 薄膜，退火时晶粒长大，并且晶粒转变成其他取向。在较低的退火温度下，［111］取向的大的柱状晶在转变中消耗小晶粒，从而使 nt-Cu 薄膜中的［111］择优取向程度更高。图 3.12 显示了同一样品在 250℃ 下退火 1h 前后的截面 FIB 图像。为了观察同一晶粒的生长情况，用 FIB 在试样中切割了一个标记。晶粒 A、B、C 向下生长，不仅消耗了过渡层中的小晶粒，而且形成密集排布的退火孪晶。然后，电镀的柱状晶可以稳定到 500℃，这取决于过渡层的厚度。因此，可以通过控制过渡层的厚度来调整热稳定性。

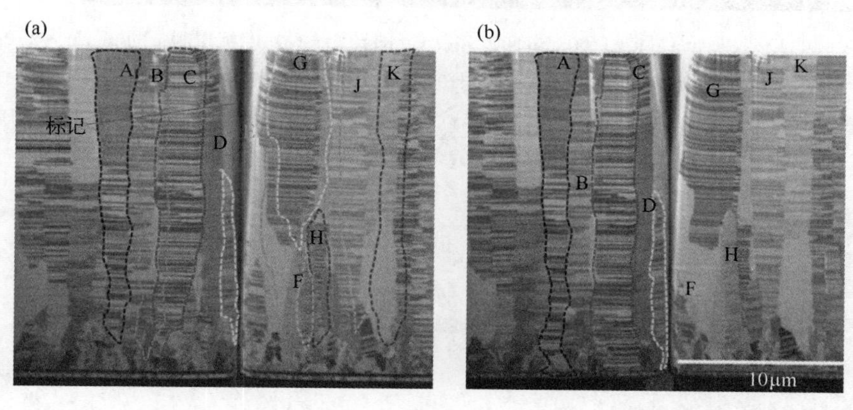

图 3.12 ［111］取向 nt-Cu 薄膜的晶粒生长。同一样品的 FIB 横截面图像。(a) 镀层；(b) 250℃下退火 1h 后

然而，电沉积制备的［111］取向 nt-Cu 薄膜在 400℃ 退火时，晶粒发生了独特的各向异性的大晶粒生长。图 3.13 显示了一系列［111］取向 nt-Cu 转变为 (100) 取向无孪晶的大晶粒 Cu 的过程。在图 3.13 (a) 中，显示了沉积态的［111］取向 nt-Cu 的 EBSD 横截面图像。在 400℃ 下退火 20min 后，图 3.13 (b) 显示了从 nt-Cu 膜的底部（过渡层）发生了向 (100) 取向的极大晶粒的转变。(100) 晶粒直径约 290μm，但是厚度仅有 7 μm。图 3.13 (c) 显示了在 400℃ 下退火 40min 后的横截面 EBSD 图像。在 400℃ 退火 60 min 后，所有的柱状 nt-Cu 均转变为大的 (100) 取向晶粒，如图 3.13 (d) 和 (e) 所示。(100) 晶粒的生长是高度各向异性的；它在垂直方向上生长得非常缓慢，但在横向方向上的生长速度大约

快了 50 倍。

图 3.14（a）和（c）分别是在 400℃和 450℃退火 1h 后（100）晶粒的微观结构俯视图。图 3.14（b）和（d）分别是两者相应的晶粒尺寸分布。图 3.14（c）中的平均晶粒尺寸约为 400 μm。通过改变过渡层厚度和柱状晶 nt-Cu 的显微结构，可以使转变温度从 150℃改变到 500℃。在某些应用中，如 Cu-Cu 键合，我们倾向于在低温下触发各向异性晶粒长大，从而消除键合界面，这将在本章后面讨论。

图 3.13 （111）取向 nt-Cu 向（100）取向大晶粒 Cu 的转变。(a) 电沉积制备的 nt-Cu 薄膜的横截面 FIB 图像。(b) 横向晶体尺寸为 290μm 的〈100〉粗大晶粒横截面的分布图。(c) 图（b）中样品的横截面 FIB 图像。(d)、(e) 所有〈111〉晶粒都转变为大的〈100〉晶体的样品横截面 FIB 图像

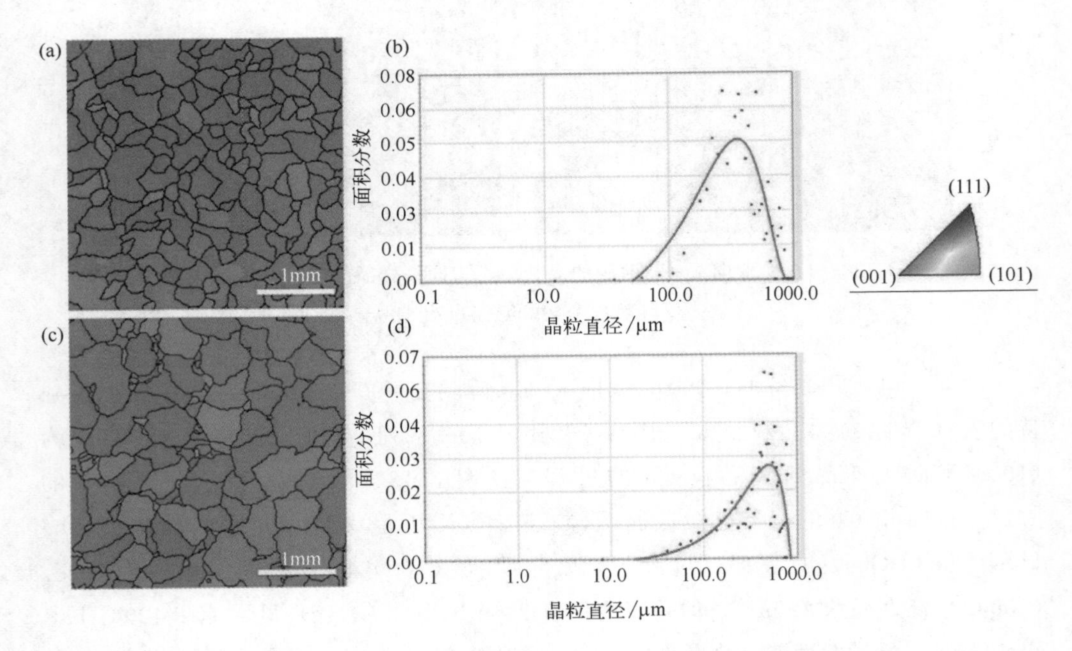

图 3.14 （111）取向 nt-Cu 中，大的（100）晶粒的生长。(a) 在 400℃下退火 1h 的 7μm nt-Cu 薄膜的 EBSD OIM 平面图。(b) 图（a）中（100）晶粒的尺寸分布。(c) 在 450℃下退火 1h 的 7μm nt-Cu 薄膜的 EBSD OIM 平面图。(d) 图（c）中（100）晶粒的尺寸分布

3.7 (111)取向纳米孪晶铜上微凸块中η-Cu_6Sn_5的单向生长

在3.2节中，回顾了高密度的nt-Cu为何能形成，及其形成能是多少。然后，在3.5节中，讨论了如何控制纳米孪晶的生长方向，使它们在[111]方向择优生长，使所有孪晶面都平行于基板的表面。这意味着可以控制纳米尺度微观结构的生长。随着择优取向纳米孪晶的形成，有两个有趣的转变。首先，熔融焊料与[111]取向nt-Cu的润湿反应中，可获得单向生长的Cu_6Sn_5 IMC。其次，[111]取向的nt-Cu可转变为粗大的没有孪晶的(100) Cu单晶，如3.6节所讨论的，这是由于Cu中各向异性的异常晶粒生长。这种转变在Cu-Cu的直接键合中非常重要。图3.15显示了[111]取向nt-Cu下凸块金属化(UBM)和在nt-Cu上生长的Cu_6Sn_5金属间化合物(IMC)之间取向关系的EBSD OIM图像。nt-Cu在260℃回流3min后仍保持高度的[111]取向。图3.15(b)只描述了Cu_6Sn_5晶粒，取向分析表明Cu_6Sn_5晶粒具有[$2\bar{1}\bar{1}3$]的择优取向。这种取向关系主要是由于[111]取向Cu和[$2\bar{1}\bar{1}3$] Cu_6Sn_5之间的小晶格失配引起的[24]。

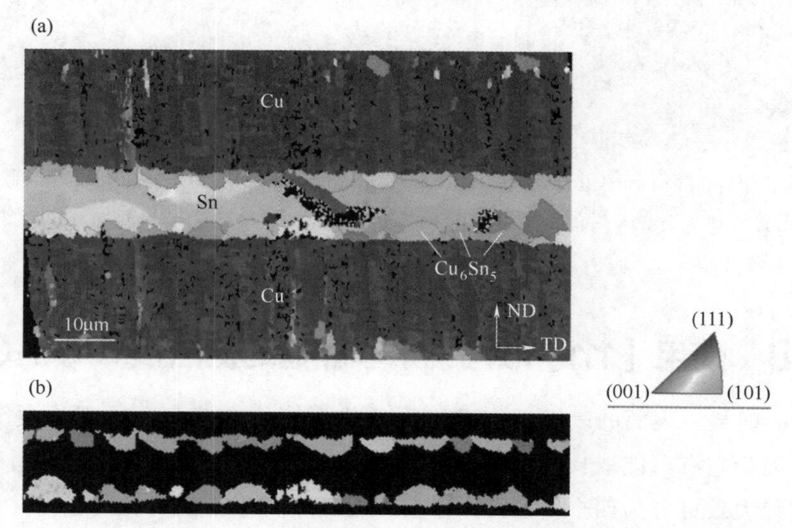

图3.15 (a)[111]取向nt-Cu金属化层的SnAg微凸块的横截面EBSD取向成像图，反极图表示沿法线方向(ND)的方向。(b)焊点在260℃下回流3min，EBSD图像仅显示Cu_6Sn_5晶粒的取向。Cu_6Sn_5晶粒具有[$2\bar{1}\bar{1}3$]的择优取向

此外，有报道称，固态老化后的Cu_3Sn/Cu界面形成了严重的柯肯达尔(Kirkendall)空洞，这大大削弱了接头的力学性能。图3.16(a)为微凸块在

150℃下固态老化 500 h 后的截面 FIB 图像，显示焊料已完全转变为 Cu_6Sn_5 和 Cu_3Sn。Cu_3Sn 层厚度为 2.14μm，但在 Cu_3Sn/Cu 界面上仅观察到几个空洞。在 150℃老化 1000h 后，见图 3.16（b），Cu_3Sn 层厚度增长到 3 μm，没有发现明显的柯肯达尔空洞。Cu_3Sn/nt-Cu 界面的横截面 TEM 图像显示，一些纳米孪晶终止于 Cu_3Sn 晶粒中，见图 3.16（c）。尽管孪晶界是共格的，但存在台阶和扭结，它们将起到空位阱的作用。高密度纳米孪晶会提供高密度的空位阱。因此，不会出现空位的过饱和或柯肯达尔空洞的成核[25]。

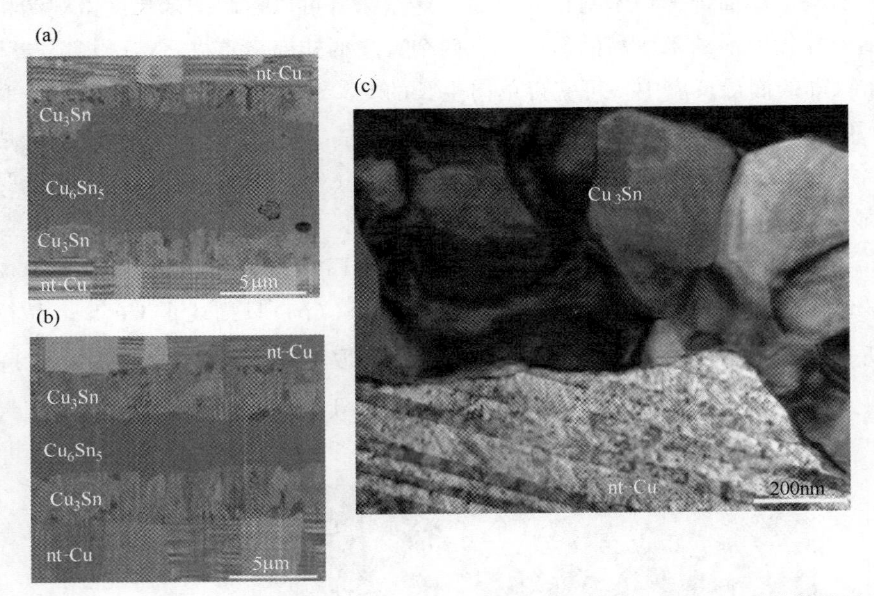

图 3.16　nt-Cu/焊料/nt-Cu 在 150℃下固态老化后的微观结构。（a）500h 后的横截面 FIB 图像；（b）1000h 后的横截面 FIB 图像；（c）nt-Cu 和 Cu_3Sn 界面的 TEM 图

3.8 使用 [111] 取向纳米孪晶铜的低热预算 Cu-Cu 键合

nt-Cu（111）表面的表面蠕变可实现低热预算的直接 Cu-Cu 键合受到广泛关注，这是因为它有可能取代高端封装技术中的焊点，包括大型计算机的封装。铜直接键合过程大致可分为四个阶段。第一阶段是两个铜表面的机械接触，并且可能发生一定量的塑性变形。第二阶段是在热压作用下，通过表面蠕变在接触界面形成扭转晶界，从而实现初始键合；为了验证具有六方位错网络的扭转晶界的形成，利用透射电镜进行平面观察，见图 2.24。第三阶段是键合界面处的空洞的熟化。第四阶段是跨越键合界面的（100）取向晶粒的长大，以消除键合界面。

在超高真空（UHV）条件下，直接 Cu-Cu 键合通常可在室温下实现；然而，在键合前必须通过采用表面活化的方法对铜表面进行清洁，因此该过程相当耗时。在 $10^{-3}\sim10^{-4}$ Torr❶ 的普通真空条件下，通过在超过 300℃的温度下，在大约 100 psi❷ 的压力下，热压 30min 以上，通常可以实现 Cu-Cu 直接键合。然而，该温度高于共晶 SnPb 和无铅 SnAgCu 焊料的熔化温度。这些焊料的标准回流温度低于 250℃。因此，Cu-Cu 直接键合的关键挑战是找到在普通真空中将键合温度降低到 250℃的方法。

直接键合必不可少的过程是表面扩散，原子可以跨越键合界面或沿界面跳跃。Cu（111）面的扩散系数比其他表面高 3～4 个数量级，见表 2.1，这说明在（111）面可以降低键合温度[26,39]。然而，期望在应用中利用立方英寸❸ 尺寸的（111）取向 Cu 单晶是不现实的。为克服这一挑战，用高度［111］取向 nt-Cu 多晶薄膜代替大的（111）取向 Cu 单晶。此外，当择优取向的 nt-Cu 以平行于自由表面的孪晶面沉积时，通常可以实现 150℃以下的直接键合。要实现 Cu-Cu 的低温直接键合，关键要求是被键合的 Cu 片之一必须具有（111）面。如果两个 Cu 片都是（111）取向 nt-Cu，键合速度会更快。图 3.17 显示了［111］取向 nt-Cu 膜与［111］取向 nt-Cu 膜在 10^{-3} Torr 中，150℃、0.78 MPa 键合 1h 的微观结构。两种［111］取向 nt-Cu 薄膜均通过直流波形进行电镀。由于（111）面具有较高的表面扩散系数和较低的氧化速率，在 150℃下可以实现良好的键合。在键合界面上几乎没有微小的空洞。残余空洞的百分比约为 5%。

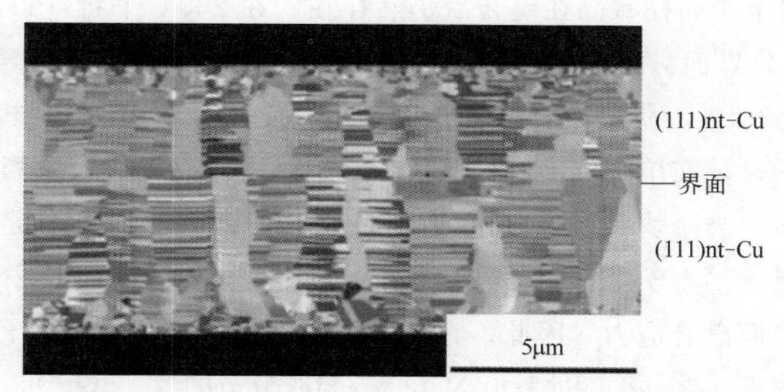

图 3.17　横截面的 FIB 图像，显示了 nt 薄膜与 nt-Cu 薄膜键合的微观结构

为了进行键合的拉伸试验，将晶圆切割成 2 cm× 2 cm 的正方形。使用 1220 S 型自动插入式拉力测试仪（中国台湾顺滢企业股份有限公司）进行拉伸测试。在拉伸测试之前，通过将每个样品涂上热固性复合黏合剂，黏附在螺杆上，处于 150℃

❶ 1 Torr＝133.3224 Pa。

❷ 1 psi＝6894.757Pa。

❸ 1 英寸（in）＝25.4 毫米（mm）。

下 2h。固化后，将试样放置于自动插入拉力测试仪中。应变速率为 10 μm/min。拉伸试验表明，键合界面比 Cu 与基板的界面结合得更强。

在图 3.18 中，描绘了两个（111）面之间初始接触的局部区域。因为这两个表面不是理想的平面，所以它们之间存在许多间隙或空洞。为了考虑键合界面，假定界面内存在空腔分布。此处考虑了半径为 r 的空腔。假设空腔周围的基体处于 σ 的压应力下。本研究所施加的应变在弹性范围内。空腔的自由表面没有法向应力。因此，应变势在基体和空腔中心之间下降，如图 3.18 所示。假设在压缩区域内没有应力中心，这种应力势的下降必须是一个渐进的现象。

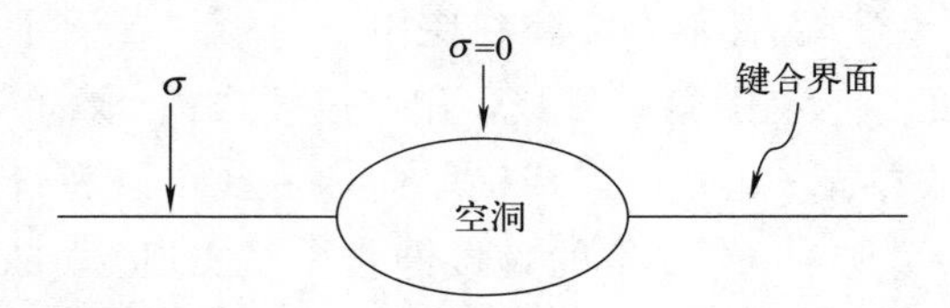

图 3.18 键合界面空洞示意图。在热压作用下，键合区与未键合空洞面之间存在应力势梯度，无应力。蠕变将驱使原子从应力区移动到空洞区

将键合温度提高到 200℃，键合时间可缩短到 30 min。它产生了一个几乎没有残余空洞的界面。在此条件下也可以实现（111）取向 nt-Cu 与普通 Cu 的键合。通过将键合温度提高到 250℃，键合时间进一步缩短到 10min 以内。界面内几乎没有空洞；因此，纳米孪晶柱状晶在键合后仍然存在。在 250℃下将（111）取向 nt-Cu 与普通 Cu 键合，界面只有极少量空洞。在 250℃退火 1 h 后，未观察到晶粒长大。然而，250℃退火 2 h，晶粒长大；这可能与过渡层的热力学不稳定相关。

值得一提的是，在单一取向的柱状 nt-Cu 中，所有晶界均为倾侧晶界，且有一定的倾斜角分布。当两块具有（111）取向柱状晶的硅芯片面对面键合时，键合界面变成扭转晶界。动力学上，表面发生蠕变。如图 3.18 所示，其中接触区域受到压缩，但空洞表面没有应力。因此，存在一个应力势梯度来驱动原子从受力区向非受力区移动。这是一个蠕变过程。Nabarro-Herring 的蠕变模型假设晶格扩散，Coble 蠕变模型假设晶界扩散。在这里，考虑表面扩散引起的蠕变。此阶段键合界面存在空洞，键合界面仍然存在，因此键合界面的剪切强度较弱。然而，如果能消除键合界面，就会有很大的改进。

消除键合界面对 Cu-Cu 接头的电学和力学性能也是至关重要的。对于常规 Cu 薄膜，在 300℃以下很难消除键合界面。然而，通过电镀［111］取向的 nt-Cu 薄膜，可在 250℃以下通过大晶粒的各向异性生长消除键合界面，如图 3.13 所示。图 3.19（a）～（c）显示了两个 1.5 μm 厚的 Cu 薄膜在 250℃退火 2h 后晶粒长大。键合界面被完全消除，整个薄膜上生长出非常大的晶粒[41-44]。特别大的颗粒

生长消耗了所有小的 nt-Cu 晶粒。如第 2 章所述，接头的电学和力学性能将接近于块体 Cu。目前对 Cu-Cu 键合中空洞熟化的研究仍然很活跃，需要进行更多的研究以更好地理解这个问题。

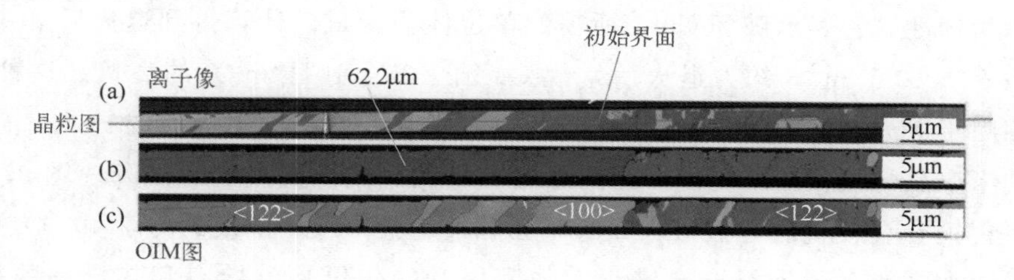

图 3.19 ［111］取向 nt-Cu 薄膜与［111］取向 nt-Cu 薄膜在 250℃下键合 2h 的键合界面的微观结构分析。(a) FIB 离子像；(b) EBSD 晶粒图；(c) EBSD OIM 图

3.9 用于扇出封装和 3D IC 集成的纳米孪晶铜重布线层

对于高性能的计算和通信设备，功率不断增加，重布线层（RDL）中的电流密度不断上升。因此，电迁移已经成为 3D IC 集成和扇出封装中 RDL 的可靠性问题。由于对性能的要求，AI 芯片和封装尺寸不断增大。如图 3.20 所示，芯片嵌入在环氧树脂塑封料中。此外，扇出封装中的热应力随着封装尺寸的增加而继续增加。Cu RDL 的韧性变得非常重要。如果 Cu RDL 的韧性较低，它们会在制造过程中或在热循环可靠性试验中形成裂纹而失效。Cu RDL 必须用聚酰亚胺（PI）封盖以防止氧化和腐蚀，低温 PI 的固化温度在 230℃左右。扇出封装中最多可以有三层 Cu RDL。Cu RDL 应具有较高的热稳定性，以便在 230℃下稳定 3h。因此，工业界正在寻找具有高热稳定性、高电迁移寿命和高韧性的铜线。

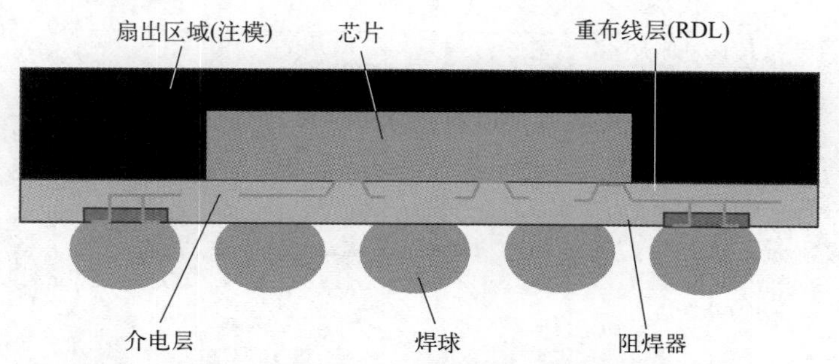

图 3.20 扇出封装的示意图。芯片嵌入在环氧树脂塑封料中，电镀 Cu RDL 以连接芯片和焊点

纳米孪晶铜（nt-Cu）具有高韧性以及 300℃ 范围内具有很好的热稳定性[45,46]。图 3.21 给出了电镀 20μm 厚的 nt-Cu 箔和常规 Cu 箔的拉伸应力-应变曲

线。nt-Cu 箔和常规 Cu 箔的抗拉强度分别为 800MPa 和 500MPa。两种 Cu 箔的伸长率均小于 4%。在 250℃退火 3h 后，nt-Cu 和常规 Cu 箔的抗拉强度分别下降到 656 和 280MPa。但是，两种箔的伸长率都增加到约 12%。应力-应变曲线下方的面积表示为韧性，它表示破坏 Cu 箔所需的单位体积能量。计算得到退火后 nt-Cu 的韧性为 $65\times10^6 J/m^3$，约为退火后常规 Cu 箔（$30\times10^6 J/m^3$）的 2 倍。这种差异主要归因于退火过程中常规 Cu 中大量的晶粒长大。然而，退火后的 nt-Cu 箔中仍保持纳米孪晶的柱状晶结构。孪晶间距略有增大，拉伸强度略有下降。图 3.22 总结了市售铜合金、直流电镀 nt-Cu 薄膜和脉冲电镀 nt-Cu 薄膜的力学-电学-热学性能。对于大多数高强度铜合金来说，强度提升的代价是电导率和热导率的损失。nt-Cu 薄膜具有高的力学强度以及优异的电导率和热导率。因此，它们有很大的潜力被用于下一代 RDL 和微电子器件连接器。

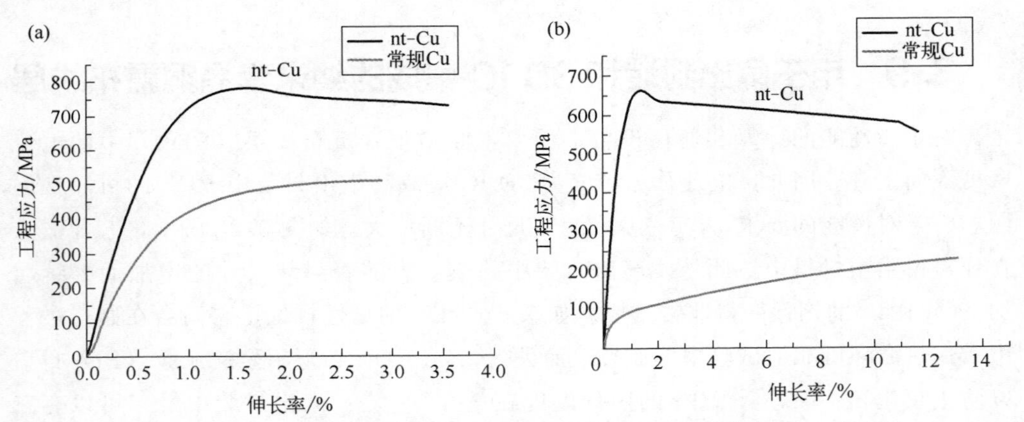

图 3.21　20μm 厚的常规 Cu 箔和 nt-Cu 箔的拉伸应力-应变曲线。(a) 沉积态；(b) 在 250℃下退火 3h

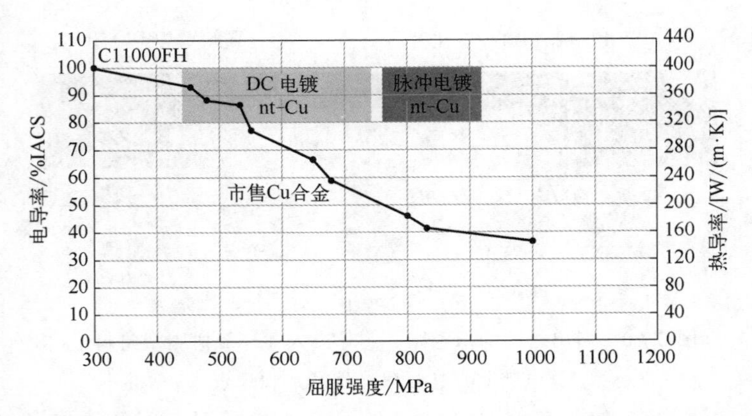

图 3.22　市售铜合金、直流电镀 nt-Cu 薄膜和脉冲电镀 nt-Cu 薄膜的屈服强度与电导率和热导率的关系图

研究了用聚酰亚胺电介质覆盖的nt-Cu和常规Cu RDL的电迁移失效机制。图3.23(a)和(b)分别显示了沿长轴和短轴的典型显微结构。铜线宽度为10 μm。在200℃下，nt-Cu线在1×10^6 A/cm^{2}的电流作用下，当其电阻的增加达到初始值的20%时，电流终止。结果表明，nt-Cu RDL的电迁移寿命约为常规Cu RDL的4倍。对两种重要失效机制的理解有助于提高寿命。首先是在Cu与聚酰亚胺的界面处以及过渡层处形成空洞。由于过渡层处有许多纳米级晶粒，晶界是连续的。因此，晶界扩散可以引起Cu原子的快速迁移，从而在晶界形成空洞。其次，氧化发生在Cu/聚酰亚胺界面，氧原子通过聚酰亚胺层扩散，从而在电迁移过程中Cu被氧化。如图3.23所示，氧化物厚度约为0.4 μm。氧化使10μm×5μm铜线电阻增加10%[46]。随着尺寸的不断缩小，氧化问题将对Cu RDL的电迁移变得更加关键，因为窄的RDL的表面/体积比，高于宽的Cu RDL。例如，在相同的氧化厚度为0.4μm的情况下，2μm×2μm的铜线的电阻将增加35%。如何防止微细Cu RDL的氧化，成为延长Cu RDL电迁移寿命的关键问题。

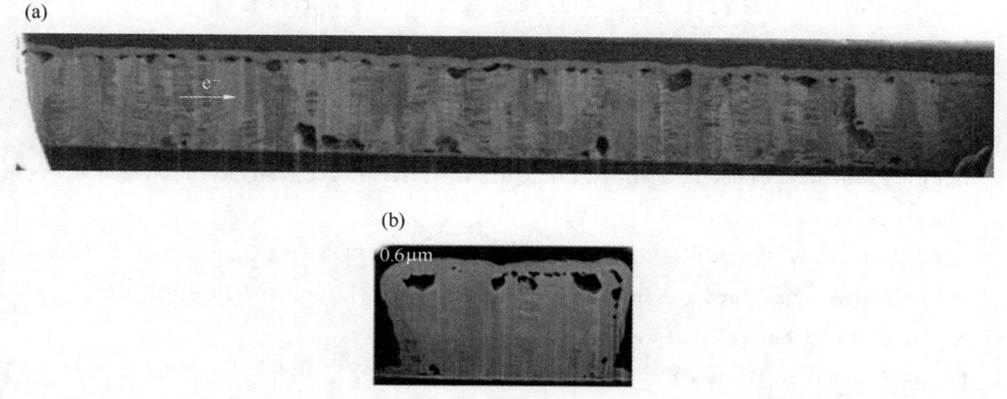

图3.23 在200℃下，施加1×10^6 A/cm^{2}的电流后，nt-Cu线中形成的空洞和氧化物。(a)沿长轴方向；(b)沿短轴方向

总之，电镀[111]取向nt-Cu具有许多优点，包括高强度、高导热性和导电性、高表面扩散系数、低表面氧化率和高电迁移寿命。因此，它可以作为Cu-Cu键合材料和三维集成电路的RDL材料。

问题

3.1 解释什么是孪晶界。

3.2 生长孪晶变得越来越重要，因为孪晶片层厚度可以通过电镀来控制。脉冲电沉积法制备的nt-Cu的生长机理是什么？

3.3 孪晶界已成为金属的第五强化机制。解释孪晶界如何强化金属[1]。

3.4 描述什么是集成扇出晶圆级封装技术。它的关键可靠性问题是什么？

3.5 通常，电镀铜的热稳定性较差，在室温下会发生晶粒长大，这称为自退火。然而，(111) 取向 nt-Cu 薄膜非常稳定，解释其原因。

3.6 解释 Cu 晶体中 Cu {111} 面的氧化速率在所有晶面中最低的原因。

3.7 比较随机取向和 (111) 取向的 nt-Cu 薄膜的力学强度，哪一种薄膜的极限抗拉强度更高？为什么？

3.8 在 250℃退火时，为什么含有纳米晶粒的过渡层会转变成 [111] 取向的大晶粒？

3.9 控制金属间化合物的晶向，在焊料微凸块中变得越来越重要。对于 Cu/SnAg 焊料/Cu 微凸块，举例说明如何控制 Cu_6Sn_5 金属间化合物的取向。

3.10 Cu-Cu 键合的关键参数是什么？列出三个可能降低键合温度或时间的因素。

3.11 两个 Cu 薄膜或凸块之间存在键合界面。怎么消除它？

参考文献

1 L. Lu, Y. Shen, X. Chen, L. Qian, K. Lu, Ultrahigh strength and high electrical conductivity in copper, *Science*, 304, pp. 422-426 (2004).

2 K. C. Chen, W. W. Wu, C. N. Liao, L. J. Chen, K. N. Tu, "Observation of atomic diffusion at twin-modified grain boundaries in copper," *Science*, Vol. 231, pp. 1066-1069 (2008).

3 K. Lu, L. Lu, S. Suresh, *Science* 324, 349 (2009).

4 L. Lu, X. Chen, X. Huang, K. Lu, *Science* 323, 607 (2009).

5 Xiaoyan Li, Yujie Wei, Lei Lu, Ke Lu, Huajian Gao, *Nature* 464, 877 (2010).

6 D. Xu, W. L. Kwan, K. Chen. X. Zhang, V. Ozolins, K. N. Tu,《Nanotwin formation in Cu thin films by strss/strain relaxation in pulse electrodeposition》, *Applied Physics Letters*, 91, 254105 (2007).

7 L. Minhua, D-Y. Shih, P. Lauro, P. Goldsmith, and D. W. Henderson,《Effect of Sn rain orientation on electromigration degradation mechanism in high-Sn based Pb-free sodlers,》*Applied Physics Letters*, 92, 211909 (2008).

8 H. Y. Hsiao, C. M. Liu, H. W. Lin, T. C. Liu, C. L. Lu, Y. S. Huang, C. Chen, K. N. Tu, "Unidirectional growth of microbumps on (111) oriented nano-twin copper," *Science*, Vol. 336, 1007 (2012).

9 B. Z. Cui, K. Han, Y. Xin, D. R. Waryob, and A. L. Mbaruku, "Highly textured and twinned

[1] 此处似有误，更恰当的描述应该是“纳米尺度孪晶界面强化”。——译注

Cu films fabricated by pulsed electrodeposition", *Acta Materialia*, 55, 4429-4438 (2007).

10 I. J. Beyerlein, X. Zhang, and A. Misra, "Growth twins and deformation twins in metals", *Annual Review of Materials Research*, 44, 329-363 (2014).

11 S. Lia, Q. Zhu, B. Zheng, J. Yuan, and X. Wang, "Nano-scale twinned Cu with ultrahigh strength prepared by direct current electrodeposition", *Materials Science and Engineering A*, 758, 1-6 (2019).

12 Julia R. Greer, "Nanotwinned metals: it's all about imperfections", *Nature Materials*, 12, 689-690 (2013).

13 Q. Pan, H. Zhou, Q. Lu, H. Gao, and L. Lu, "History-independent cyclic response of nanotwinned metals", *Nature*, 551, 214-217 (2017).

14 H. P. Chen, C. W. Huang, C. W. Wang, W. W. Wu, C. N. Liao, L. J. Chen and K. N. Tu, "Optimization of the nanotwin-inducedzigzag surface of copper by electromigration", *Nanoscale*, 8, 2584-2588 (2016).

15 O. Anderoglu, A. Misra, H. Wang, and X. Zhang, "Thermal stability of sputtered Cu films with nanoscale growth twins", *Journal of Applied Physics*, 103, 094322 (2008).

16 X. H. Chen, L. Lu, and K. Lu, "Electrical resistivity of ultrafine-grained copper with nanoscale growth twins", *Journal of Applied Physics*, 102, 083708 (2007).

17 K. N. Tu and A. M. Gusak, in Chapter 10 on "formation and transformation of nanotwins in copper" "Kinetics in Nanoscale Materials, K. N. Tu and A. M. Gusak, Wiley (2014).

18 D. Xu, V. Sriram, V. Ozolins, J. M. Yang, K. N. Tu, G. R. Stafford, and C. Beauchamp, In situ measurements of stress evolution for nanotwin formation during pulse electrodeposition of copper, *Journal of Applied Physics* 105, 023521 (2009).

19 Y. S. Huang, C. M. Liu, W. L. Chiu, and C. Chen, "Grain growth in electroplated (111)-oriented nanotwinned Cu", *Scripta Materialia*, 89, 5-8 (2014).

20 T. C. Liu, C. M. Liu, H. Y. Hsiao, J. L. Lu, Y. S. Huang, and C. Chen, "Fabrication and characterization of (111)-oriented and nanotwinned Cu by DC electrodeposition", *Crystal Growth and Design*, 12, 5012-5016 (2012).

21 C. H. Tseng, and C. Chen, "Growth of highly (111)-oriented nanotwinned Cu with the addition of sulfuric acid in $CuSO_4$ based electrolyte", *Crystal Growth & Design*, 19, 81-89 (2019).

22 T. L. Lu, Y. A. Shen, J. A. Wu, and C. Chen, "Anisotropic grain growth in (111) nanotwinned Cu films by DC electrodeposition", *Materials*, 13, 134 (2020).

23 C. L. Lu, H. W. Lin, C. M. Liu, Y. S. Huang, T. L. Lu, T. C. Liu, H. Y. Hsiao, C. Chen, J. C. Kuo, and K. N. Tu, "Extremely anisotropic single crystal growth in nano-twinned copper", *NPG Asia Materials*, 6, e135 (2014).

24 H. W. Lin, J. L. Lu, C. M. Liu, C. Chen, D. Chen, J. C. Kuo, and K. N. Tu, "Microstructure control of uni-directional growth of η-Cu6Sn5 in microbumps on 〈111〉 oriented and

nanotwinned Cu", *Acta Materialia*, 61, 4910-4919 (2013).

25 T. C. Liu, C. M. Liu, Y. S. Huang, C. Chen, and K. N. Tu, "Eliminate Kirkendall voids in solder reactions on nanotwinned copper", *Scripta Materialia*, 68, 241-244 (2013).

26 C. M. Liu, H. W. Lin, Y. S. Huang, Y. C. Chu, C. Chen, D. R. Lyu, K. N. Chen, and K. N. Tu, Low-temperature direct copper-to-copper bonding enabled by creep on (111) surfaces of nanotwinned Cu, *Scientific Reports*, Vol. 5, 9734 (2015).

27 Juang, J. Y., Shie, K. C., Hsu, P. N. et al. (2019). Low-resistance and high-strength Cu direct bonding in no-vacuum ambient using highly (111)-oriented nano-twinned Cu. *Proceedings of IEEE 69th Electronic Components and Technology Conference* (*ECTC*), 642-647.

28 Yu-Jin Li, K. N. Tu, and Chih Chen, "Tensile properties and thermal stability of uni-directionally〈111〉-oriented nanotwinned and〈110〉-oriented micro-twinned copper," *Materials*, Vol. 13, 1211 (2020).

29 J. Wang, C. S. Ku, T. N. Lam, E. W. Huang, K. N. Tu, and Chih Chen, "Tuning stress in Cu thin films by developing highly (111)-oriented nanotwinned structure," *Journal of Electronic Materials*, Vol. 49, pp. 109-115 (2020).

30 Yu-Jin Li, K. N. Tu and Chih Chen, 《Tensile properties and thermal stability of unidirectionally 〈111〉-oriented nanotwinned and〈110〉-oriented microtwinned copper》, *Materials*, Vol. 13, 1211, doi: 10. 3390/ma13051211 (2020).

31 Suga, T., Yuuki, F., and Hosoda, N. (1997). A new approach to Cu-Cu direct bump bonding. 1st Joint International Electronic Manufacturing Symposium and the International Microelectronics Conference, pp. 146-151.

32 Kagawa, Y., Fujii, N., Aoyagi, K. et al. (2016). Novel stacked CMOS image sensor with advanced Cu2Cu hybrid bonding. IEEE International Electron Devices Meeting (IEDM), pp. 8. 4. 1-8. 4. 4.

33 K. N. Chen, A. Fan, C. S. Tan, R. Reif, and C. Y. Wen, "Microstructure evolution and abnormal grain growth during copper wafer bonding", *Applied Physics Letters*, 81, 3774-3776, (2002).

34 B. Rebhan, and K. Hingerl, "Physical mechanisms of copper-copper wafer bonding", *Journal of Applied Physics*, 118, 135301 (2015).

35 H. Noma, T. Kamibayashi, H. Kuwae, N. Suzuki, T. Nonaka, S. Shoji, and J. Mizuno, "Compensation of surface roughness using an Au intermediate layer in a Cu direct bonding process", *Journal of Electronic Materials*, 47 (9), 5403-5409 (2018).

36 Y. P. Huang, Y. S. Chien, R. N. Tzeng, M. S. Shy, T. H. Lin, K. H. Chen, and H. M. Tong, "Novel Cu-to-Cu bonding with Ti passivation at 180℃ in 3-D integration", *IEEE Electron Device Letters*, 34, 1551-1553 (2013).

37 Y. P. Huang, Y. S. Chien, R. N. Tzeng, and K. N. Chen, "Demonstration and electrical performance of Cu-Cu bonding at 150℃ with Pd passivation", *IEEE Transactions on Electron Devices*, 62, 2587-2592 (2015).

38 W. Yang, M. Akaike, and T. Suga, "Effect of formic acid vapor in situ treatment process on Cu low-temperature bonding", *IEEE Transactions on Components, Packaging and Manufacturing Technology*, 4, 951-956 (2014).

39 C. M. Liu, H. W. Lin, Y. C. Chu, C. Chen, D. R. Lyu, K. N. Chen, and K. N. Tu, "Low-temperature direct copper-to-copper bonding enabled by creep on highly (111)-oriented Cu surfaces", *Scripta Materialia*, 78-79,65-68(2014).

40 C. H. Tseng, K. N. Tu, and Chih Chen, "Comparison of oxidation in uni-directionally and randomly oriented Cu films for low temperature Cu-to-Cu direct bonding", *Scientific Reports*, 8, 1-7 (2018).

41 Y. C. Chu, and C. Chen, "Anisotropic grain growth to eliminate bonding interfaces in direct copper-to-copper joints using⟨111⟩-oriented nanotwinned copper films", *Thin Solid Films*, 667, 55-58 (2018).

42 J. Y. Juang, C. L. Lu, K. J. Chen, C. C. A. Chen, P. N. Hsu, C. Chen, and K. N. Tu, "Copper-to-copper direct bonding on highly (111)-oriented nanotwinned copper in no-vacuum ambient", *Scientific Reports*, 8, 1-11 (2018).

43 J. Y. Juang, C. L. Lu, Y. J. Li, K. N. Tu, and C. Chen, "Correlation between the microstructures of bonding interfaces and the shear strength of Cu-to-Cu joints using (111)-oriented and nanotwinned Cu", *Materials*, 11,2368 (2018).

44 C. H. Tsen, I. H. Tseng, Y. P. Huang, Y. T. Hsu, J. Leu, K. N. Tu, and Chih Chen, "Kinetic study of grain growth in highly (111)-preferred nanotwinned copper films", *Materials Characterization*, 168, 110545 (2020).

45 Li, Y. J. , Tseng, C. H. , Tseng, I. H. et al. (2019). Highly (111)-oriented nanotwinned Cu for high fatigue resistance in fan-out wafer-level packaging. 2019 IEEE 69th Electronic Components and Technology Conference (ECTC), pp 758-762.

46 Tseng, I. H. , Li, Y. J. , Lin, B. et al. (2019). High electromigration lifetimes of nanotwinned Cu redistribution lines, 2019 IEEE 69th Electronic Components and Technology Conference (ECTC), pp 1328-1332.

铜和焊料间的固-液界面扩散（SLID）反应

4.1 引言

软钎料在电子产品中的铜线互连、现代家用铜管连接中均有很好的应用。焊料连接的基本过程是通过熔融焊料（通常为共晶 SnPb 合金或无 Pb 的 SnAg 合金）与固态铜之间的化学反应，来形成铜锡（Cu-Sn）金属间化合物（IMC），即通过冶金反应来实现连接，在化合物内部则有较强的金属键[1,2]。这一焊点连接中最重要的特征是助焊剂的使用。助焊剂是一种化学试剂，用于去除铜表面的氧化物，从而使熔融焊料与干净的铜表面润湿。焊料润湿铜基板表面形成的润湿角越小越好，它是焊接成功与否的一个直接参考指标。

通常人们会有这样一个疑问，在当今的大数据时代，为什么还要研究铜锡——这一在青铜时代就已经长期使用的焊接材料？这是基于以下几方面的考虑。

① 找不到更好的焊料替代品；尽管如此，对于替代这种连接的研究还是非常活跃，比如第 2 章、第 3 章所述的 Cu-Cu 直接键合。

② 在消费电子产品的微电子封装技术中，焊点的尺寸已经变得非常小。目前，焊点直径很多都小于 10 μm，而电子产品的工作温度约为 100℃，这使得 Cu-Sn 界面发生反应会通过表面扩散来增强，进而在焊点良率和可靠性方面会出现许多意想不到的问题。

③ 当电流或焦耳热增强原子扩散时，其微观结构变得不稳定。

④ 在电子封装技术中，通常在硅芯片表面有数以千计的焊点，它们必须在一次回流中同时形成，而钎焊会使这一过程变得简单、易于实现。

⑤ 在微凸块技术中，焊点微观结构具有各向异性的特点，任何一个焊点的较早失效，均会导致器件最终损坏。

为了研究焊点反应，取一个装有焊剂的浅口玻璃烧杯，并将其放置在一个温度高于焊料熔点20～30℃的热板上。取一铜片放置在焊剂中，再把一直径约1 mm的小焊球放在铜片上。球熔化后，在铜上形成一个圆形焊料铺展区域，即焊点。然后，从热板上取下玻璃烧杯，待冷却后即可取出铜板上的焊点进行观察。该过程较为简单，因此启动一个焊点研究项目比较容易。

图4.1（a）显示了Cu上圆形焊点的俯视图。我们制备了焊点的横截面，并观察焊料与Cu之间的界面。也可以测量润湿角，还可以查看界面中的IMC形成状况。一般而言，Cu-Sn之间的IMC（Cu_6Sn_5）晶粒呈扇贝状[3, 4]。与层状IMC不同的是，扇贝状IMC的独特之处在于，其生长不会成为Cu-Sn反应的扩散阻挡层。关于扇贝状IMC生长的动力学将在稍后进行阐述。

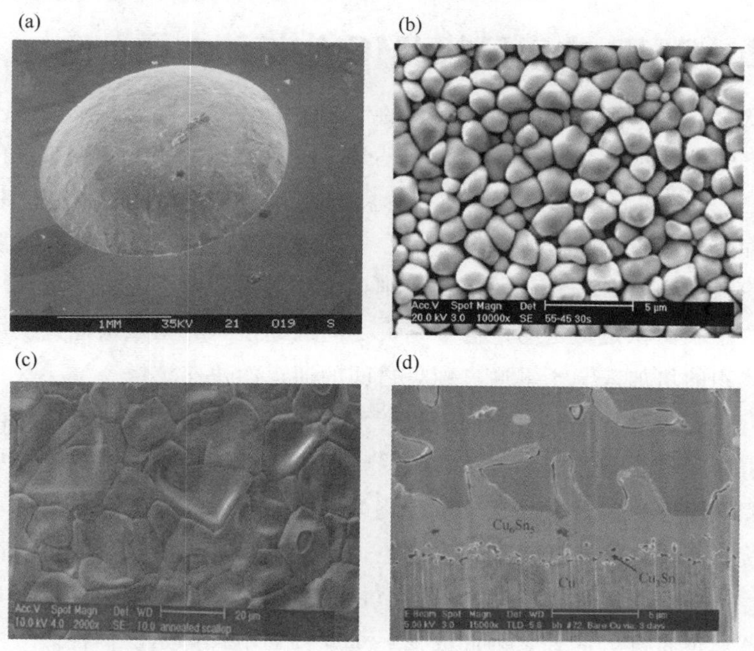

图4.1 （a）铜基板上的圆形焊点或焊锡帽。（b）SLID后Cu_6Sn_5扇贝状表面的俯视SEM图（腐蚀掉顶部未反应的焊料）。（c）焊点在150℃固态老化24h，腐蚀掉顶部未反应的焊料，得到Cu_6Sn_5晶粒表面的俯视SEM图。固态老化已将扇贝状IMC转变为多晶晶粒，其中两个晶粒之间有晶界。（d）在长SLID反应中，Cu_6Sn_5和Cu之间Cu_3Sn的生长往往伴随着柯肯达尔空洞的形成

将制备的焊点腐蚀掉顶部未反应的焊料，可以观察IMC的顶部形貌，如图4.1（b）是SLID反应后Cu_6Sn_5扇贝表面的SEM俯视图。图4.1（c）是Cu_6Sn_5晶粒在150℃固态老化24 h后的SEM俯视图（去除未反应的顶部焊料）。固态时效已将扇贝状IMC转变为具有多晶晶粒的层型IMC，其中两个晶粒之间有晶粒边

界[5]。图 4.1（b）中的深沟状形貌与图 4.1（c）中的晶界形貌非常不同。

扇贝状 Cu_6Sn_5 的一大优点是它不是扩散阻挡层，可以在熔化的焊料中快速溶解。这使得焊点可以承受制程中的多次回流，而不出现焊接问题。多次回流是器件制造中的必要工艺过程。但是，长时间的回流会促进 Cu_3Sn 的形成，可能也伴随着柯肯达尔空洞的产生。

翻开 Cu-Sn 的二元相图，会发现 Cu-Sn 之间只有 Cu_6Sn_5 和 Cu_3Sn 两种 IMC。通常在 SLID 过程中，只有当前者生长到接近 5～10 μm 时，两者才会一起形成。较厚 Cu_3Sn 的生长往往伴随着柯肯达尔空洞的形成，如图 4.1（d），这对焊点的可靠性来说是一种非常有害的现象，后面将对此进行讨论。

4.2 SLID 中扇贝状 IMC 生长动力学

扇贝状化合物（简称为“扇贝”）的生长遵循“恒定接触面积”或“恒定表面积约束”下的熟化动力学[4]。这是由于凸块下金属化（UBM）层开口的设计或熔融焊料与 Cu 之间的固定润湿角，使得焊料与 Cu 之间接触面积恒定。扇贝状熟化过程与依据 LSW 理论的经典熟化模型[6,7]不同，因为经典熟化模型假设所有颗粒的总体积恒定。但对于扇贝的生长，则认为扇贝的总体积会随时间增加，相反，这些扇贝的总表面积是恒定的。假设扇贝之间的通道具有用于快速铜扩散的液体焊料，那么体积的增加来源于铜通过扇贝之间的通道的快速扩散。

在扇贝的生长过程中，形态控制着其动力学过程。扇贝在恒定接触面积上的独特形态要求扇贝熟化长大的动力学过程受物质供应控制，而不是由扩散或界面反应控制。当润湿时间延长时，焊点（或焊锡帽）的直径不会增加，因此焊点和 Cu 之间的界面接触面积保持不变。然而在焊点内，SLID 反应却持续进行，扇贝状 IMC 尺寸变大，平均直径增加，同时扇贝的数量减少。从形态上来看，扇贝几乎彼此接触，由一条通道将其分隔开，因此任何一个扇贝的增长都是以牺牲最近的扇贝为代价来进行的。所以与其相邻的扇贝会收缩，这是一个熟化的过程。

因此，在固定的界面面积上，当扇贝的平均尺寸随时间增加时，扇贝的总数随时间减少。熟化过程不是一个封闭系统，这意味着扇贝的总体积随时间增加。这是由于 Cu 元素能够通过 IMC 扇贝之间的通道，扩散至熔融焊料中，使得 Cu-Sn 反应能够持续进行，继而使 Cu_6Sn_5 扇贝生长。

与层状 IMC 的生长不同的是，扇贝状 IMC 的一个非常独特的动力学行为在于：扇贝的生长不会成为其自身生长的扩散障碍。在层状 IMC 的生长过程中，生长服从扩散规律；通常，层越厚，生长越慢，因此层厚应具有对时间的平方根依赖性。在扇贝状 IMC 生长中，测量到扇贝的直径与时间有立方根的关系，这与 LSW

理论描述的熟化动力学非常相似。然而，在经典的熟化过程中，它是扩散控制的；但在扇贝状 IMC 的熟化过程中，则是 Cu 原子供应控制以及扩散通量驱动的生长过程。

当所有扇贝的总体积随时间增加时，扇贝与铜之间的界面面积（或接触面积）是固定的。这是反应的第一个约束。此外，若假设扇贝是半球，那么所有半球扇贝的总表面积也是固定的，仅为接触面积的两倍，与半球的尺寸分布无关。因此，这一熟化过程中，其表面积是恒定的，而不是体积。

在 LSW 理论分析的经典熟化过程中，驱动力为总表面积的减少。但在扇贝状熟化过程中，驱动力为扇贝总体积的增加或 IMC 形成能量的增加。

在扇贝状熟化过程中，所有通过扇贝状 IMC 之间的通道扩散至熔融焊料中的 Cu 原子，都会在扇贝的生长过程消耗殆尽。这是一个供应控制的反应，或是由通量驱动的熟化过程，因为其反应速率取决于 Cu 通量的供应。在下文中，将对扇贝之间的通道分布、生长进行动力学进行分析。首先阐述了一个简单模型，其扇贝仅有单一尺寸；然后进一步讲解了描述扇贝状 IMC 生长的一般模型，其扇贝具有不同尺寸。

4.3 单尺寸半球生长简单模型

图 4.2 是生长在 Cu 上的半球形 Cu_6Sn_5 扇贝阵列（实心曲线）的横截面示意图[4]。在这一简单模型中，假设所有扇贝都具有相同的直径。虚线表示半径为 R 的 Cu 上单个半球的生长。单个半球的表面积为 $S^{total}=\frac{1}{2}(4\pi R^2)=2\pi R^2$，是接触

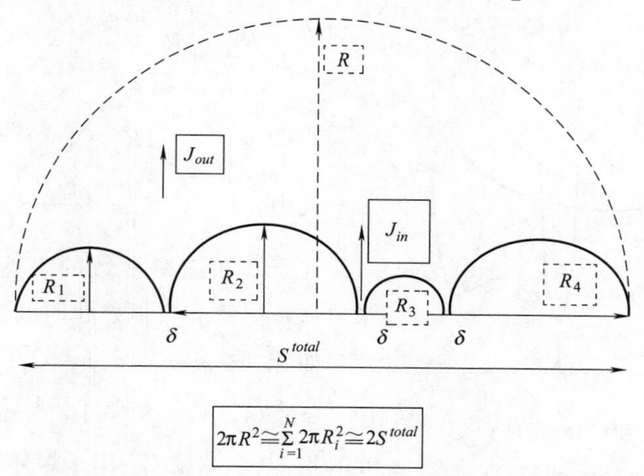

图 4.2　Cu 上的半球状 Cu_6Sn_5 扇贝阵列的横截面示意图

面积 πR^2 的 2 倍。小半球阵列的接触面积之和也是 πR^2。那么半球阵列的总表面积为 $2\pi R^2$，这与单个半球的表面积相同。因此，得出结论，即扇贝的熟化受恒定表面积的约束。

为了考虑通过 Cu 原子通过通道扩散的 SLID 反应，先回顾菲克第一定律，$J=-D(\mathrm{d}C/\mathrm{d}x)$，其中，$J$ 为原子通量，等于单位面积、单位时间内通过的原子数；D 代表扩散系数；$\mathrm{d}C/\mathrm{d}x$ 为浓度梯度。根据 J 的定义有：$JAt=$原子数，其中，A 是扩散通量的横截面积，t 是时间。如果仅考虑 Cu 原子通过扇贝状通道的扩散，由于质量守恒或原子数守恒，可以写出第二个约束条件：

$$J_{in}At = n_i C_i V_i \tag{4.1}$$

式中，J_{in} 是 Cu 通过扇形通道扩散到熔融焊料中的原子通量；A 是总通道面积，$A=S^{free}= N\times 2\pi R\ (\delta/2)$，其中 N 是焊点中单尺寸扇形的数量，R 是扇形的半径，δ 是通道的有效宽度；n_i 是 IMC 中的原子密度或 IMC 中每单位体积的原子数；C_i 是 IMC 中 Cu 的原子占比分数，在 Cu_6Sn_5 中为 6/11；V_i 是 IMC-扇贝的反应产物的体积，且

$$V_i=N\frac{2\pi}{3}R^3=\frac{2}{3}S^{total}R$$

接着，使用 Cu 的输入通量

$$J_{in}\approx nD\frac{C^b-C^e}{R} \tag{4.2}$$

式中，n 是熔融焊料中单位体积的原子密度或原子数；C^b 和 C^e 的含义分别是 Cu_6Sn_5 相和 Cu 表面熔体中 Cu 的平衡浓度，如图 4.3 所示。通过将上述所有内容代入式（4.1），得到

$$n_iC_i\frac{2}{3}S^{total}\frac{\mathrm{d}R}{\mathrm{d}t}=nD\frac{C^b-C^e}{R}\left(\frac{\delta}{R}S^{total}\right)$$

进一步有

$$R^3=kt$$

式中，$k=\frac{9}{2}\times\frac{n}{n_i}\times\frac{D(C^b-C^e)\delta}{C_i}$。

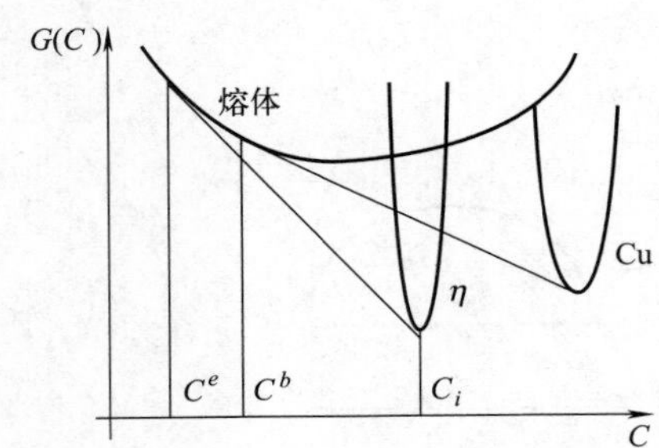

图 4.3 C^b 和 C^e 的物理意义分别是 Cu_6Sn_5 相和 Cu 表面熔体中 Cu 的平衡浓度

注意，在速率常数的表达式中没有表面张力项，尽管有类似熟化时间规律。

如果取 $n/n_i\approx 1$，$C_i=6/11$，$D\approx 10^{-5}\mathrm{cm^2/s}$，$\delta\approx 5\times 10^{-6}\mathrm{cm}$，$C^b-C^e\approx 0.001$，其中浓度 C^b 用于熔体与 Cu_6Sn_5 相的平衡，速率常数 $k\approx 4\times 10^{-13}\mathrm{cm^3/s}$。例如，

在300s的退火时间后，得到 $R\approx5\mu m$，这与实验数据吻合很好。

4.4 通量驱动的熟化理论

对于具有尺寸分布的扇贝，将 $f(t, R)$ 作为扇贝的尺寸分布函数，因此扇贝的总数等于

$$N(t)=\int_0^\infty f(t,R)\mathrm{d}R \tag{4.3}$$

均值为

$$\langle R^m\rangle=\frac{1}{N}\int_0^\infty R^m f(t,R)\mathrm{d}R \tag{4.4}$$

熟化的平均场理论中，$\langle R\rangle$ 的物理意义是半径大于 $\langle R\rangle$ 时扇贝会生长，半径小于 $\langle R\rangle$ 则扇贝会收缩。

恒定界面面积的第一个约束形式为

$$\int_0^\infty \pi R^2 f(t,R)\mathrm{d}R=S^{total}-S^{free}\cong S^{total}=\text{常数} \tag{4.5}$$

其中，用于铜供应的所有通道的横截面积为

$$S^{free}=\int_0^\infty \frac{\delta}{2}\times 2\pi R f(t,R)\,\mathrm{d}R \tag{4.6}$$

扇贝的总体积为

$$V_i=\int_0^\infty \frac{2}{3}\pi R^3 f(t,R)\mathrm{d}R \tag{4.7}$$

第二个约束条件是质量守恒，那么

$$n_i C_i\ \frac{\mathrm{d}V_i}{\mathrm{d}t}=J_{in}S^{free} \tag{4.8}$$

式中，n_i 是IMC中的原子密度，即单位体积的原子数；C_i 是IMC的Cu原子分数，在 Cu_6Sn_5 中为6/11。式（4.2）给出了输入通量 J_{in}。

由于扇贝必须逐个原子生长和收缩，因此分布函数应满足尺寸空间中的标准连续性方程：

$$\frac{\partial f}{\partial t}=-\frac{\partial}{\partial R}(fu_R) \tag{4.9}$$

式中，u_R 是尺寸空间中的速度，它只是半径为 R 的扇贝的生长速度，由每个扇贝上的通量密度 $j(R)$ 决定。$j(R)$ 的表达式通常为无限大空间中球颗粒周围

扩散问题的准平稳静态解，球颗粒在无穷远处具有固定的过饱和〈c〉$-C_e$。

$$u^R=\frac{\mathrm{d}R}{\mathrm{d}t}=-\frac{j(R)}{n_iC_i}$$

式中，$j(R)$ 可以通过假设每个单独扇贝上（或离开）的通量应与反应区中 Cu 的平均化学势（由于平均场近似，可认为其在任何地方都是相同的）和弯曲扇贝/熔体界面处的化学势之间的差成比例来获得。

$$-j(R)=L\left(\mu-\mu_\infty-\frac{\beta}{R}\right)$$

$$\frac{\mathrm{d}R}{\mathrm{d}t}=-\frac{L}{n_iC_i}\left(\mu-\mu_\infty-\frac{\beta}{R}\right)$$

式中，$\beta=2\gamma\Omega$。参数 L、β、$\mu-\mu_\infty$ 是从上述两个恒定表面和质量守恒约束条件中自洽（self-consistently）确定的。得到

$$u_R=\frac{\mathrm{d}R}{\mathrm{d}t}=\frac{k}{9}\times\frac{1}{\langle R^2\rangle-\langle R\rangle^2}\left(1-\frac{\langle R\rangle}{R}\right)$$

以及 $k=\frac{9}{2}\times\frac{n}{n_iC_i}D(C^b-C^e)\delta$。

在非保守通量驱动的熟化过程中，每个扇贝的生长/收缩速率不仅取决于扩散系数和所有扇贝的平均尺寸〈R〉，还取决于为反应提供 Cu 通道的容量。因此，在平均场近似（mean-field approximation）中，分布函数的基本方程具有以下形式：

$$\frac{\partial f}{\partial t}=-\frac{k}{9}\times\frac{\langle R\rangle}{\langle R^2\rangle-\langle R\rangle^2}\times\frac{\partial}{\partial R}\left[f\left(\frac{1}{\langle R\rangle}-\frac{1}{R}\right)\right]$$

式中，速率系数 k 由流入通量决定，而流入通量又由扩散通道决定。

分布函数的形式解（formal solution）为

$$f(t,R)=\frac{B}{bt}\times\frac{R}{(bt)^{1/3}}\exp\left(\int_0^n\frac{3-4\xi}{\xi^2-3\xi+9/4}\mathrm{d}\xi\right)=\frac{B}{\tau}\varphi(\eta)$$

式中，$\tau=bt$，$\eta=\frac{R}{(bt)^{\frac{1}{3}}}$，$B=\frac{S^{total}}{\pi\int_0^\infty\xi^2\varphi(\eta)\mathrm{d}\eta}$。

参数 b 应能自洽确定。由标准积分得到：

$$\varphi(\eta)=0,\eta>\frac{3}{2}$$

$$\varphi(\eta)=\frac{\eta}{[(3/2)-\eta]^4}\exp\left(-\frac{3}{(3/2)-\eta}\right),0<\eta<\frac{3}{2}$$

图 4.4 展示了 $\varphi(\eta)$ 与 η 的关系图。为了检验上述推导，取 $n/n_i\approx1$，$C_i=6/11$，$D\approx10^{-5}\mathrm{cm}^2/\mathrm{s}$，$\delta=5/11^{-6}\mathrm{cm}$，$C^b-C^e\approx0.001$，其中浓度 C^b 是针对熔

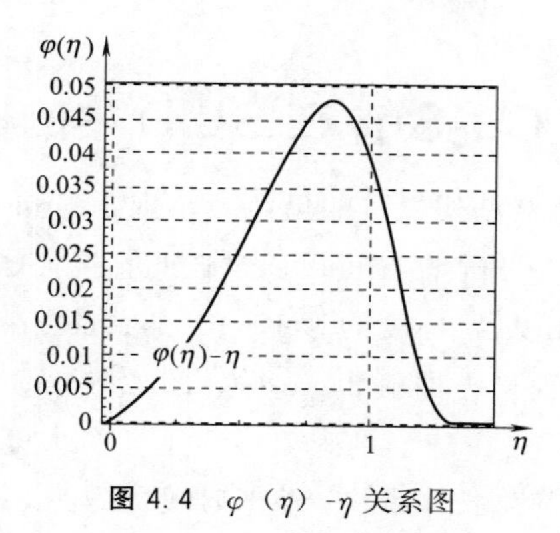

图 4.4　φ（η）-η 关系图

体与 Cu_3Sn 相平衡时取的，速率常数 $k\approx4\times10^{-13}cm^3/s$。例如，对于退火时间 $t=300s$，得到 $R\approx5\mu m$，这与实验数据非常吻合。

4.5　两个扇贝间的纳米通道宽度测量

在上述动力学分析中，液体通道是一个重要参数。有研究者试图通过实验测量通道的宽度，但没有成功。这是因为当用 TEM 检查通道时，它们看起来像晶界。这是因为在 TEM 研究中，在接近室温的固态下，通道关闭。必须在 SLID 的温度下检查通道，目前还没有实现。然而，通过在 Cu 上使用极薄的焊料解决了这个问题，并保持 SLID 反应，直到它消耗掉所有焊料。因此，当样品冷却到室温时，没有更多未反应的焊料来关闭通道。图 4.5 显示了其中一个通道的横截面图，可以测量到通道的宽度约为几纳米。

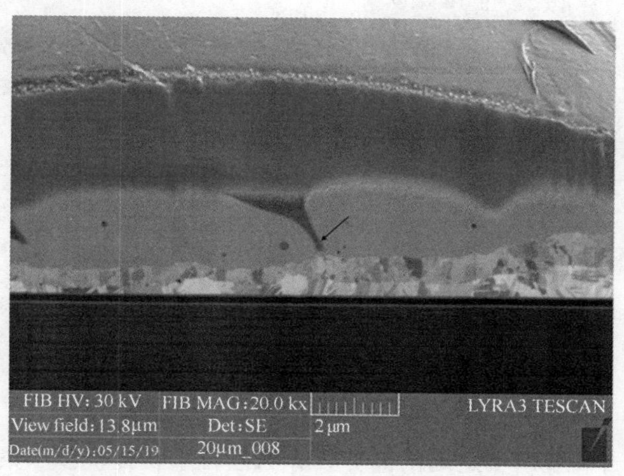

图 4.5　在具有非常薄的 Sn 层的样品中，当 Sn 被 SLID 反应完全消耗时，观察到两个扇贝之间的通道。由一个通道的横截面图，测得通道的宽度大约为几纳米

4.6 扇贝状 Cu_6Sn_5 在 SLID 中的极速晶粒生长

在 3D IC 技术中，当微凸块焊点的尺寸减小到 10 μm 时，在 SLID 反应期间，焊点相对侧上的扇贝状 Cu_6Sn_5 晶粒可以通过彼此直接接触而相互作用。图 4.6 显示了在 260℃下回流 3min 后，厚度约为 10 μm 的共晶 SnAg 焊料的微凸块焊点中的扇贝状 IMC 的上下界面。再回流 1min 后，图 4.7（a）显示了 EBSD 图像，其中两侧的扇贝已经接合，并在整个接头上形成了一个大晶粒。结果表明，扇贝状 Cu_6Sn_5 在熔融焊料中晶粒生长非常快。生长速度大致为 5μm/min。

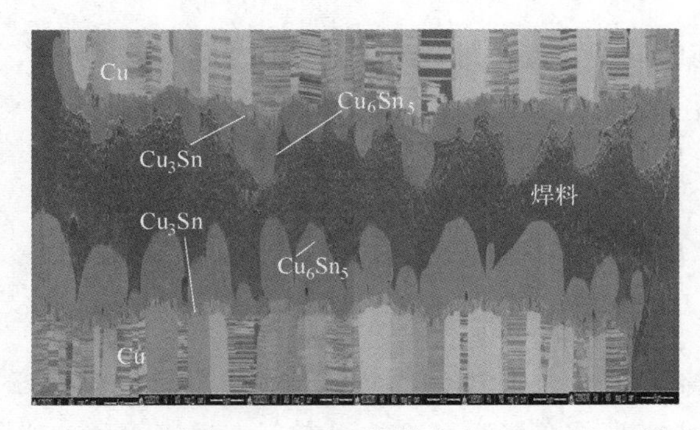

图 4.6 在 260℃回流 3 min 后，微焊点中 IMC 的上下界面 SEM 图。其中 SnAg 焊料的厚度为 10 μm

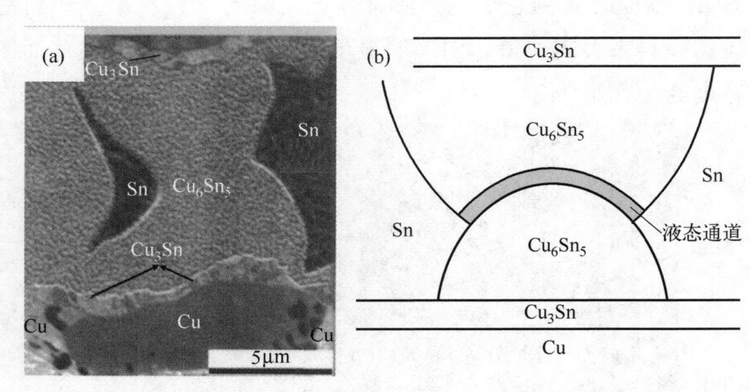

图 4.7 （a）同一 SnAg 焊点在 260℃回流 4 min 后，两排扇贝接合，并在整个接合处形成 Cu_6Sn_5 大晶粒。（b）两个扇贝接触形成液体边界的示意图，上部扇贝可以在消耗下部晶粒的基础上，快速生长

假设液体焊料润湿扇贝之间的晶界，并为晶粒生长提供了一条极快的液体边界动力学路径，进而分析了极快速的扇贝晶粒生长，并在整个接头上合并为一个单一的大晶粒，如图 4.7（b）所示。因为液体边界能够实现晶粒生长的快速原子重排，

所以其动力学路径的反应速率非常快。又因为液体界面中的扩散非常快，使得上层晶粒可以非常快速地消耗下层晶粒。液体边界的宽度估计为 15 nm [8]。

在直径为 100 μm 的 C4 焊点中，接头两侧的 Cu_6Sn_5 扇贝相距较远，因此它们不会直接接触以显示出快速的晶粒生长。

问题

4.1　为什么人们倾向于使用共晶合金作为焊料？共晶合金有什么特性？

4.2　为什么在 C4 焊点中需要使用凸块下金属化（UBM）层？典型的 UBM 由 Au/Cu/Cr 或 Au/Cu/Ti 组成，它们各自的功能是什么？

4.3　在焊点反应中，使用助焊剂非常重要，可以不用助焊剂吗？

4.4　要测量润湿角，通常需要对焊锡帽进行横截面切割。可以在不切割的情况下确定焊料帽的润湿角吗？

4.5　比较经典 LSW 熟化理论和通量驱动熟化，描述两者之间的关键性差异。在通量驱动熟化中，通量（flux）的含义是什么？

参考文献

1 J. H. Lau, "*Flip Chip Technology*," McGraw-Hill, New York (1996).

2 K. N. Tu, "*Solder Joint Technology: Materials, Properties, and Reliability*," Springer, (2007), 1-368.

3 H. K. Kim and K. N. Tu, "Kinetic analysis of soldering reaction between eutectic SnPb alloy and Cu accompanied by ripening, "*Physical Review B* 53 16027-16034 (1996).

4 A. M. Gusak and K. N. Tu, "Kinetic theory of flux-driven ripening," *Physical Review B*, 66, 115403 (2002).

5 K. N. Tu, F. Ku, and T. Y. Lee, "Morphology stability of solder reaction products in flip-chip technology," *Journal of Electronic Materials*, 30, 1129-1132 (2001).

6 I. M. Lifshiz and V. V. Slezov, "The kinetics of precipitation from super-saturated solid solutions," *Journal of Physics and Chemistry of Solids*, 19 (1/2) 35-50 (1961).

7 C. Wagner, Theorie der Alterung von Niederschlagen durch Umlosen (Ostwald-Reifung), *Zeitschrift fur Elektrochemie*, 65 581-591 (1961).

8 A M. Gusak, K. N. Tu, and Chih Chen, "Extremely rapid grain growth in scallop-type Cu_6Sn_5 during solid-liquid interdiffusion reactions in micro-bump solder joints," *Scripta Materialia*, 179, 45-48 (2020).

铜与焊料之间的固态反应

5.1 引言

为了考虑 SLID 焊点的可靠性，反应后的焊点会在 150℃左右进行 1000 h 的退火处理。这就使得 Cu 与焊料之间的固态界面反应研究变得非常必要。因为在二元 Cu-Sn 体系中，有两种 IMC：$Sn/Cu_6Sn_5/Cu_3Sn/Cu$。因此，Cu_6Sn_5 在 Cu 上是不稳定的，两者反应会生成 Cu_3Sn。而在 SLID 形成焊点过程中，有熔融焊料/Cu_6Sn_5/Cu 的结构。如果回流时间为几分钟，在 Cu_6Sn_5 和 Cu 之间就会形成一层薄薄的 Cu_3Sn。在固态反应中，Cu_3Sn 的形成速度较快，且常伴随有柯肯达尔空洞的形成，以及在焊点表面锡晶须的形成。这是由于 Cu 扩散到 Sn 中会在 Sn 中产生压应力，而压应力能促进晶须的生长。关于锡晶须生长的详细内容将在第 12 章应力迁移中进行阐述。在本章后面的部分将对柯肯达尔空洞的形成进行讨论。

值得注意的是，在润湿反应中，时间约为 1 min，比固态反应 1000 h 的时间短得多。但研究发现，这两种反应中 IMC 的形成量大致相同，厚度均为 5～10 μm。回顾上一章润湿反应的内容，在该反应中 IMC 为扇贝状，Cu 的扩散是通过扇贝间的通道进行的。通道中有熔融焊料，Cu 通过通道中熔融焊料的扩散系数约为 $10^{-5} cm^2/s$。但在固态反应中，Cu 的扩散必须经过层状 IMC，在 150℃时的扩散系数约为 10^{-13} cm^2/s，比熔融焊料中的扩散系数低 8 个数量级。如果取 $x^2 = Dt$ 的简单关系式（x 为化合物厚度，D 为扩散系数，t 为时间），如果 x 相同，可以看到固态反应确实会慢 8 个数量级！这种差异支持了形态控制动力学的说法。

虽然层状 IMC 的生长动力学已得到了较为广泛的研究，但它存在固有的困难[1-3]。这是因为如果假设 IMC 是一种化学计量化合物，那么 IMC 中将不存在浓度梯度，这意味着将无法使用菲克第一定律来描述 IMC 中的扩散通量。这是一个长期存在的问题！在本章中，将介绍瓦格纳（Wagner）扩散系数来克服这一问题[4]。

在三维集成电路技术中，当焊点尺寸减小到10 μm及以下时，表面扩散变得非常重要，它会引起侧壁反应和多孔Cu_3Sn的形成，这是固态反应中另一个重要的考虑因素。

5.2 固态相变中IMC的层状生长

在焊点（Cu-Sn体系）固态反应中，扇贝状Cu_6Sn_5转化为层状。Cu_6Sn_5和Cu_3Sn均为层状，其生长由扩散控制。为简单起见，考虑单层IMC的生长，例如Ni和Si之间的Ni_2Si，如图5.1所示。

如果用菲克第一定律来描述原子通量，就会遇到一个严重的困难，因为跨越一层化学计量IMC的浓度梯度可以忽略不计，所以层内浓度变化率接近于零。然后，在$\partial C/\partial t = -\partial J_x/\partial x$的菲克第二定律中，当$\partial C/\partial t = 0$时，有$J_x =$常数。这意味着在一定浓度下，层内各点的互扩散通量几乎相同。因此，浓度梯度不存在，也不可能是驱动力。于是有：

$$J^{(i)} = -\widetilde{D}^{(i)} \frac{C_R^{(i)} - C_L^{(i)}}{x_R^{(i)} - x_L^{(i)}} \cong -\widetilde{D}^{(i)} \frac{\Delta C^{(i)}}{\Delta x^{(i)}}$$

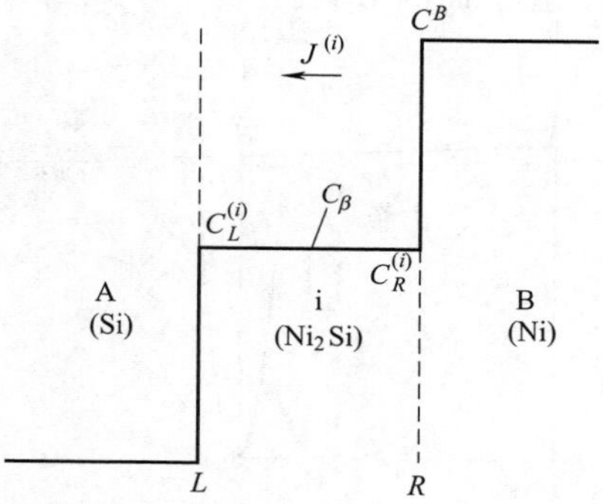

图5.1　单层IMC“i”相生长：在A和B的两个最终相之间，溶解度可忽略不计

若生长受扩散控制，则两个界面处的浓度$C_R^{(i)}$、$C_L^{(i)}$为常数，分别对应平衡相图中的浓度。

在“i”相的左边界和右边界分别有生长，

$$(C_L^{(i)} - 0)\frac{\mathrm{d}x_{Ai}}{\mathrm{d}t} = -\widetilde{D}^{(i)} \frac{\Delta C^{(i)}}{\Delta x^{(i)}} - 0$$

$$(C^B - C_R^{(i)})\frac{\mathrm{d}x_{iB}}{\mathrm{d}t} = 0 - \left(-\widetilde{D}^{(i)} \frac{\Delta C^{(i)}}{\Delta x^{(i)}}\right) \tag{5.1}$$

整理上式，有

$$\frac{\mathrm{d}(x_{iB} - x_{Ai})}{\mathrm{d}t} = \left(\frac{1}{C^{(B)} - C_R^{(i)}} + \frac{i}{C_L^{(i)}}\right)\widetilde{D}^{(i)} \frac{\Delta C^{(i)}}{\Delta x^{(i)}}$$

即

$$(\Delta x_i)^2 = 2\frac{(C_L^{(i)} + C^B - C_R^{(i)})\Delta C^{(i)}}{(C^B - C_R^{(i)})C_L^{(i)}}\widetilde{D}^{(i)} t = 2\frac{C^B \Delta C^{(i)}}{C^{(i)}(C^B - C^{(i)})}\widetilde{D}^i t \tag{5.2}$$

在上式的最后一项中，忽略$C_L^{(i)} - C_R^{(i)}$，因为相对于C^B，其值很小。同样，可以取$C_L^{(i)} \approx C_R^{(i)} \approx C^{(i)}$。

然而，式（5.2）中不能确定 $\Delta C^{(i)} \cong C_R^{(i)} - C_L^{(i)}$，因为它接近于零。从本质上讲，这是IMC相具有化学计量组成时的基本困难。在分析IMC层状生长过程中，动力学问题是一个长期存在的问题。为了克服这一问题，引入瓦格纳扩散系数，并遵循瓦格纳方法，使用化学势梯度，而不是成分梯度，来解决这一问题[4]。

图5.2显示了A（α相）、B（β相）以及IMC（i相）的自由能图。首先考虑A和B之间的原子机械混合，由于没有化学相互作用，其吉布斯自由能为

$$G=\mu_A N_A+\mu_B N_B$$

式中，μ_A 和 μ_B 分别为纯金属中A原子和B原子的化学势，它们为常数。然而，在下面的IMC分析中，μ_A 和 μ_B 随着A和B在混合中的浓度比例而变化。

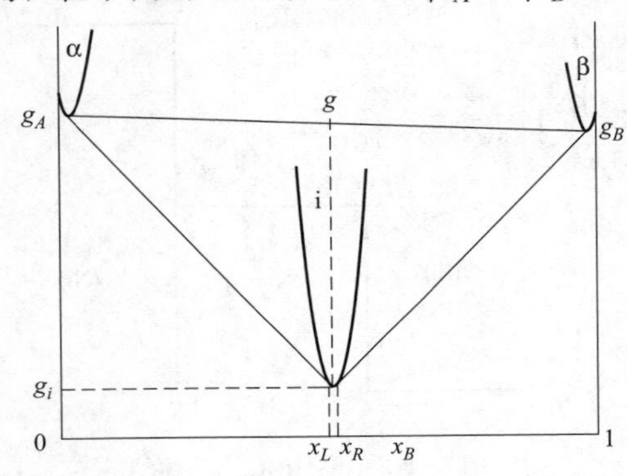

图5.2 A（α相）、B（β相）以及IMC（i相）的自由能图

假设 N_A 为A的原子数，N_B 为B的原子数，则 $N_A+N_B=N$ 为混合的总原子数。则 $X_A=N_A/N$，$X_B=N_B/N$，分别为A和B在混合物中的分数。有

$$G=gN \text{ 或 } g=G/N$$

然后

$$g=\mu_A X_A+\mu_B X_B \tag{5.3}$$

g 是每个原子的吉布斯自由能。在式（5.3）中，μ_A 是 X_A 的函数，μ_B 是 X_B 的函数。在图5.2中，当对α相和β相画出一条共同的切线时，这条切线在点 g 处与 X_i 的浓度线相交。因为

$$\mathrm{d}G=-S\mathrm{d}T+V\mathrm{d}p+\sum_{i=1}^{2}\mu_i \mathrm{d}N_i$$

用 N 除以上式，得到

$$\mathrm{d}g=-s\mathrm{d}T+\Omega\mathrm{d}p+\mu_A\mathrm{d}X_A+\mu_B\mathrm{d}X_B$$

由于 $X_B=1-X_A$，所以 $\mathrm{d}X_A=-\mathrm{d}X_B$。在恒温恒压下，有

$$\mathrm{d}g\,|_{T,p}=(\mu_A-\mu_B)\mathrm{d}X_A$$

或

$$\frac{\partial g}{\partial X_A}=\mu_A-\mu_B \tag{5.4}$$

同理，可以知道

$$\frac{\partial g}{\partial X_B}=\mu_B-\mu_A$$

因为 $X_A+X_B=1$，可以得到

$$\mu_A = g + X_B \frac{\partial g}{\partial X_A} \tag{5.5}$$

$$\mu_B = g - X_A \frac{\partial g}{\partial X_A} \tag{5.6}$$

式（5.5）和式（5.6）表明，如果知道 g 的函数，就可以计算出 A 和 B 的化学势。取 μ_A 对 X_A 的微分：

$$\frac{\partial \mu_A}{\partial X_A} = \frac{\partial g}{\partial X_A} + \frac{\partial X_B}{\partial X_A} \times \frac{\partial g}{\partial X_A} + X_B \frac{\partial^2 g}{\partial X_A^2} = X_B \frac{\partial^2 g}{\partial X_A^2} = X_B g''$$

现在，定义一个热力学因子 ϕ 如下所示：

$$\phi = \frac{X_A}{kT} \times \frac{\partial \mu_A}{\partial X_A} = \frac{X_A X_B}{kT} g'' \tag{5.7}$$

在图 5.2 中，画出了 α 相和 i 相的公切线，后者的切线点为 X_L。同样，β 相与 i 相的公切点在 X_R 处与 i 相相切。定义 $\Delta X = X_R - X_L$，然后表示

$$\frac{\left.\frac{\partial g}{\partial X}\right|_{X_R} - \left.\frac{\partial g}{\partial X}\right|_{X_L}}{X_R - X_L} \approx \frac{\partial^2 g}{\partial x^2} = g''$$

得到

$$g''\Delta X = \left.\frac{\partial g}{\partial X}\right|_{X_R} - \left.\frac{\partial g}{\partial X}\right|_{X_L} = \frac{g_B - g_i}{1 - X_i} - \frac{g_i - g_A}{X_i - 0} = \frac{[g_B X_i + g_A(1 - X_i)] - g_i}{(1 - X_i)X_i}$$

$$= \frac{g - g_i}{(1 - X_i)X_i} = \frac{\Delta g_i}{X_A X_B}$$

$$\Delta g_i = X_A X_B g'' \Delta X \tag{5.8}$$

在上式中，X_i 大致位于 X_R 和 X_L 之间。方括号项根据杠杆规则等于“g”，根据已知，可以取 $g - g_i = \Delta g_i$ 为每个原子的 IMC 形成能。

上述推导的目的是说明当互扩散系数可以表示如下时：

$$\widetilde{D} = (X_A D_B^* + X_B D_A^*)\phi = (X_A D_B^* + X_B D_A^*)\frac{X_A X_{AB}}{kT} g'' = (X_A D_B^* + X_B D_A^*)\frac{\Delta g_i}{kT \Delta T}$$

$$\widetilde{D}\Delta X = (X_A D_B^* + X_B D_A^*)\frac{\Delta g_i}{kT} \tag{5.9}$$

值得注意的是，虽然 ΔX 不可测量，但以 Δg_i 表示的 $\widetilde{D}\Delta X$ 的乘积是可测量的。现在，互扩散系数推导如下。

在运动坐标系中：

$$j_B = C_B \frac{D_B^*}{kT}\left(-\frac{\partial \mu_B}{\partial x}\right) = -C_B \frac{D_B^*}{kT} \times \frac{\partial \mu_B}{\partial C_B} \times \frac{\partial C_B}{\partial x} = -D_B^*\left(\frac{X_B}{kT} \times \frac{\partial \mu_B}{\partial X}\right)\frac{\partial C_B}{\partial x} = -D_B^* \phi \frac{\partial C_B}{\partial x}$$

同理，可以得到：

$$j_A=-D_A^*\phi\frac{\partial C_A}{\partial x}$$

然后，在实验室条件或固定条件下，有：

$$\begin{aligned}J_B&=j_B+C_Bv=-D_B^*\phi\frac{\partial C_B}{\partial x}-C_B\frac{1}{C}(j_A+j_B)\\&=-\frac{C_B+C_A}{C}D_B^*\phi\frac{\partial C_B}{\partial x}-X_B\left(-D_A^*\phi\frac{\partial C_A}{\partial x}-D_B^*\phi\frac{\partial C_B}{\partial x}\right)\\&=-(X_AD_B^*+X_BD_A^*)\phi\frac{\partial C_B}{\partial x}=-\widetilde{D}\frac{\partial C_B}{\partial x}\end{aligned}$$

因此，有：

$$\widetilde{D}=(X_AD_B^*+X_BD_A^*)\phi \tag{5.10}$$

对于热力学因子 ϕ，回顾一下，当理想溶液由于化学作用变为正规溶液时，达肯互扩散系数（Darken's interdiffusion coefficient）[5] 要用热力学因子 ϕ 来修正。在这里，为 IMC 引入了 ϕ。

5.3 瓦格纳扩散系数

在上述分析中，$\widetilde{D}$ 和 ΔX（$=\Omega\Delta C$）作为乘积一起出现，文献中称之为"瓦格纳扩散系数"。通过代换，得到

$$(x_2-x_1)^2=2\frac{C^B\Omega}{C^{(i)}(C^B-C^{(i)})}(C^AD_B^*+C^BD_A^*)\frac{\Delta g_i}{kT} \tag{5.11}$$

回顾一下 A_iB 层状 IMC 生长的标记运动方程：

$$\frac{D_B^*}{D_A^*}=\frac{i(x_m-x_1)}{x_2-x_m} \tag{5.12}$$

把式（5.11）和式（5.12）结合起来，可以确定化合物 i 的本征扩散系数。

作为上述分析应用的一个例子，考虑 Ni_2Si 在 Ni 薄膜和 Si 晶圆之间的生长，因为 Ni_2Si 中的标记运动是通过植入 Xe 来测量的[6]。取 Si、Ni_2Si 和 Ni 分别为 A 相、i 相和 B 相，如图 5.1 所示。因此，$X_A=1/3$，$X_B=2/3$。假设 Ni 的原子体积为 Ω，则取 $C_B=1/\Omega$，$C^{(i)}=(2/3)(1/\Omega)$，$i=1/2$。实验表明，在 $T=300$℃下，$t=40$ min 后，$\Delta x_i=x_2-x_1=200$ nm。将这些值代入式（5.11）和式（5.12），有：

$$(\Delta x_i)^2=2\times\frac{\frac{1}{\Omega}}{\frac{2}{3}\times\frac{1}{\Omega}\left(\frac{1}{\Omega}-\frac{2}{3}\times\frac{1}{\Omega}\right)\Omega}\left(\frac{1}{3}D_{Ni}^*+\frac{2}{3}D_{Si}^*\right)\frac{\Delta g_i}{kT}t$$

$$(\Delta x_i)^2=(3D_{Ni}^*+6D_{Si}^*)\frac{\Delta g_i}{kT}t$$

测量得到 Ni_2Si 的生成焓为－10.5kcal❶/(g・atom)，由1mol化合物的生成热除以化合物化学式中的原子数得到。因此，得到 $\Delta g_i=(10.5\times3)/(23\times3)=0.46$eV/atom，在300℃时 $kT=0.05$eV/原子。标记分析表明Ni是主要的扩散种，在式（5.12）中比值大致为20/1。有 $D_{Si}^*=0.1D_{Ni}^*$。

$$D_{Ni}^*=\frac{(2\times10^{-5})^2\text{cm}^2}{2400\times3.6\times9.2\text{s}}=0.5\times10^{-14}\text{cm}^2/\text{s}$$

$$D_{Si}^*=0.5\times10^{-15}\text{cm}^2/\text{s}$$

其化学作用是将硅化物中示踪剂的扩散系数降低一个数量级。

5.4 Cu_3Sn 中柯肯达尔空洞的形成

为了观察产品焊点中的柯肯达尔空洞，就需要对其界面进行适当的抛光，抛光工艺对柯肯达尔空洞的观察尤为重要。经典的机械抛光方法会模糊界面，使得空洞很难观察得到。图5.3为采用聚焦离子束抛光的方法观察得到的焊点界面，可以清晰地看到 Cu_3Sn 层中分布有大量的空洞[7]。这些空洞分布在 Cu_3Sn 和Cu的界面处。当 Cu_3Sn 层增长时，移动的界面不会拖动空洞前进，因此，它们被埋在 Cu_3Sn 层中。

Cu_6Sn_5 与Cu生成 Cu_3Sn 的反应可以用以下两个化学式表示：

$$Cu_6Sn_5 \longrightarrow 2Cu_3Sn+3Sn$$

$$3Sn+9Cu \longrightarrow 3Cu_3Sn$$

后式表明，形成 Cu_3Sn 需要9个Cu原子。Cu的扩散通量将引入反向移动的空位通量。如果Cu微结构中的阱（sink）或Cu和 Cu_3Sn 之间的界面能够吸收这些空位，就不会形成柯肯达尔空洞。其实，空洞在 Cu_3Sn 和Cu界面处倾向于异质形核，仅需很低的空位过饱和，空洞就能形核。这样必须考虑空位的下沉，以避免柯肯达尔空洞的增长。这是一个可靠性问题。将从微观结构中的杂质和缺陷的角度来考虑空位阱（vacancy sink）。

问题是由Cu的外扩散留下的空位是否可以被Cu（或IMC）晶格吸收。回顾一下，在Darken对相互扩散中的柯肯达尔效应的分析中，一个重要的假设是，空位在扩散偶中的任何地方都处于平衡状态，因此非平衡空位都被吸收，并且“晶格移位”（lattice shift）是完全的，正如标记运动所揭示的那样。关于晶格移位的内

❶ 1kcal＝4.1868kJ。

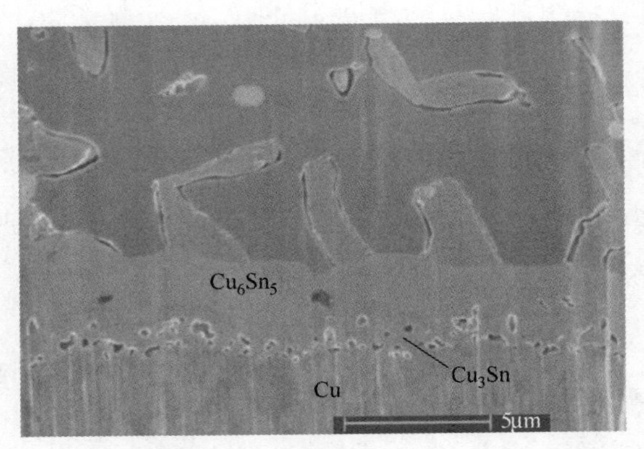

图 5.3 聚焦离子束抛光 Cu_3Sn 层柯肯达尔空洞分布的 SEM 图像

容将在 13.2 节中进一步介绍。因此，在 Darken 的分析中没有出现空洞，因为空洞的成核需要空位的过饱和。然而，在实验中，由于少量的不完全晶格移位，可能会形成柯肯达尔空洞（或弗仑克尔空洞，Frenkel void）。

在铜薄膜电镀过程中，如果杂质密度较高，可以增强空洞的非匀质形核。如果 Cu_3Sn 的晶粒尺寸很小，较多的晶界就可以很好地吸收空位而出现完全或接近完全的晶格移位。当然，晶界上的三叉交接处也可能是空洞形核的最佳位置。研究发现，当 Cu 中含有高密度的纳米孪晶时，不会形成柯肯达尔空洞。这表明非共格孪晶界（incoherent twin boundaries）中的扭转极有可能是良好的空位（vacancies）阱。

5.5 微凸块中形成多孔 Cu_3Sn 的侧壁效应

在三维集成电路（3D IC）技术中，微凸块（μ-bump）的尺寸为 10～20 μm。通过回流焊，接头中的所有焊料都可以转化为 Cu_6Sn_5 和 Cu_3Sn。令人惊讶的是，在 170℃以上长时间退火后，由于 Cu_6Sn_5 中 Sn 的耗尽，形成了多孔型的 Cu_3Sn。多孔 Cu_3Sn 的力学性能较弱，可靠性较差[8]。

图 5.4 显示了在 220℃分别退火 20h、50h、100h、300h 后，微凸块的 SEM 界面微观组织形貌。图 5.4（b）是经过 50 h 退火后的微凸块的图像，Cu_3Sn、Cu_6Sn_5 层的厚度分别变为 6.5μm、11.5 μm。在图 5.4（c）中，多孔 Cu_3Sn 开始在中间的 Cu_6Sn_5 层周围形成。多孔 Cu_3Sn 的横向生长方向是从边缘到中心，呈放射状。图 5.4（d）显示，中间的 Cu_6Sn_5 层已完全转变为多孔 Cu_3Sn，在两层类型的 Cu_3Sn 层之间夹有一层多孔 Cu_3Sn 层。在多孔 Cu_3Sn 形成的同时，Cu UBM 侧壁形成一层 Cu_3Sn。

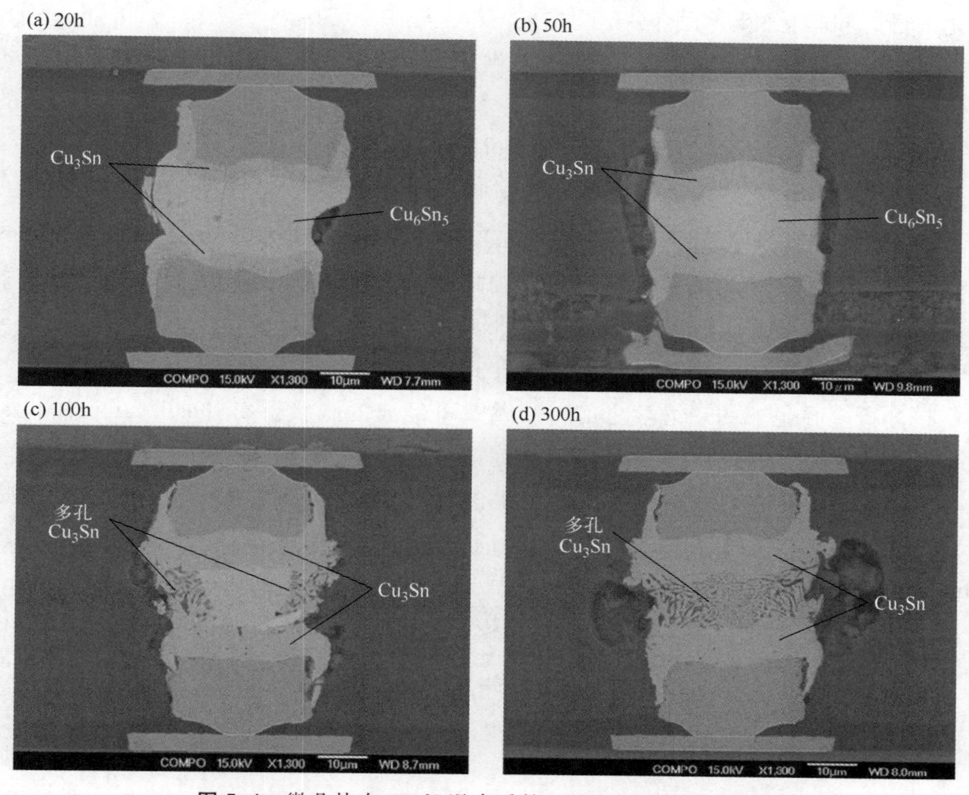

图5.4 微凸块在220℃退火后的一组SEM横截面图像

分别考虑以下两个将Cu_6Sn_5转化为Cu_3Sn的加Cu反应和减Sn反应的化学式：

$$Cu_6Sn_5 + 9Cu \longrightarrow 5Cu_3Sn(\text{层状}) \tag{5.13}$$

$$Cu_6Sn_5 - 3Sn \longrightarrow 2Cu_3Sn(\text{多孔状}) \tag{5.14}$$

式（5.13）通过添加Cu形成层状Cu_3Sn，式（5.14）通过减去Sn形成多孔型Cu_3Sn。原则上，它们是相互独立的。实验中，它们互相耦合，并处于竞争状态。

加Cu反应式（5.13）中的Cu可以从微凸块中较厚的UBM层得到。在式（5.14）中，要从Cu_6Sn_5中带走Sn，必须有能吸收的锡阱（sink）。在微凸块中，厚的Cu UBM附近的侧壁表面可以实现这一特性。因此，需要第三个化学式：

$$3Sn + 9Cu \longrightarrow 3Cu_3Sn(\text{侧壁}) \tag{5.15}$$

式（5.15）表示3个Sn原子向侧壁移动形成Cu_3Sn。如果把式（5.14）和式（5.15）相加，就能得到式（5.13）。因此，从热力学角度来看，无论是式（5.13），还是式（5.14）和式（5.15）相加，Cu_6Sn_5转化为Cu_3Sn的过程是相同的，只是转化的形态和转化的动力学路径不同。

当 Cu UBM 中的 Cu 穿过 Cu_3Sn 层供应 Cu 原子比较迅速且供应充足时，式（5.13）中形成层状 Cu_3Sn 的反应就占主导地位。否则式（5.14）和式（5.15）的反应就会发生，形成多孔状 Cu_3Sn，且出现 Cu_3Sn 的侧壁层。

然而，关于多孔结构的形成有一个有趣的问题。如式（5.13）所示，为什么 9 个 Cu 原子的扩散只导致形成一些柯肯达尔空洞，而没有产生多孔结构？为什么式（5.14）中 3 个 Sn 原子的扩散会导致孔隙体积约为 41%的多孔结构的形成？答案是晶格移位。这是 Cu_3Sn 在层状生长中形成柯肯达尔空洞（发生了晶格移位）与在多孔型生长中形成大量孔隙（没有或很少发生晶格移位）的主要区别。

在分析多孔生长的动力学之前，回顾一下经典的胞状析出（cellular precipitation）[9-11]。Pb-7Sn 合金中 Sn 的室温沉淀就是这样一个例子。当合金在 150℃均匀化淬火至室温并保温一段时间，就会发生该沉淀。层状 Sn 的析出通过晶界扩散进行，因为室温下合金中 Sn 的晶格扩散可以忽略。析出的形态如图 5.5 所示，移动的晶胞边界导致其后产生一层板状结构，其中包含预分解的锡和剩余的 Pb（Sn）合金。这是一种不完全的非平衡析出，因为并非所有过饱和 Sn 都可以全部析出。相比之下，多孔 Cu_3Sn 的形成是完全的，因为空的通道是开放式的，所有过剩的 Sn 都能进入侧壁。

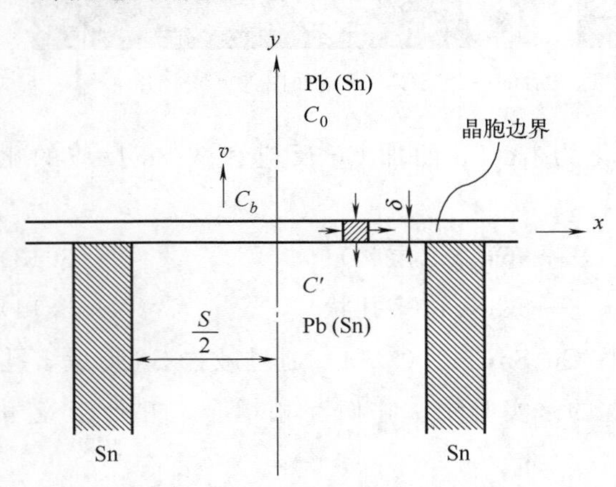

图 5.5 胞状析出示意图。晶胞边界沿垂直 y 轴以 V 的速度向上移动，周期性 Sn 的层状结构析出，以及晶胞边界后形成剩余 Pb（Sn）合金

在经典的胞状析出中，溶质原子的扩散沿移动的晶胞（或晶粒）边界扩散，因此扩散的时间太短，无法让所有过饱和的 Sn 都扩散过来[10]。历史上，在观察到微凸块内形成多孔 Cu_3Sn 之前，尚未发现完全的胞状析出现象。这是相变中一个独特而少见的情况。下面讨论它们之间的比较[12, 13]。为了考虑沿移动边界的扩散，下面给出一个小体积为 $dxdydz$ 的微元，如图 5.5 中边界内的小阴影区域所示。取 $\Delta J_z=0$，$\Delta y=\delta$，得到：

$$\frac{\partial C}{\partial t}=-(\nabla \cdot J)=-\left[\frac{\partial}{\partial x}(-D_b\frac{\partial C_b}{\partial x})+\frac{\Delta J_y}{\Delta y}\right]=-D_b\frac{\partial^2 C_b}{\partial x}-\frac{V(C_0-C')}{\delta}$$

式中，C_b、C'和 C_0 分别是边界、变换矩阵和未变换矩阵中的浓度，虽然 C_b 为胞界浓度，但其单位与 C'和 C_0 相同，均为合金体中的浓度；V 是移动微元边界的速度。假设为稳态，Cahn 推导出了下面的方程[10]：

$$D_b \frac{\partial^2 C_b}{\partial x^2}+\frac{V}{\delta}(C_0-C')=0 \tag{5.16}$$

取 $C'/C_b = k$（为分配系数），可以得到方程的解。两个边界条件分别是 $x=0$ 时的 $\mathrm{d}C_b/\mathrm{d}x = 0$ 和 $x = S/2$ 时的 $C' = C_e$，其中 S 为层间距，如图 5.5 所示。解为

$$\frac{C'-C_0}{C_e-C_0}=\frac{\cosh(\sqrt{\alpha}x/S)}{\cosh(\sqrt{\alpha}/2)} \tag{5.17}$$

式中，$\alpha = kVS^2/(D_b\delta)$，或 $V = \alpha D_b\delta/(kS^2)$。

Cahn 指出，如果扩散局限于晶胞前沿，那么晶胞片层不可能在任何非零的生长速率下达到平衡成分。此外，增长率不能单独由扩散系数决定，但描述反应需要两个控制动力学过程。

定义 Q 为已经析出的过饱和分数，有

$$Q=\frac{C_0-C'}{C_0-C_e}=\frac{2}{\sqrt{\alpha}}\tanh\frac{\sqrt{\alpha}}{2}<1 \tag{5.18}$$

即使可以用实验方法测量 Q，也只能确定 VS^2 在 α 中的乘积，而不能独立地测量 V 和 S，这意味着必须测量它们中的一个。减小片层间距 S，减小扩散距离或扩散时间，则生长速率 V 增大，δ/V 的时间减小。对于一个完整的析出，需使 $Q=1$，还要 $C' = C_e$，这是不可能的，因为沿移动的晶胞边界扩散。在此回顾上述简单推导，目的是与多孔 Cu_3Sn 的完全胞状析出进行直接比较，如下所示。

图 5.6 描述了多孔 Cu_3Sn 的形成。Cu_6Sn_5 与多孔 Cu_3Sn 之间的胞界或界面正在向 Cu_6Sn_5 移动。如果将图 5.6 中的三维图形投影到 x-y 平面上，其投影与图 5.5 相似。如果将图 5.5 中的锡层视为孔隙，则它们在形态上具有相似性。显而易见，孔隙是开口的，因此锡的外扩散时间是不确定的。

关于多孔 Cu_3Sn 形成的动力学的详细分析，参见已发表的文献内容[12]。在此，仅在图 5.6 的基础上，对多孔 Cu_3Sn 的生长进行简单的描述。多孔结构具有周期性（$a+b$）层，其中“a”为层状 Cu_3Sn 的宽度，“b”为层状孔隙的宽度。在 Δt 的周期内，任意面积为 $W \times W$ 的界面从多孔结构向 Cu_6Sn_5 移动了 Δy 的距离，那么其生长速率则为 $V = \Delta y/\Delta t$。

该运动将体积为 $W\times W\times\Delta y$ 的 Cu_6Sn_5 转化为多孔 Cu_3Sn。多孔结构的理论孔隙体积为 41%。因此，Cu_6Sn_5 消耗 Sn 原子的总数为

$$\#\mathrm{Sn}=\frac{0.41WW\Delta y}{\Omega} \tag{5.19}$$

式中，Ω 为 Sn 的原子体积。根据质量守恒定律，这个 Sn 原子的数量一定等

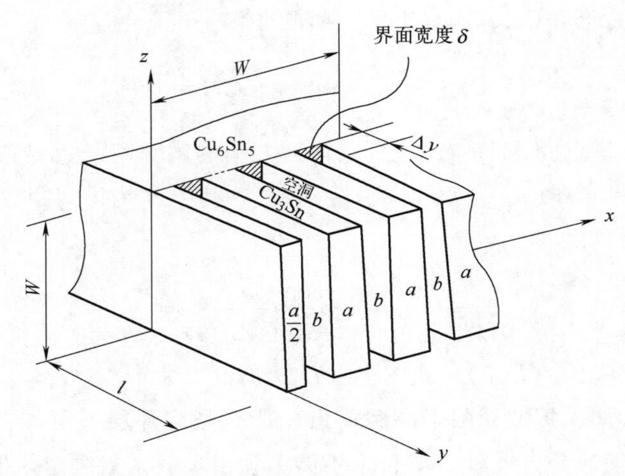

图 5.6　多孔 Cu_3Sn 的生长示意图，其中 Cu_6Sn_5 和多孔 Cu_3Sn 之间的胞界或界面正在向 Cu_6Sn_5 移动。多孔结构具有周期性的（$W+b$）层，其中“W”为层状 Cu_3Sn 的宽度，“b”为孔隙的宽度

于 Cu_6Sn_5 损耗时 Sn 原子扩散出去的总通量，即

$$\#\mathrm{Sn}=J_bA\Delta t=C_b\frac{D_b}{kT}\left(-\frac{\Delta\mu}{\Delta x}\right)(2nWd)\Delta t \tag{5.20}$$

式中，J_b 为 Sn 沿界面 x 方向扩散的界面通量。有 $J_b=C_b=C_bMF=[D_b/(kT)](-\Delta\mu/\Delta x)$，其中 $M=D_b/(kT)$ 为移动性，$F=-\Delta\mu/\Delta x$ 为驱动力。面积“A”为扩散通量的横截面积，$A=2nWd$，其中 n 为（$A+b$）在 W 宽度内的层数，因此 $n=W/(A+b)$，d 为 Sn 原子的直径。因子 2 是因为 Cu_3Sn 的每个片层都有两个表面。

使上面两个方程相等，有

$$V=\frac{\Delta y}{\Delta x}=\frac{\Omega}{0.41}C_b\frac{D_b}{kT}\left(-\frac{\Delta\mu}{\Delta x}\right)\left(2\frac{d}{a+b}\right) \tag{5.21}$$

为了计算 V，回顾一下，在式（5.16）的推导中，C_b 是单位体积中 Sn 原子的比例，$C'/C_b=k$，其中 k 是分配系数。而在分解金属间化合物（IMC）时，取 $C_b=X_{Sn}$（$1/\Omega_{IMC}$），其中 X_{Sn} 为 Sn 的原子分数，Ω_{IMC} 为 IMC 中每个原子的体积。

对比图 5.5 和图 5.6，基本相似的是移动界面，也是发生相变的反应前沿。在 Pb（Sn）情况下，只考虑了 Sn 沿界面的扩散，而不考虑 Pb 的横向扩散。在多孔 Cu_3Sn 情况下，由于从 Cu_6Sn_5 到 Cu_3Sn 的相变，考虑了 Sn 和 Cu 沿界面的相互扩散。回顾一下经典的 Darken 互扩散分析，假设样品中的空位在各处都是平衡的，因此晶格移位发生，导致标记物运动，但没有空洞形成。在多孔的情况下，既没有空位平衡，也没有晶格移位。Sn 向外扩散所留下的空晶格使空洞不断扩大。

上面给出了完全和不完全胞状析出之间的比较[13]。相似之处在于两者都有一个移动界面，即发生相分解的反应前沿。不同之处在于不完全析出发生在封闭体系中，扩散局限于前进的细胞边界，因此胞状的薄片在任何非零生长速率下都不能达到平衡组成。另外，完全析出发生在一个开放体系中，其中层状孔隙是开放端的空的通道，因此 Sn 扩散的时间是无限的。所以，胞状析出的所有动力学参数可以在完全析出的情况下定义，但不能在不完全情况下定义。

5.6 表面扩散对柱状微凸块中 IMC 形成的影响

如图 5.7 所示，使用柱状样品研究了表面扩散对微凸块中 IMC 形成的影响。在电镀一层 5～10 μm 的 Sn 之前，对 1cm×1 cm 的单面极化多晶铜板进行蚀刻和清洗。使用聚焦离子束（FIB）将 Sn 层图案化为不同直径的柱状，从 1μm、5μm、10μm、20μm 到 30 μm 不等[14]。之后立即将柱结构放入真空炉中，在 185℃、195℃下退火 30 min，其 SEM 图像如图 5.7 所示。然后，将样品放回原始温度的烤箱中再烤 30 min，并重复这个过程两次。通过这种方式，可以获得退火 30min、60min、90min 后样品的 IMC 厚度及其生长速率的数据。最后，采用能量色散 X 射线分析（EDX）来确定 IMC 的成分。

图 5.8 显示了 1 μm 柱在 195℃下退火 30min、60min、90 min 后的 SEM 图像。图 5.9（a）、（b）分别为 185℃、195℃退火时不同直径 IMC 厚度的变化情况。退火 60min、90 min 后，随着柱径的增大，IMC 厚度逐渐减小；实际上，在 90 min 后，小于 30 μm 柱的 IMC 厚度增加更快。退火时间越长，柱体越小，IMC 厚度增加越明显。

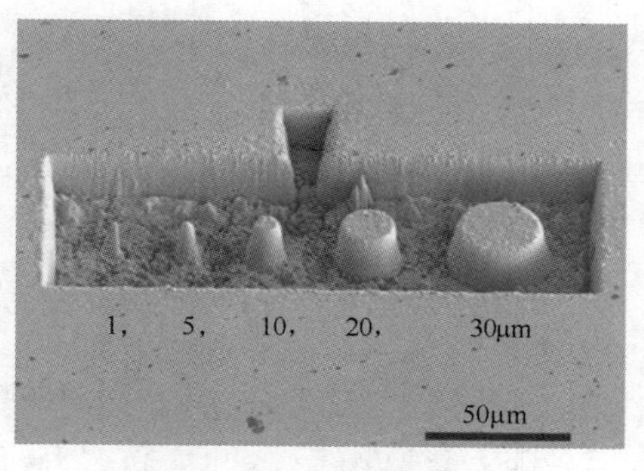

图 5.7　不同直径的柱状样品

一般来说，C4 焊点中的 Cu_6Sn_5 晶粒直径约为 5 μm。那么，在 1 μm 柱状接头中，应该就只有一个 Cu_6Sn_5 晶粒。基于这一假设，建立一个简单的 IMC 生长模型，忽略小柱状凸块里的晶格扩散和晶界扩散，只考虑表面扩散。这是基于晶格扩散太小的假设，因为 1 μm 柱内没有晶界。然而，当 Cu 原子在 IMC 表面扩散到 Sn 侧时，必须假设 Cu 原子是间隙扩散到 Sn 中生长内部的 Cu_6Sn_5 层。贵金属和近贵金属在第 Ⅰ 族元素中就是呈间隙扩散。

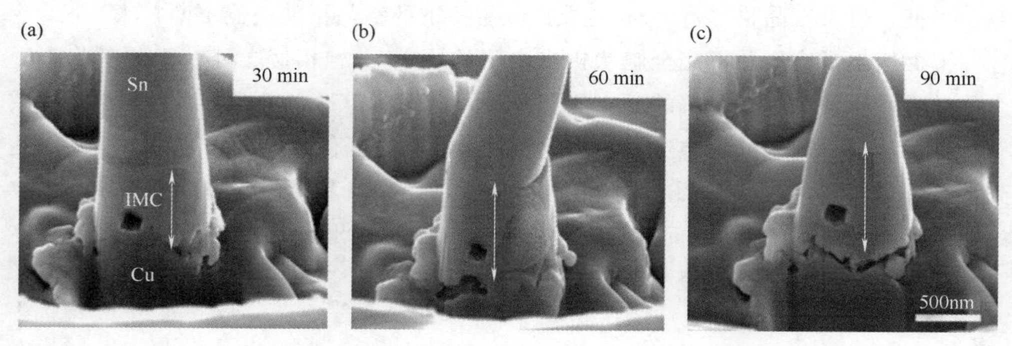

图 5.8　1 μm 柱状凸块在 195℃退火后的 SEM 图像

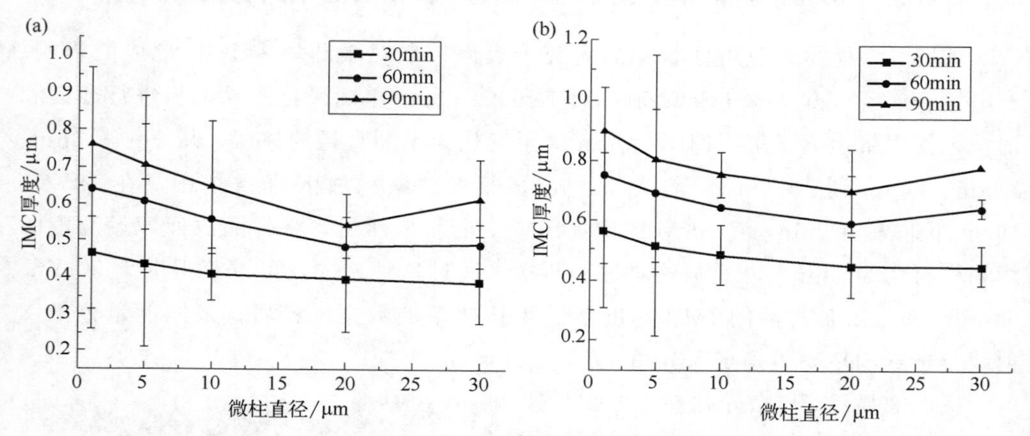

图 5.9　分别在（a）185℃和（b）195℃退火后，不同直径 IMC 厚度的变化

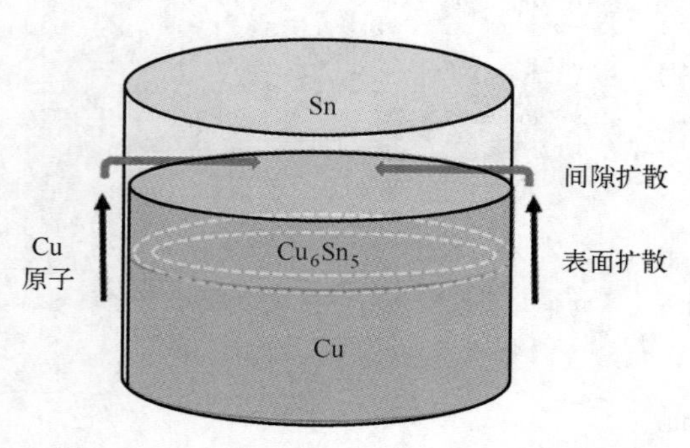

图 5.10　Cu 在 1 μm 柱中的间隙扩散机理

图 5.10 给出了 Cu 在 1 μm 柱中的扩散机理，假设原子直径为 d，柱的周长为柱是 $2\pi r$。在"Δt"周期内，Cu 原子在表面扩散通量中的数量为：

$$\# Cu_{atom} = J_s(2\pi r)d\Delta t$$

Cu_6Sn_5 生长速率为 $\Delta h/\Delta t$，如图 5.10 所示；因此，在"Δt"时期，Cu_6Sn_5 以 Δh 的厚度生长。取 Cu_6Sn_5 分子的单位细胞体积为 Ω。则厚度为 Δh 的 Cu_6Sn_5 层中 Cu 原子数为：

$$\# Cu_{atom} = \pi r^2 \Delta h \frac{6}{\Omega}$$

把上述二式结合起来，有：

$$\frac{\Delta h}{\Delta t}=\frac{d\Omega J_s}{3r} \tag{5.22}$$

表示在 Δt 期间，Δh 的厚度与柱的半径 r 成反比。这与微柱半径越小，内积层效应增长越快的结论相吻合。通过重新排列，得到了一个由表面扩散贡献的通量方程，根据菲克第一定律，

$$J_s=3\times\frac{r}{d}\times\frac{\Delta h}{\Delta t}\times\frac{1}{\Omega}=-D_s\frac{\Delta C}{\Delta x}$$

或

$$D_s=\frac{3r}{d}\times\frac{\Delta h}{\Delta t}\times\frac{1}{\Omega}\times\frac{\Delta x}{\Delta C} \tag{5.23}$$

为简单起见，根据 Sn-Cu 平衡相图中 Cu_6Sn_5 的组成范围，可以大致假设在 Cu_6Sn_5 的生长过程中 ΔC 约为1%。由于 Δx 是 IMC 的厚度，可以计算185℃下 Cu_6Sn_5 上的 Cu 表面扩散系数，使用的值如下：$r=0.5\mu m$，$d=0.256nm$，$\Delta h=-0.12\mu m$（即从60min 退火到90min 退火的厚度增长），$\Delta t=30min$，以及 Cu_6Sn_5 单位晶胞的体积为 $0.0383nm^3$，$\Delta x=0.64\mu m$，$\Delta C=(6/11)\times0.1\times10^{22}atom/cm^3$，其中6/11代表 Cu 在 Cu_6Sn_5 中的比例。把这些值代入上式，有

$$\begin{aligned}D_s&=\frac{3\times0.5\times10^{-4}cm}{2.56\times10^{-8}cm}\times\frac{0.12\times10^{-4}cm}{30\times60s}\times\frac{1}{0.0383\times10^{-21}cm^{-3}}\\&\quad\times\frac{0.64\times10^{-4}cm}{\frac{6}{11}\times0.1\times10^{22}cm^3}\\&=\frac{3\times0.5\times0.12\times0.64}{2.56\times1800\times0.0383\times\frac{6}{11}\times0.1}\times10^{-4-4-4+8+21-22}cm^2/s\\&\approx2\times10^{-7}cm^2/s\end{aligned}$$

在（111）面上，Cu 扩散系数为 $9.42\times10^{-6}cm^2/s$，在（100）面上为 $1.19\times10^{-9}cm^2/s$，在（110）面上为 $5.98\times10^{-11}cm^2/s$。通过对比这些数据，Cu 在 Cu_6Sn_5 表面的扩散系数比在（111）面上的扩散系数略低，但比在（100）面上的扩散系数要高得多。

问题

5.1 在层状生长中，扩散控制生长与界面反应控制生长有什么区别？

5.2 晶格移位的定义是什么？请绘制一个示意图来解释晶格移位。

5.3 Cu_3Sn 中的柯肯达尔空洞与多孔空洞有什么区别？

5.4 比较完全胞状析出和不完全胞状析出。为什么某些胞状析出可能是不完全的？

5.5 什么是瓦格纳扩散系数？为什么需要它来解决层状金属间化合物（IMC）的生长问题？

参考文献

1 D. A. Porter and K. E. Easterling, "*Phase Transformations in Metals and Alloys*," 2, Chapman & Hall, London, 1992.

2 P. G. Shewmon, "*Diffusion in Solids*," 2, The minerals, Metals and Materials Society, Warrendale, PA, (1989).

3 J. W. Christian, "*The Theory of Transformations in Metals and Alloys: Part I. Equilibrium and General Kinetic Theory*," 2, Pergamon Press, Oxford (1975).

4 C. Wagner, Theorie der Alterung von Niederschlagen durch Umlosen (Ostwald-Reifung), *Zeitschrift fur Elektrochemie*, 65, 581-591 (1961).

5 L. S. Darken, "Diffusion, mobility and their interrelation through free energy in binary metallic systems", *Transactions of AIME* 175, 184 (1948).

6 W. K. Chu, H. Krautle, J. W. Mayer, H. Muller, M. A. Nicolet, and K. N. Tu, *Applied Physics Letters*, 25, 454 (1974).

7 Kejun Zeng, Roger Stierman, Tz-Cheng Chiu, and Darvin Edwards, "Kirkendall void formation in eutectic SnPb solder joints on bare Cu and its effect on joint reliability", *Journal of Applied Physiology*, 97, 024508 (2005).

8 I. Panchenko, K. Croes, I. De Wolf, J. De Messemaeker, E. Beyne, and K. J. Wolter, "Degradation of Cu_6Sn_5 intermetallic compound by pore formation in solid-liquid interdiffusion Cu/Sn microbump interconnects", *Microelectronic Engineering* 117, 26 (2014).

9 D. Turnbull, "Theory of cellular precipitation", *Acta Metallurgica*, 3, 55 (1955).

10 J. W. Cahn, "The kinetics of cellular segregation reactions", *Acta Metallurgica* 7, 18 (1959).

11 K. N. Tu and D. Turnbull, "Analysis of kinetics of boundary diffusion limited cellular precipitation", *Scripta Metallurgica*, 1, 173 (1967).

12 A. M. Gusak, Chih Chen, and K. N. Tu, "Flux-driven cellular precipitation in open system to form porous Cu_3Sn", *Philosophical Magazine*, 96: 13, 1318-1331 (2016).

13 K. N. Tu and A. M. Gusak, "A comparison between complete and incomplete cellular precipitation," *Scripta Materialia*, 146, 133-135 (2018).

14 Yingxia Liu, Ying-Ching Chu, and K. N. Tu, "Scaling effect of interfacial reaction on intermetallic compound formation in Sn/Cu pillar down to 1μm diameter *Acta Materialia*, 117, 146 (2016).

第2部分

第6章 集成电路与封装设计的本质

6.1 引言

在本章中，首先介绍现代电子产品集成电路（IC）和封装设计的要点。接下来，将介绍过去开发过程中集成电路和封装扩展/缩放的基本要素，以及它们如何集成。然后，回顾集成和设计风格，包括集成电路设计中的片上系统（SoC）和多核趋势，系统级封装（SiP）和基板上晶圆上芯片（CoWoS），封装中的集成扇出（InFO）。最后，总结了“超越摩尔定律”的3D集成电路的现状和近期的电子设计集成的发展方向。

IC的历史并不长。在IC出现之前，人们已经将真空管用于无线电和雷达等电子设备。当晶体管出现时，发生了巨大的变化。1946年，贝尔实验室的Shockley提议要开发半导体；次年（1947年），他、Bardeen和Brattain发明了晶体管；他们于1956年获得了诺贝尔奖。然后，下一个关键发明是1959年仙童（Fairchild）的Hoerni实现了“平面”制造工艺。同时，德州仪器的Kilby和仙童的Noyce发明了在平面制造工艺的基础上发明了IC[1]。IC被认为是在同一个平面上制造许多晶体管的重大突破。此外，为了连接所有的晶体管，可以在氧化的器件上沉积非常薄的金属线，使所有的组件在一次生产中工作。由于在平面工艺方面的争论，最终Kilby获得了IC的发明专利，而Noyce获得了IC内部互连的关键专利。Kilby因这一贡献获得了2000年的诺贝尔奖（Noyce于1990年去世）。

从此，我们开始了集成电路发展的“过山车”之旅。1965年，仙童的Moore（摩尔）曾对IC的未来做出预测；随后这成为半导体IC行业的“第一定律”，通常称之为“摩尔定律”。该定律的第一个版本是，硅芯片上的晶体管数量将呈指数级增长，在10年内每年至少翻一番。随后，变成每两年翻一番，然后又修正为每18个月翻一番。然而，通常被忽视的是，这种增长可以在不增加生产成本的情况下发生。因此，如今的晶体管是如此便宜，以至于我们可以随意使用尽可能多的晶体管。摩尔定律并非自然演变的结果，它是基于新技术、社会科学以及人类生活习惯的一种经济预测。这条定律也成了一个自我实现的预言，因为每家公司都必须跟上竞争对手的步伐。

在过去的发展路径中，小规模集成（SSI）在20世纪60年代初被命名，它有几十个逻辑门。技术的进步带来了具有数百个逻辑门的器件，在20世纪60年代后期被称为中等规模集成（MSI）。进一步的改进实现了大规模集成（LSI），即具有数千个逻辑门的系统。逻辑门超过这个级别，通常称为超大规模集成（VLSI），直到现在仍被广泛使用。目前的技术已经远远超过了这个标准，今天的微处理器有数百万个门和数十亿个独立的晶体管。2008年左右，十亿个晶体管的处理器在纳米（亚100nm）时代开始商用。

为了容纳半导体芯片，需要有一个“外壳”。这时，封装技术就显得尤为重要。通常，封装为芯片提供信号和电源，同时有助于去除电路中的热量并提供物理支撑和保护[2]。具体而言，直接使用裸片/芯片（从晶圆上切下来的）来实现目标是可能的；但是，芯片在运输和重载使用过程中可能会容易损坏和污染。因此，需要一个“外壳”来保护芯片，以长期使用。从结构上看，封装是一种塑料、陶瓷、层压板或金属密封，里面容纳了芯片[3]。换句话说，封装是在印制电路板（PCB）上承载晶粒/芯片的媒介，并在它们之间提供更好、更安全的连接。在“完美”电子封装的早期定义[2]中，这些要求仍然成立。它应该是紧凑的，并且应该为芯片提供大量的信号和电源连接，这些连接具有微小的电容、电感和电阻；封装上的布线应该非常密集，互连是低电容和高特性阻抗的良好传输线。即使在电路高速运行和许多输出驱动器同时开关的情况下，它也应该提供一个稳定的电源水平。热性能应与芯片很好地匹配，避免应力引起的裂纹和失效。最后但同样重要的是，它的成本应该远低于它所容纳的芯片。

在IC封装过程中，通常执行以下操作：芯片连接、键合和芯片封装。芯片连接也称为芯片安装，是将芯片固定到封装或支撑结构上。如前所述，封装具有的功能包括从外部电源向芯片传输功率，同时提供进出芯片的信号通信。这可以通过键合实现：引线键合、载带自动键合（TAB）和可控塌陷键合（C4倒装芯片）[2]。引线键合是使用细线（金、铝或铜）在芯片和封装之间进行互连，并结合热、压力和/或超声波能量，通常被认为是最具成本效益的技术。在TAB技术[2]中，将带有金属薄膜引线的芯片放置在多层聚合物胶带上。然后，这层薄膜可以进行倒装芯片键合，也称为C4（可控塌陷芯片连接）键合，即通过芯片键合垫上的传导凸块，将面朝下的芯片与基板或PCB之间进行电连接，具有体积小、性能高、灵活性大、可靠性高等优点。

封装（encapsulation）有时与“包装”（packaging）一词同义。它意味着用陶瓷、塑料、金属或环氧树脂对芯片进行封装/容纳，以防止外部世界的腐蚀或损坏。

最后，根据连接到 PCB 的方式，有两种类型的封装：引脚通孔（pin-through-hole，PTH）插装技术［也称为双列直插式封装（dual in-line package，DIP）］和表面贴装技术（surface-mount-technology，SMT）。SMT 通常是高性能芯片的首选。随着晶体管密度/容量的快速增长和电子系统的发展，出现了许多新的封装结构，将在 6.5 节和 6.6 节中讨论。

6.2 晶体管和互连缩放

正如我们所知，电子产品的发展来自晶体管的缩放，也就是前道（FEOL）工艺，以及互连，也就是后道（BEOL）工艺。在 FEOL 的小型化中，可以用理想缩放理论来描述金属氧化物半导体（MOS）晶体管的缩小。在表 6.1[2] 中，可以观察应用比例因子时的效果。假设是理想缩放，晶体管的所有水平和垂直尺寸按 $1/S$（$S>1$）的比例缩小，内部电场强度几乎保持不变。总之，在这种理想的情况下，器件可以变得更快，从而在不增加功耗密度的情况下提高 IC 的速度和功能能力。然而，许多二阶效应抵消了缩放带来的改进，将在后面详细讨论。

表 6.1 MOS 晶体管的理想缩放

参数	比例因子
尺寸(W，L，t_{gox}，X_j)	$1/S$
基板掺杂(N_{SUB})	S
电压(V_{DD}，V_{TN}，V_{TP})	$1/S$
每个器件的电流(I_{DS})	$1/S$
栅极电容(C_g)	$1/S$
晶体管导通电阻(R_{Tr})	1
固有门延迟(T)	$1/S$
单位门的功耗(P)	$1/S^2$
单位门的功耗延迟积(PT)	$1/S^3$
每个器件的面积($A = WL$)	$1/S^2$
功耗密度(P/A)	1

互连在决定 VLSI 电路的速度、面积、良率和可靠性方面起着重要作用，特别是在从 20 世纪 90 年代开始进入深亚微米（DSM）体系之后。有两个事实是需要面对的，它们决定了当前物理设计复杂性的现状。就像前面提到的晶体管缩放一样，表 6.2 总结了局部和全局互连的缩放。观察到的第一个事实是，简单的缩放比例并不适用于全局互连。摩尔定律的延续存在着复杂性。我们知道，简单缩放期望通过比例因子来缩短局部互连长度；然而，每单位长度的 RC 常数（延迟）的缩放比例是相反的。最后，并没有从缩放中获益，当遇到大规模的大芯片时，情况变得

更糟。很明显，如果增加一个芯片尺寸（S_C）的因素，全局互连长度将按比例增加，并最终最大程度地影响全局互连的 RC 延迟。在电路性能方面只依赖晶体管数量的好日子已经过去了。第二个事实是关于导线电阻的演变。一般来说，电阻与导体的横截面积成反比。表 6.3 是一个相当古老的趋势，仍然可以观察到导线的长宽比高于 1.5。原因是特征和导线尺寸的缩放推动了这种较高的长宽比，以保持较大的横截面积。因此，较高的长宽比在小宽度上提供了更好的互连性能，但引入了壁与壁之间的电容，进一步恶化了 RC 延迟。我们可以通过现代封装的解决方案在某种程度上弥补这个棘手的问题，将在 6.5 节和 6.6 节说明。

表 6.2 局部和全局互连的缩放

参数	比例因子
横截面尺寸(W_{int}, H_{int}, W_{sp}, t_{ox})	$1/S$
单位长度电阻(R_{int})	S^2
单位长度电容(C_{int})	1
单位长度 RC 常数($R_{int}C_{int}$)	S^2
局部互连长度(I_{loc})	$1/S$
本地互连 RC 延迟($R_{int}C_{int}I_{loc}^2$)	1
芯片尺寸(D_c)	S_C
全局互连长度(I_{int})	S_C
全局互连 RC 延迟($R_{int}C_{int}I_{loc}^2$)	$S^2S_C^2$
输电线路飞行时间(I_{int}/V_c)	S_C

表 6.3 英特尔的 P856 互连尺寸（0.25 μm 工艺）

层	节距/μm	厚度/μm	最终的长宽比
M1	0.64	0.48	1.5
M2	0.93	0.89	1.9
M3	0.93	0.89	1.9
M4	1.6	1.33	1.7
M5	2.56	1.9	1.5

6.3 电路设计和 LSI

正如引言中提到的，Kilby 和 Noyce 因发明集成电路而获得了 2000 年的诺贝尔物理学奖。没有集成电路，就没有我们今天的现代生活：与朋友或同事沟通时，需要手机，需要高端的通信芯片和物联网环境；在工作时，可能需要高性能计算（HPC）服务器来进行大规模批量工作或专业培训；闲暇时，我们通常会开车兜风，需要自动驾驶或辅助驾驶，以及电动汽车（EV）中的高端汽车电子设备；在医院，需要生物医学设备和可穿戴电子设备来帮助医生做出诊断并帮助患者从症状中恢复过来。换句话说，应用场景的多样化，极大地推动了集成电路和电子系统的设计和制造，达到了我们之前难以想象的新水平[4]。

从不同角度的消费电子产品的性质来看，对接收、传输和处理的信号和数据有不同的处理方式。为此，电路分为数字型和模拟型。由于自然界的大部分事物是连续和无限的，因此大多数信号都是模拟的。然而，为了存储和处理海量数据，需要应用计算机；因此，必须将模拟数据转换为数字数据。如今，由于数据处理的复杂性和移动设备的需求，越来越多的模拟电路可以用数字方式制作，但模拟处理系统仍然不可或缺。

从常见的版图设计角度来看，有以下几种类型。

① 全定制设计。这是一种手工制作版图元素的方法，可以放置在版图表面的任何位置[5]。这也是 IC 问世时的方法，如图 6.1 所示。这是一种自由风格的设计，除了来自制造的设计规则，通常没有强加的约束。然而，难点在于这种设计比其他常规风格需要更长的时间；通常它在模拟 IC 设计中用得最多。另一个问题是，当晶体管数量很多时，无法应用这种方法。

② 标准单元设计，如图 6.2 所示。这种设计风格是通过使用标准单元来完成的。标准单元是执行标准功能的逻辑块。通常这种风格是针对数字 IC 设计的，并且由设计工具所支持，这一点将在后面介绍。因为在布图时通常是按行排列，所以它也被称为基于行的设计风格。

③ 现场可编程门阵列（FPGA），这是可编程逻辑阵列中常见的形式之一。在这种风格中，逻辑块的二维阵列是通常的形式，每个逻辑块都可以被编程以实现其输入的任何逻辑功能。它可以灵活地组成任何设计，通常用于市场上即将推出的设计的原型。现在，它也被广泛用于人工智能应用（图 6.3）。

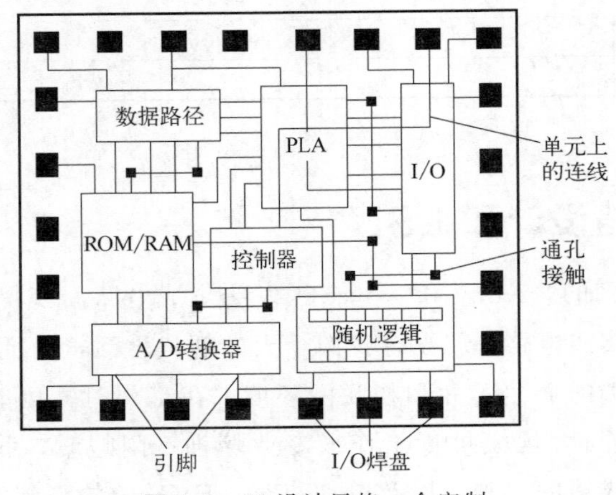

图 6.1　IC 设计风格：全定制

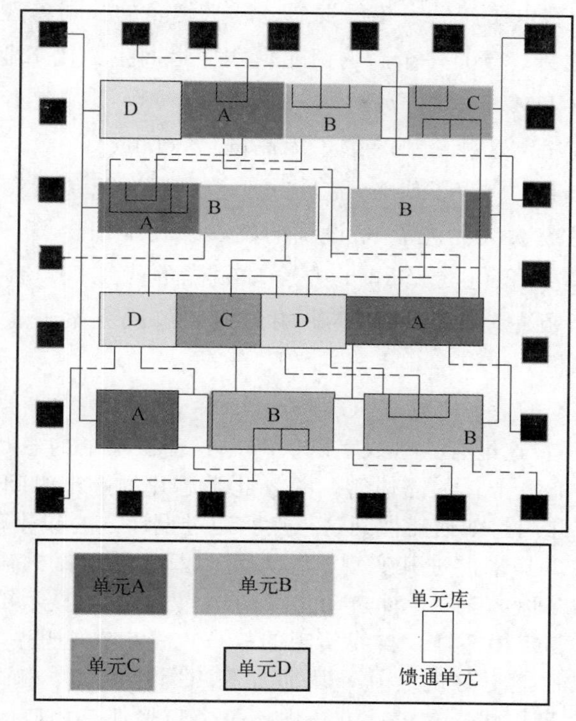

图 6.2　IC 设计风格：标准单元（基于行）

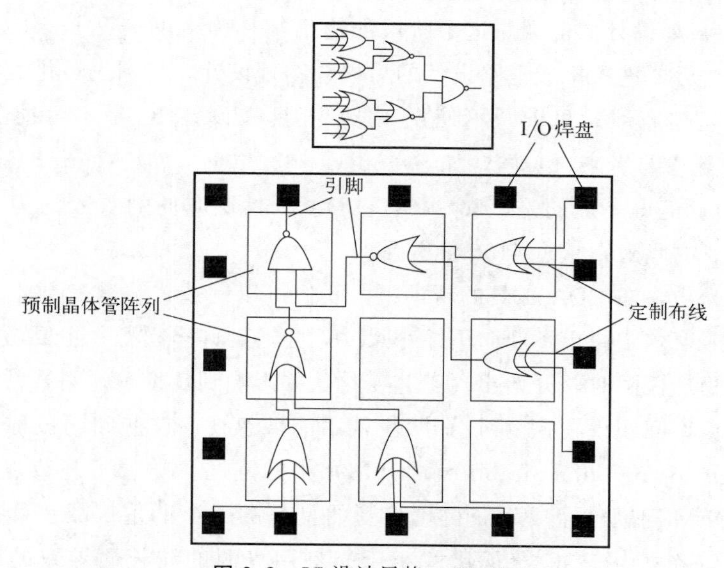

图 6.3　IC 设计风格：FPGA

目前电路制造的现状是什么？谁来制造芯片？过去，芯片通常是由集成器件制造商（即所谓的 IDM 公司）来制造的。IBM 和英特尔是两个主要的竞争者，主要生产 CPU。随着消费电子产品多年的发展，越来越多的公司希望将他们的创意和创新应用到 CPU 之外，于是一个新的商业模式应运而生：代工业务。这一理念背后的思想是，不仅 IDM 可以制造芯片，其他小公司也可以在不拥有晶圆厂的情况下制造他们的芯片，这种趋势导致了无晶圆厂（fabless）公司的出现，制造无晶圆厂公司芯片的工厂成为了代工厂（foundry）。后者只负责制造芯片，而没有 IC 设计的能力。这就大大促进了 IC 设计的发展。在中国台湾，联发科技是一家大型 IC 设计公司，台积电（TSMC）是全球领先的代工厂。台积电不仅在集成电路制造方面处于领先地位，而且还影响到封装解决方案，这将在后文中进行阐述。

即使有了代工厂的业务来处理 IC 制造，下一个问题是在电路设计中的 VLSI，可以手动设计 IC 吗？这里有一些数字以供考虑：现在单个的芯片（SoC 芯片，将在下一节阐述）中有数十亿的晶体管，并且此类芯片的上市时间（TTM）已从几年缩短到几个月或几周。如何能做到这一点？通过设计方法和计算设施的进步，可以用设计自动生成工具来促进其实现。这方面的旧称是计算机辅助设计（CAD），后来有了一个新的名称：电子设计自动化（EDA）。图 6.4 显示了集成电路的常规设计方法。就像摩尔定律一样，自我实现的故事也发生在这里：有了更好的 EDA 工具，可以设计出性能更好的芯片，从而提高 IC 设计的效率；反过来，这也使 EDA 工具的执行速度更快。在设计方法中，每个步骤都有相应的工具来形成供应链。首先，有芯片的设计规范，接着是架构和逻辑设计，然后合并电路并进行逻辑仿真。这称为 IC 设计的前端。这个阶段的输出被称为“网表”（netlist），即所有网的列表。然后，进入集成电路设计的后端：物理设计，将网表转化为物理上的晶体管放置和互连布线。目前，不使用 EDA 工具来设计 IC 是不可能的。主要的 EDA 工具市场参与者来自美国，如 Synopsys、Cadence 以及 Mentor Graphics（被西门子收购）。值得一提的是，2020 年，EDA 工具供应商的收入约为 25 亿美元，而半导体行业的收入则超过 4100 亿美元。

到目前为止，在 EDA 工具的帮助下，我们可以制造许多具有数十亿晶体管的芯片，但按照摩尔定律，不断向下缩小尺寸，会遇到许多问题，主要与物理极限有关。当接近物理极限时，开始出现工艺变化，并影响到良率。过去通常在代工厂解决的制造和良率问题现在在 IC 设计阶段就不能被忽视。这些问题被称为可制造性设计（design for manufacturability，DFM）中的问题。随着工艺节点缩小到 130 nm 以下，DFM 问题已经成为获得可接受的良率的一个严重挑战。其中一个主要挑战是，如何解决由于 IC 特征尺寸小于光刻用光源的波长而导致的问题[3]。图 6.5 描述了这种制造波长和晶体管特征尺寸的演变。可以用下面的比喻来描述：用宽大的刷子来印刷一根细小的头发是不可能的。尽管 DFM 问题大多与制造工艺有关，但需要从 IC 设计阶段开始缓解这些问题。因为它们与制造芯片的掩模有关，最接近的步骤是物理设计（后端）。自 2000 年以来，许多研究人员和半导体公司一直在研究这个问题，这使得摩尔定律一直延续到现在。

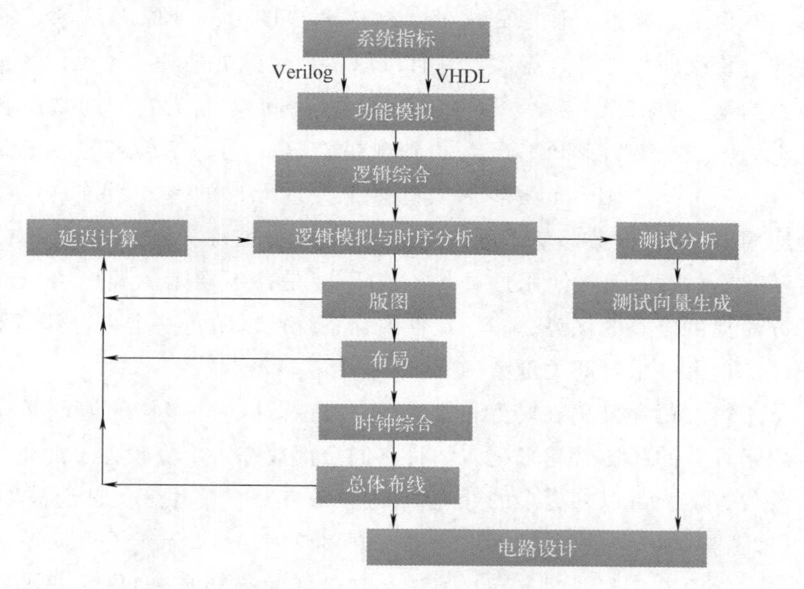

图 6.4 VLSI 设计过程和流程

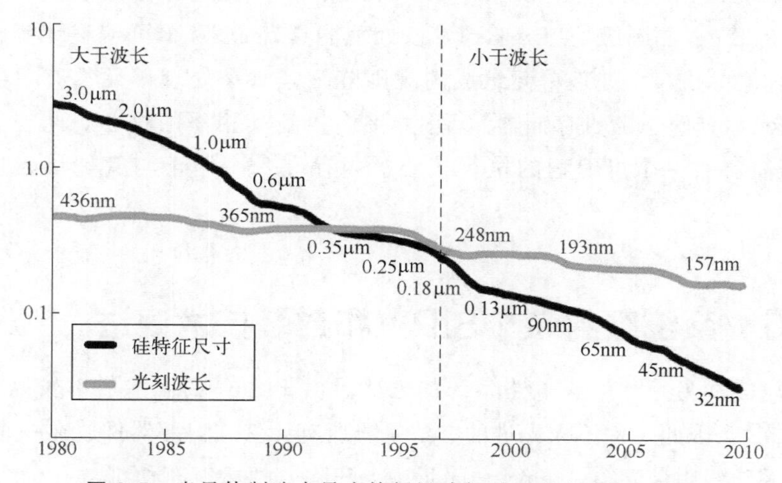

图 6.5 半导体制造中最小特征尺寸相对于曝光波长的演变

6.4 片上系统（SoC）和多核架构

随着 VLSI 技术的不断进步，单个芯片中放置的晶体管越来越多，最终涉及如何为一个电子系统放置所有晶体管，这通常被称为“片上系统”（system-on-chip,

SoC)。对于特定应用（ASIC，专用集成电路），单个芯片/计算机可以包括 CPU、总线、I/O 设备，当然还有内存。与同等的板级或封装级系统相比，SoC 能够以更低的成本制造系统。除了上述原因之外，制造 SoC 的另一个原因是 SoC 的性能可以比板级或封装级同等产品好得多，并且可以实现更低的功耗。这是因为片上连接比其他级别的互连更有效。最常见的 SoC 是通信 SoC，因为它们通常配备在移动设备上。它们已经从 3G 到 4GLTE，再到现在的 5G。另一个著名的 SoC 是多处理器 SoC（MPSoC）[6]。MPSoC 是一种具有多个处理元件的片上系统。这些处理元件可以是通用的 CPU 或数字信号处理单元（DSP），被称为嵌入式 CPU 或嵌入式 DSP，也可以是专用单元。使用这种 SoC 的原因是，不规则的架构可以在实时响应和功耗方面提供显著的优势。非一致性内存系统可以防止一个来自处理器的无关内存访问，延迟另一个时间关键型访问。

另一个不容忽视并且仍在持续的趋势是多核芯片。向多核的演变是合乎逻辑的：随着用于计算的晶体管越来越多，将它们全部放在一个处理器上变得越来越困难；作为替代方案，可以将更多的处理器/内核放在一个芯片上。这也被称为 CMP（芯片多处理器架构）。多核处理器广泛用于许多应用领域，包括通用计算、嵌入式系统、网络、DSP 和图形处理单元（GPU）。最新的趋势是来自 Cerebras[7] 的晶圆级芯片。无晶圆厂设计公司 Cerebras 开发了一种新型计算机系统，该系统由 21.5cm×21.5cm 晶圆级处理器驱动，该处理器具有 40 万个可编程计算核心。它的结构是 633×633 个处理单元组成的规则阵列，每个处理单元都有单独的本地高带宽 SRAM（静态随机存储器），并直接连接到其相邻的核心。此外，每个单元块（tile）都有一个可编程的执行核心、内存和一个用于与其他单元块互连的路由器。

6.5 系统级封装（SiP）和封装技术演进

本节将转向另一种生成电路系统的方式。由于 SoC 的制造成本较高（但良率通常不够高），因此一种不太先进的方法是将所有元件/芯片/器件放在一个封装中，也称为“系统级封装”（system-in-package，SiP）。把所有东西都放在一个封装中，可能说起来很容易，但很难断定 SiP 或 SoC 哪个是更好的解决方案。从之前的一些讨论中可以看出，这两种方案的依赖性涉及四个因素：上市时间、成本、尺寸和性能[8]。

显而易见，上市时间应该是 SiP 相对于 SoC 的优势。使用 SiP 方法时，设计的复杂性来自专用芯片和基板。由于这些专用芯片的产品设计周期较短，可以并行设计它们，同时与集成 SoC 解决方案相比，设计的载板的复杂性更低。最终，可以实现更快的上市时间，并且它在第一个原型阶段中具有很大的可调性，可以改变分立元件和这些元件的可能布局。另一方面，采用 SoC 方法时，低成本解决方案被认为会被淘汰。SoC 将所有电路放在一个芯片中，而 SiP 可以容纳两个或更多芯片和多个无源器件。正如本节开头所述，为使 SoC 在价格上更具竞争力，良率应该更高并且足以弥补 SiP 中多个高成本芯片的损失。此外，SoC 的成本结构与 SiP 有很大不同。在测试中，SoC 只需要对单个芯片方案进行一次测试，而 SiP 必须在组装前测试每个芯片，然后在组装后测试完整的模块。SoC 还受到较高的一次性工程（NRE）成本的影响。因此，哪种方案的成本更低仍是有争议的。

关于尺寸，SoC 显然也具有优势，但 SiP 正在缩小尺寸，并开始采用先进的封装方案，如芯片堆叠。尽管先进的封装方案增加了 SiP 解决方案的组装成本，但由于封装的形状因素，趋势是选择这种方案。

最后一个因素是性能。的确，更短的互连可以带来更好的性能，这只发生在特定用途（或常规）的芯片中，如 CPU 或以计算为中心的 ASIC。有人指出，一个好的 SiP 设计会在每个功能块中使用成本和性能最佳的芯片技术，而 SoC 可能需要整个芯片使用性能最高的功能块[8]。需要注意的是，我们还需要将最佳技术用于无源器件。

在看到现代封装中出现更多的 SiP 之前，应该先了解一下封装是如何演变的，这也是集成的历史，在下文中，使用文献［9］中的数字（晶体管密度）来反映该进展。传统的封装通常发生在从晶圆锯切得到裸片之后。这涵盖了 PTH/DIP、由于芯片的 I/O 数量增加而使用的四方扁平封装（QFP）、球栅阵列（BGA）引线键合（图 6.6）、倒装芯片封装（图 6.7），以及多芯片模块（MCM）等时期。1971 年的首个单芯片微处理器的晶体管密度约为 19000 个/cm^2。PCB 的布线密度基本上决定了系统的大小，IC 与封装级集成的比例大致为 2000∶1 左右。在 20 世纪 90 年代初，晶体管密度约为 265000 个/cm^2，这意味着晶体管和系统元件密度之间的比例约为 5000∶1。1998 年，英特尔的奔腾Ⅲ推出了超过 500000∶1 的集成电路与封装级集成的比例。当时，BGA 封装有助于减少封装尺寸。值得注意的是，在 20

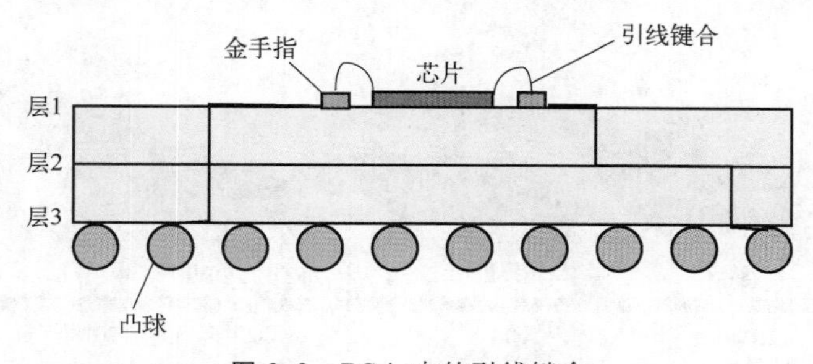

图 6.6　BGA 中的引线键合

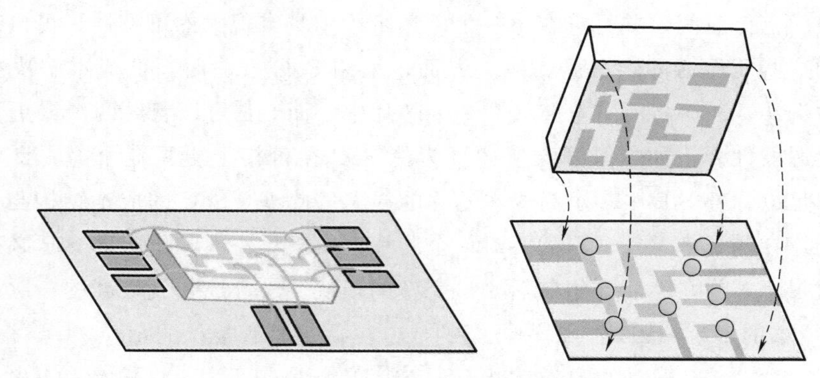

图 6.7 倒装芯片键合封装

世纪 70 年代和 80 年代，计算是主要的驱动力，而在 90 年代中期，驱动力已经转移到消费电子。移动性成为基本要求和驱动因素。

当进入晶圆级芯片规模封装（WLCSP）时，情况就不同了。使用 WLCSP/WLP 的原因是它可以包含更多的输入/输出（I/O）引脚，因为越来越精细的数字化导致 I/O 需求的爆炸性增长。它还与传统的封装方式相反：先进行封装，然后再看到封装的晶圆。在 WLCSP 中，封装尺寸几乎与裸片相同，可以有效控制单个封装尺寸。起初，扇入型 WLP 被应用。然而，由于芯片面积的减少，引脚的数量也随之减少；因此，对于大的 I/O 数量的设计是不够的。为了解决这个问题，扇出型 WLP（FOWLP）应运而生，为芯片周围的区域提供用于连接更多 I/O 的重布线层（RDL）。这已成为现代封装的主流。

故事变得更有趣：用更高效的封装来帮助芯片性能提升。台积电等代工厂进入封装领域并创造了多种方法，InFO（晶圆级集成扇出）是 FOWLP 的实现之一，获得了苹果公司的大订单。InFO 是 FOWLP 的一种，也属于 SiP 的一种技术，不同于硅转接板解决方案（2.5D IC，将在下一节介绍）。InFO 技术不仅提供系统缩放，而且补充芯片缩放，并有助于维持智能移动和物联网应用的摩尔定律[10]，将在 8.8 节中详细介绍。图 6.8 显示了封装从 MCM 到当前异构集成（HI）的演变。

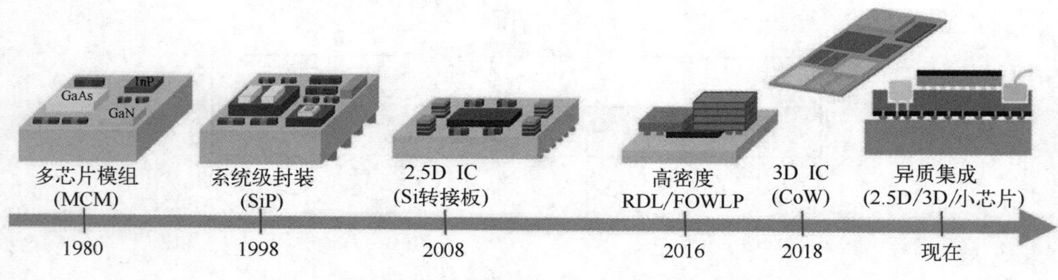

图 6.8 封装演变：从 MCM 到 HI

6.6 3D IC 集成与 3D 硅集成

3D 集成解决方案在半导体市场上已经被呼吁很长时间了。从广义上讲，3D 集成通常意味着以垂直方向放置元件或器件，而不是并排放置。走向垂直方向的原因非常简单：人们试图缩小芯片的外形尺寸，因为仍然需要许多晶体管来完成即将到来的计算任务，水平通信将限制使用的面积。3D 集成由 3D IC 封装、3D IC 集成和 3D 硅集成组成[11]。3D IC 封装已经上市，例如使用键合线的芯片堆叠和封装堆叠（PoP）。对于 3D IC 集成和 3D 硅集成，硅通孔（TSV）起着非常重要的作用，因为在垂直通信中需要 TSV。

在 3D IC 封装中，将堆叠 IC 与 2D IC 进行比较，I/O 和模块的规划很复杂，因为 I/O 和模块应规划为多个层次。由于堆叠 IC 中 I/O 和模块的规划，系统分区步骤中的所有模块和 I/O 应放置在一个合适的层中以尽量减少网络切割，然后使用 2D 平面规划工具。如果还考虑 PoP，外形尺寸会更小，但这种设置的性能不会得到很大提升。其他 3D 集成的形式由于有效使用 TSV，应该会获得更好的性能。

3D 硅集成有多种定义，在文献［12］中，研究者展示了带有 TSV 和硅互连的减薄硅层，以及安装在减薄硅转接板上的硅芯片。为了不与 3D 和 2.5D IC 集成混淆，采用文献［11］中的分类：3D 硅集成是将带有 TSV 的晶圆堆叠起来用于电气馈通。当人们在 20 世纪 80 年代开始走垂直路线时，它在当时受到了青睐。经过多年的开发和研究，它仍然不容易在商业上实现大规模生产。主要原因包括材料和技术难度，对准和不固定模型等设计问题，以及无扰动特性。至于现在，晶圆到晶圆（W2W）键合仍然很困难；芯片到晶圆（C2W）是目前的研究重点，希望能实现这种集成。

另一方面，3D IC 集成被认为是现代 3D 集成的救星。它包含许多类型：C2W、W2W 和带有微凸块的芯片到芯片（C2C）。其中，可以将芯片堆叠或并排放置，或者放置其他具有更小凸块（称为微凸块）的基板。如果这些基板（或所谓的转接板）承载有源元件或器件（晶体管），仍然可以将它们视为 3D IC 集成。然而，如果转接板仅包含去耦电容等无源器件，系统厂商将其称为 2.5D IC 集成，这种被认为是最有效的 3D IC 集成器。台积电为另一大客户赛灵思公司（Xilinx Inc.）所做的另一项努力被称为基板上晶圆上芯片（CoWoS）。这是 2.5D IC 集成的代表性实现。Xilinx Inc. 是一家生产高性能可编程设备的 FPGA 供应商，其开发的 TSV 转接板技术用于将高性能 28nm 逻辑芯片安装在带有 Cu TSV 的大型硅转接板上[13]。图 6.8 还展示了一些 2.5D 封装设计。更多设计和封装细节将在后续章节中介绍。

6.7 异构集成简介

多年来，人们在消费电子产品、通信设备生产和集成方面做出了很多努力。对于半导体行业来说，范式从持续关注将摩尔定律扩展到一个新的视野，即通过异构集成（HI）来实现生产力的进步，这绝非易事。继半导体行业协会（SIA）在2015年结束国际半导体技术发展路线图（ITRS）活动后，主要由IEEE电子封装协会（EPS）和国际半导体产业协会（SEMI）发起的异构集成发展路线图（HIR）中已经制定了新的计划。一般来说，异构集成指的是将单独制造的元件集成到一个更高层次的组装（如SiP）中，以提供更强的功能和更好的操作特性[14]。该路线图工作队伍中的技术工作组（TWG）包括高性能计算和数据中心、物联网、医疗、健康和可穿戴设备、汽车、航空航天和国防、移动技术、集成光子学、微机电系统（MEMS）和传感器集成。

关于HI的中心思想，我们不禁要问：为什么需要它？从目前的定义，HI意味着将不同技术或不同公司制造的元件或器件结合起来。作为同构集成的一个例子，SoC和多核芯片为现代应用提供了算力。HI就是要有更高层次的组装，实现更强大的功能，当然也能提高运行质量。现在，我们已经非常接近摩尔定律的极限；SoC和多核解决方案表明同构集成几乎结束。通过仔细观察存储器系统的演变，就能看到HI所创造的价值[15]。DRAM（动态随机存取存储器）是计算机系统中的一个重要组成部分，它有三个主要标准：DDR（双倍数据速率）、LPDDR（低功耗DDR）和GDDR（图形DDR）。从2010年开始，人们开始使用封装方案来提高DRAM的性能，使其正式进入了HI体系。混合内存立方体（HMC）、宽I/O和高带宽内存（HBM）是针对传统的DDR、LPDDR和GDDR存储器提出的新一代存储技术。HMC由美光（Micron）和英特尔共同提出，但目前已不再继续开发。宽I/O由三星提出，但相比HBM，它还没有在大规模商业应用中得到广泛采用。而HBM已经成为现代异构集成（HI）存储器的代表，并得到了广泛应用。

简而言之，半导体技术的革命始于摩尔定律，但这场革命将随着封装技术的进步而继续。如前所述，SiP为实现HI打开了大门，第8章将讨论更多细节。

问题

6.1 什么是摩尔定律？它是科学领域的一个真实的物理定律吗？是什么让这一定律持续下去，又是什么阻碍了它继续下去？

6.2 随着技术的发展，互连决定了电路的性能。在传统的VLSI设计流程中，有哪些互连问题需要处理？如何利用封装技术来解决电子系统的互连问题？

6.3 随着3D集成正在成为构建电子系统的现代趋势，基于技术和材料的常见类别有哪些？

6.4 IDM公司和无晶圆厂公司的主要区别是什么？代工厂可以销售芯片吗？

参考文献

1 Nenni, D. and McLellan, P. (2013). *Fabless: the transformation of the semiconductor industry*. Semiwiki. com.

2 H. B. Bakoglu, *Circuits, Interconnections, and Packaging for VLSI*, Addison-Wesley, 1990.

3 L. Xiu, *VLSI Circuit Design Methodology Demystified: A Conceptual Taxonomy*, IEEE Press, 2008.

4 J. Lienig and H. Bruemmer, *Fundamentals of Electronic Systems Design*, Springer, 2017.

5 S. M. Sait and H. Youssef, *VLSI Physical Design Automation: Theory and Practice*, World Scientific, 1999.

6 W. Wolf, *Modern VLSI Design*, 4, Prentice Hall, 2009.

7 M. James, M. Tom, P. Groeneveld, and V. Kibardin, (2020). *ISPD 2020 physical mapping of neural networks on a wafer-scale deep learning accelerator*. ACM International Symposium on Physical Design.

8 M. P. Gaynor, *System-in-Package: RF Design and Applications*, Artech House, 2007.

9 M. Swaminathan and K. J. Han, *Design and Modeling for 3d ICs and Interposers*, World Scientific, 2014.

10 C.-F. Tseng, C.-S. Liu, C.-H. Wu, and D. Yu, (2016). *InFO (wafer level integrated fan-out) technology*. IEEE Electronic Components and Technology Conference.

11 J. Lau, (2011). *Evolution, challenge, and outlook of TSV, 3D IC integration and 3D silicon Integration*. IEEE International Symposium on Advanced Packaging Materials (APM).

12 J. U. Knickerbocker, P. S. Andry, B. Dang, et al. (2008). *3D silicon integration*. IEEE Electronic Components and Technology Conference.

13 B. Banijamali, S. Ramalingam, K. Nagarajan, and R. Chaware, (2011). *Advanced reliability study of TSV interposers and interconnects for the 28 nm technology FPGA*. IEEE Electronic Components and Technology Conference.

14 *Heterogeneous Integration Roadmap*, SEMI, 2019 Ed. https://eps.ieee.org/technology/heterogeneous-integration-roadmap/2019-edition.html.

15 Y.-C. Lin, "*The Value Creation of Heterogeneous Integration: DRAM as an Example (Chinese)*," DIGITIMES, 2020.

第7章 性能、功耗、热管理和可靠性

7.1 引言

本章将介绍在设计IC时通常应用的指标，在各代设计中都遵循了这些指标。当设计相应的封装时，它们将首先被作为参考。在介绍了这些指标的一般准则后，将对其进行详细描述。首先讨论性能和功耗方面的问题，这是两个最重要的指标；介绍了一些流行且有效的低功耗架构，例如动态电压频率调整（DVFS）和电压岛。其次是热管理和可靠性问题，它们与前两个主要指标密切相关，因此将与现代电子产品的封装设计相关联。

在详细介绍这些指标之前，需要介绍一下晶体管的基础知识，尤其是场效应晶体管，这样就知道晶体管是如何工作的。为了进行所有计算，除了计算电路(CPU)，需要一个更大的组件来存储准备计算的数据：存储器。然后，可以讨论面临的挑战。在IC设计的所有挑战中，性能始终是要考虑的首要影响因素。自从集成电路和平面制造发明以来，几十年来我们一直在制造芯片的过山车之旅中。为了符合不断发展的通信系统的协议或实现各种电子系统的功能，芯片的速度通常是要达到的目标，也称之为“性能”。在市场上看到的CPU的速度，通常以GHz为单位来标记。它是CPU芯片的运行频率，也代表时序电路（从一个寄存器到另一个寄存器）中最长传播时间的倒数，在7.3节中有更详细的讨论。

随着技术的进步，晶体管变得越来越小，速度或延迟变得更快或更小，能够在一个系统中放置越来越多的晶体管，正如摩尔定律所“预测”的那样。最终，我们拥有更强大的系统芯片，可以获得预期的性能；然而，我们遇到了有史以来最大的问题：功耗。正如我们所知，如果放置如此多的晶体管（现代SoC或CPU中有数十亿个晶体管），手持设备的功耗就会累积到无法把握的水平。图7.1显示了IC发展时另一个著名的（或臭名昭著的）功率趋势。如果不考虑热管理解决方案，就会像发射火箭时拿着火箭喷嘴一样。7.4节和7.7节对如何解决此问题进行了更多讨论。7.5节介绍了性能和功耗之间的关系/权衡，7.6节描述了供电电压和时钟信号的传递。

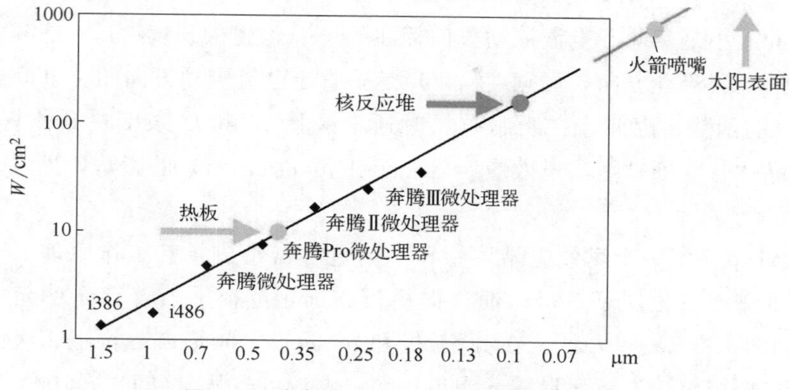

图 7.1 功率密度随工艺进步的变化趋势

功耗和功率密度已成为 IC 设计中的一阶效应，二阶效应来自热管理。快速且高度集成的设备/电路通常会产生大量热量。必须有效地去除热量[1]，原因是几乎所有的失效机制都会因温度升高而增强。散热问题应在芯片放置和封装中解决，并且基于不同的封装成本，散热解决方案也有所差异（将在 7.8 节中研究这个问题）。

VLSI 的稳定性由两个主要因素组成：可靠性和可变性。它们通常分为可靠性设计（DFR）、可变性设计（DFV）和可制造性总体设计（DFM）。可靠性是芯片的一个基本要求，以保证在其在使用寿命内的正常运行。但是，器件和连接线路的持续缩小对集成电路的可靠运行有严重的影响[2]。DFR 中存在各种问题，如器件中的热载波效应和偏置温度不稳定（BTI），以及连接线路中的电迁移（EM）。其中大多数与材料、晶体管的掺杂和温度有关。可变性主要来自制造工艺、电气和环境变化。正如我们所知，极端的扩展会使可变性恶化，导致设计流程的改变和基本思想的演变。详情将在本章的最后部分介绍。

7.2 场效应晶体管和存储器基础知识

在 6.1 节和 6.2 节中，已经介绍了晶体管的发明和多年来的扩展趋势。在本节中，将讨论晶体管和由晶体管组成的更大的组件——存储单元的基础知识。更确切地说，在现代基于半导体的电子产品中，通常使用 MOSFET（金属氧化物半导体场效应晶体管）。在下文中，将解释 FET（场效应晶体管）的工作原理。图 7.2(a) 描述了一个 n 型场效应晶体管的横截面，它利用施加在栅极上的电场来控制开关特性。$TiSi_2$ 的栅极、源极和漏极触点以深色显示。这种开关属性被用来表示传输或存储的数据：0 或 1。如果在栅极上施加正电压，反转层将在表面形成，开始有电流。当有更大的电压时，这个交叉点就变成了沟道，它连接到形成源极和漏极的两条 n 型线。在图 7.3（n 型 MOS 晶体管）中，它显示了更完整的晶体管图，沟道区域的大小是相对于电流流动方向标注的[3]：沟道的长度（L）是沿着源极和漏极之间的电流流动方向，而宽度（W）是垂直于电流流动方向的。电流流量的大小是 W/L 的函数；因此，在绘制布局时通常选择 W 和 L 来反映晶体管的强度。在后期，晶体管受到“短沟道效应”（short channel effect）的影响，出现了许多其他问题/议题。

DRAM 单元由一个场效应晶体管和一个电容器组成，其工作原理如下。在多晶硅下面的栅极氧化层下，可以通过向栅极施加正电荷［沿着存储单元中的字线（WL），如图 7.2（b）所示］，在 n^+ 源极和 n^+ 漏极之间形成 n 沟道，吸引电子到反转层，在栅极氧化层下面形成 n 沟道，允许电流流过从源到漏的间隙。当栅极打开时，连接到源极的电容器中储存的电荷将沿着位线（在存储单元中使用）流出来。当检测到有电荷脉冲从电容器中流出时，就是“1”。当栅极关闭时，没有电荷从电容器中流出时，它就是“0”。此外，由于 n^+ 源极和 n^+ 漏极之间存在 p 区，负电荷会阻止电流并关闭栅极。图 7.4（a）显示了上述存储单元/单元在（X_1，Y_2）点的样品/核心电路示意图，也显示在图 7.2（b）中。沿着 X_1 的 WL 用于打开或关闭晶体管，沿着 Y_2 的位线（BL）用于传输从电容器出来的电荷。图 7.4（b）描述

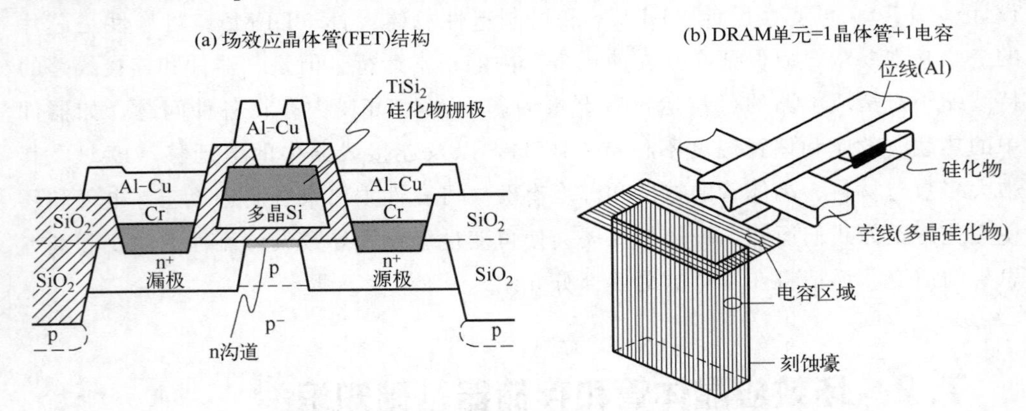

图 7.2　(a) n 型晶体管的横截面；(b) 基本 DRAM 单元

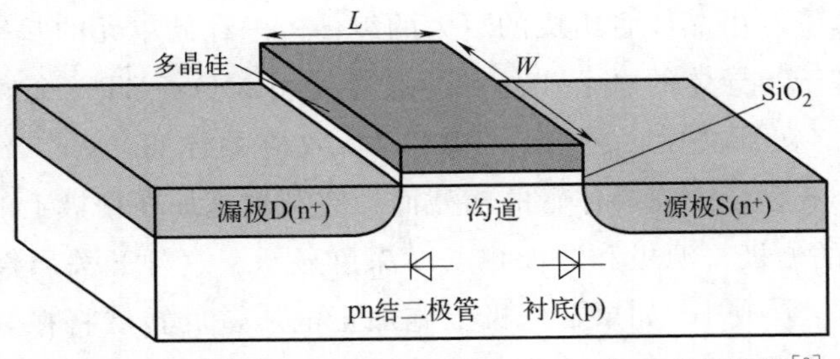

图 7.3　具有沟道长度（L）和宽度（W）的 n 型晶体管[3]

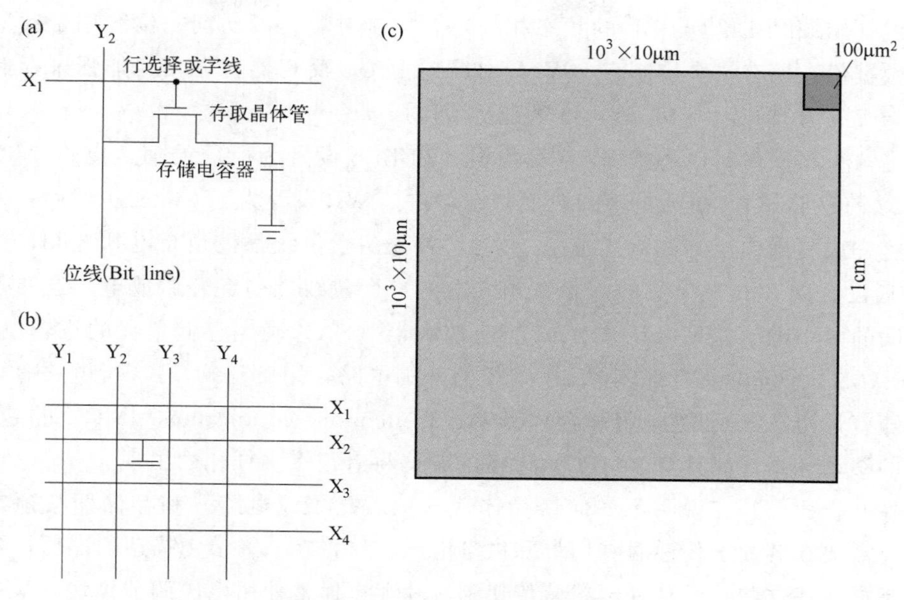

图 7.4　DRAM 单元和块配置[4]

（a）存储单元的示意图电路；（b）X 线和 Y 线的正方形网络；（c）将电路转换为硅芯片

了一个由 X 线和 Y 线组成的方形网络。在（X_i，Y_j）的每一点上，建立一个场效应晶体管和一个电容器，然后就有了随机存取存储器（RAM）。

现在，将这些电路转化为图 7.4（c）所示的硅芯片。在一个 1cm×1cm 的硅芯片上，考虑一个 10μm×10μm 的小芯片区域，如芯片右上角所示。如果可以在其中构造一个场效应晶体管和一个电容器，则在芯片上有 10^6 个 RAM 单元。然后，如果将 10μm×10μm 的芯片区域划分为四个较小的正方形区域，在每个区域中如果能够再次构造一个场效应晶体管和一个电容器，就能将芯片密度提高到 4 倍。如果一直这样做，就是摩尔定律的小型化的物理图景。

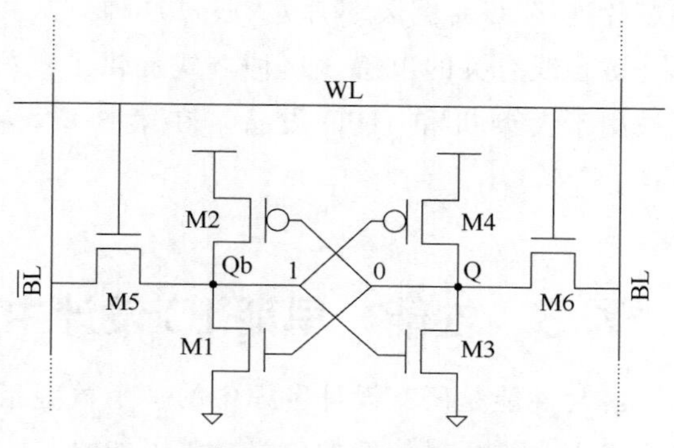

图 7.5　典型 6T（六管）SRAM 单元

那另一种 RAM 是什么样呢？图 7.5 显示了一个静态存储单元/单位（6T SRAM）的样品/核心电路。有了这个，可以生成一个更大的存储子电路，为片上计算提供更大的存储。数值存储在中间的四个晶体管（M1～M4）中，这四个晶体管形成一对反相器，连接在一个稳定的回路中。另外两个晶体管（M5 和 M6，作为开关）通过位线［BL 和 BLb（与 BL 的状态相反）］控制对单元的访问。位线用于读取和写入数据值。还有一个控制——WL，如果它是 0，反相器就会相互加强来存储数值。当 WL 被选中（=1）时，可以进行读/写。

当执行写操作时，将把 BL（写数据）和 BLb 设置为所需的值，以迫使 Q 和 Qb（之前存储在 bit 单元的值）改变状态，再把 WL 设置为 1（Vdd）。然后，通过晶体管完成写操作。当执行读操作[2] 时，首先两个位线都被预充电到 Vdd，然后将 WL 设置到 Vdd，单元的内容在预充电的一个位线上引起轻微放电。这两条位线之间的微小电压差足以让 SRAM 感应放大器（SA）确定存储单元的逻辑电平。在 SRAM 子系统中还有许多像 SA 这样的外围电路，用于列读/写、行电路等。总之，随着最近人工智能应用和存内计算（in-memory computing，IMC）的趋势，未来的移动和高性能计算（HPC）设备的架构将有很多多样化的出现。

在此，我们补充说明了如何使晶体管（然后是集成电路）和存储器按预期工作。还需要在芯片上传递时钟信号和供电电压，这将在 7.6 节中描述。然后，剩下的就是如何将这些信号从外部封装传递到芯片上。通常使用电压调节模块（VRM）通过 PCB 和封装/转接板中的 Vdd 和 Gnd 平面来供电。这些平面通过键合（见下述）或通孔（见第 8 章）连接到芯片上的电源网络。6.1 节提到，封装的功能包括从外部电源向芯片供电，并提供进出芯片的信号（包括时钟）通信，这些都是由芯片和封装框架之间的键合提供的。早期的键合技术包括引线键合（在低成本的解决方案中仍然很流行），通过细金线键合到金属垫上。这种键合的问题是它不能容纳大量的 I/O，我们称之为焊盘限制。这样，芯片的大小就由焊盘框架决定，而不是由芯片内部逻辑决定。当然，传递许多信号和电源的能力是有限的，因为它们只来自芯片的外围。自 20 世纪 90 年代末以来，倒装芯片连接被采用，也被称为可控塌陷芯片连接（C4 倒装芯片）。通过这种方式，芯片几乎与封装直接接触[5]，消除了与键合线有关的电感。这种方式提供了更好的电力输送和更多的 I/O 分布，所以被用于大型机和 HPC 设备。在第 8 章，我们将看到更多的现代芯片和封装设计。

7.3 性能：早期 IC 设计中的竞争

芯片性能是所有设计考虑中的一个黄金指标。如果生产的芯片低于目标性能，在市场上会被标以较低的价格。正因如此，性能已经成为集成电路发展史上的一场竞赛，也可以将其视为另一个版本的摩尔定律。由于性能是最重要的指标之一，人们希望在整个设计阶段，性能/时序能够保持一致。然而，情况却并非总是如此，我们把这个问题称为“时序收敛”（timing closure），它是设计封闭问题集的一部分。由于这个原因，产品不能如期进入市场。由于逻辑门的时序行为在不同的PVT（工艺、电压和温度）条件下会有所不同，因此时序收敛往往是设计芯片中最困难的任务[6]。此外，收敛问题还来自于晶体管和导线的速度的延迟变化。这是因为逻辑门的速度受到门周围的驱动和负载环境的影响。在1990年以前，芯片非常小，逻辑门的延迟主导了整体性能，性能评估相对容易。当芯片越来越大时，器件/门的负载变得非常大，不能再忽视已经存在的互连延迟。我们使用一个普遍遵循的延迟模型来描述这种情况。

一般来说，大多数电路可以被表示为一棵RC树。树的根部是电压源，而叶子是分支末端的电容/器件/晶体管。埃尔莫尔延迟模型（Elmore delay model）通过取RC积的总和来估计从源头到叶子/下游的延迟，其中每个电阻R都乘以所有下游电容的总和，公式$t=\sum RC$简单地显示了这种关系。在这里，可以看到，如果下游电容包括非常长的互连（在DSM和纳米设计中的典型现象），负载变得非常明显且不可忽略，导致较大的RC延迟。总之，性能的评估和实现变得非常重要。

为了解如何评估性能，总结主要的性能/时序分析如下[3,6]。时钟约束帮助我们构建以一定速度运行的同步电子系统。时钟是一种在高状态和低状态之间振荡的电信号，通常是具有预定周期（频率）的方波。使用时钟信号来协调芯片上所有电路元件的行动，波的上升沿或下降沿将触发元件进行同步。如果没有时钟原理，就不可能构造出如今复杂且超快的SoC芯片。

如何使用时钟信号来协调各组件的动作？我们知道，在一个系统中有两种机器：组合逻辑网络和序列机。组合逻辑包括简单的数据路径计算，如加法器、比较器和计数器。它们不需要时钟信号来执行其功能，因为不需要记忆之前的状态。然而，如果输出值不仅取决于目前的输入值，而且还取决于输入的先前状态，需要使用序列模型来实现更强大的功能。一个通用的序列系统的结构就像一台有许多状态的机器，当系统从某个初始状态开始时，它将根据输入或先前的状态进入另一个状态，然后它将停止在某个（某些）终止状态。由于这种系统中只有有限的状态，也称之为有限状态机（FSM）。在这样的系统中，内存元素（触发器、寄存器和锁存器）保存着机器的状态，机器的输入和输出被称为主输入（PI）和主输出（PO）。在PI和PO之间，通常有许多信号路径，一条从PI到PO的路径可能包含几个存储元件。在存储元件之间，通常有一个组合逻辑网络。图7.6为这种设置中的一个简单图示。EDA工具通常应用静态时序分析（STA）算法来确定时钟元素之间组合逻辑的传播时间。在所有组合“段”的所有传播时间中，最大的传播时间将决定时钟周期。这是因为如果使用较小的传播时间作为时钟周期，包含最大传播时间段的其他路径将无法实现同步。我们将这个最大传播时间作为芯片的速度：$f=1/p$，其中f是芯片的频率，p是最大传播时间。当一个SoC中存在许多时钟域时，时钟是很复杂的，需要不同的时钟（时钟网络）以使 SoC 正常工作。总之，我们通过向所有的时序元素传递时钟信号来控制序列机，这些信号将同时到达，以实现当前大规模计算的“同步”系统。

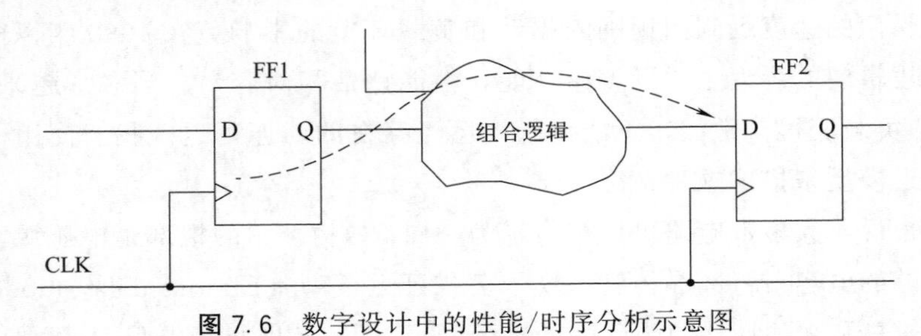

图 7.6　数字设计中的性能/时序分析示意图

7.4　低功耗趋势

理想情况下，当在进行芯片设计时，我们希望芯片能够在不影响或牺牲芯片性能的情况下，使用尽可能低的功耗来运行。如前所述，将功率密度维持在火箭喷嘴的水平是不可接受的。具体来说，现代应用（如人工智能）需要在计算设备的处理器和内存之间进行巨大的数据传输，而且计算密度过高，以至于难以处理。因此，低功耗解决方案是绝对必要的。

为了学习低功耗技术，我们需要知道功耗从何而来。在现代基于 CMOS 的 VLSI 中，有两个主要的功耗源：动态功耗和静态功耗。由一般的功耗公式 $P=IV=CV^2$ 可以看出，前半部分是流动电流的功耗，而后半部分则是电容性负载的功耗。为了简化，我们跳过了开关活动的速率和频率，但实际上它们只是系数。值得一提的是，低功耗实际上意味着低熵增或低废热，这将在第 10 章讨论。

首先，来看看动态功耗，它主要由开关功耗组成。为了估算这种功耗[5]，可以考虑电路的每个节点：节点的电容是节点上栅极、扩散和线路电容的总和。因此，开关功耗取决于所有节点的有效电容（电容乘以活动因子，可通过逻辑仿真来测量）之和。从公式中可以看到，Vdd 是一个二次项，因此最好选择能够支持所需工作频率的最小 Vdd。这就是在现代的物联网和移动设备中看到如此低的供电电压的原因。另一个功耗来源是短路电流。在 CMOS 技术中，当上拉和下拉网络部分导通而输入开关时，会产生短路功耗。除非输入边沿速率远慢于输出边沿速率，否则短路电流是负载电流的一小部分，在计算中可以忽略不计。接下来，让我们更深入地了解静态功耗的来源，它让我们倍感头疼。即使芯片不进行开关，静态功耗也存在[5]。在纳米工艺中，阈值电压（简而言之，用于控制功耗和性能）较低，栅氧化物较薄，漏电可占总的有源/开关功耗的三分之一。在 90nm 节点之前（纳米工艺之前)，只有当电路处于睡眠模式时，漏电才值得关注，因为与动态功耗相比，它微不足道。漏电的来源包括亚阈值漏电、栅漏电和晶体管（或更确切地说，场效应晶体管，FET）的结漏电。当晶体管应该处于关断状态时，亚阈值漏电流就会流动。提高源电压或施加负体电压（以改变阈值电压）可以减少漏电。当载流子在栅极接通时，通过薄的栅极电介质而发生栅漏电，也称为隧穿漏电，它也取决于栅极上的电压。当源极或漏极扩散区处于与基板不同的电位时，就会发生结漏电；与其他漏电相比，它往往是轻微的。由于纳米工艺中存在严重的漏电问题，人们发明了新型的 FET 结构；在所有的结构中，业界选择了鳍状结构的 FET 来抑制漏电，被称为 FinFET，由加州大学伯克利分校的胡正明教授发明，其理念是使用更多的栅极覆盖来“关闭”漏电流，已被应用到英特尔、三星和台积电等主要代工厂的亚 10nm 工艺中。

7.5 性能和功耗的权衡

在上一节中，已经讨论了低功耗解决方案的重要性；然而，更好的性能和更高的速度需要更大的功耗[6]。因此，得出了集成电路设计中的一个常识/规律：总是在芯片性能和功耗之间进行权衡。首先，采用文献［5］中的观点来考虑权衡和优化的三种情况：能量最小化、能量延迟积（EDP）最小化和延迟约束下的能量最小化。其次，讨论了实现性能和功耗权衡的一种常见方法：单元库综合。

功耗延迟积（power-delay product，PDP）简单地说就是能量[5]：一个操作的功率与该操作完成的时间的乘积就是消耗的能量。PDP 也可以被认作是门的每个开关事件所消耗的能量。最小能量点是指如果延迟不重要的话，一个操作所能消耗的最小能量，通常发生在 Vdd<Vt 的亚阈值操作中，其中 Vt 是决定晶体管操作模式的阈值电压。将在下一段讨论如何控制 Vt，以便在漏电功耗和高性能之间进行权衡。与 PDP 类似，EDP 是一个平衡能量和延迟重要性的常用指标。图 7.7 为 EDP 的示意图。如果忽略了漏电，可以求出使 EDP 最小化的供电电压。然而，当考虑到漏电时，最佳供电电压会略高。另一方面，设计者一般也面临着在延迟约束下拥有最小能量的问题。对于一个给定的供电电压和阈值电压，设计者可以做出影响延迟和能量的逻辑和尺寸决策。如图 7.7 所示，这种曲线

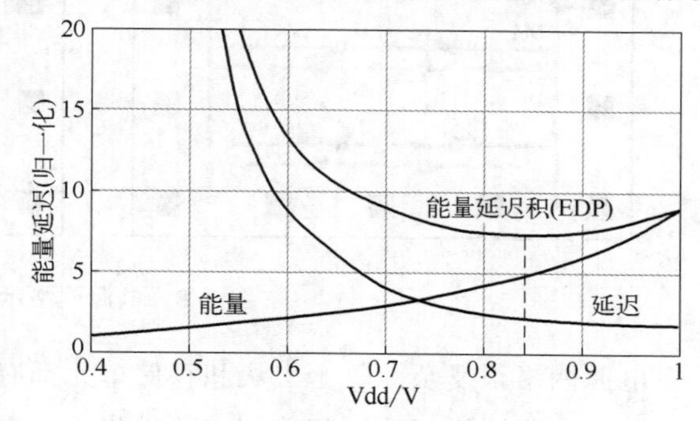

图 7.7　用于权衡的能量延迟积（EDP）示意图

可以用逻辑综合工具或晶体管尺寸工具来确定，并以各种延迟为约束。这可以通过标准单元库中的实现来完成，并应用于数字设计流程。

在实践中，通常在这种权衡中应用的一种方案是考虑多目标标准单元库。当实现一个数字 IC 设计时，除了采用 EDA 工具来综合电路和布局外，还需要为最终的芯片综合准备“技术文件”和单元库。技术文件是指目标技术节点的设计和工艺参数。至于单元库，对于单个技术节点，有多个库可以实现。以台积电 28nm 节点为例，有六个逻辑库：28HPC/HPC＋/LP/HP/HPL/HPM。分别用于不同的目的，例如：28HPC/HPC＋专注于 HPC，这意味着供电电压更高；28LP 用于低功耗设计；28HPM 工艺有多个栅长，适用范围更广。换句话说，对于产品的不同目标（高性能或低功耗），可以使用这种方法来处理权衡问题。

7.6 电源传输网络和时钟分配网络

接下来将讨论实现供电和时钟的实施细节：如何供电以及如何实现芯片的目标速度？这对于确定芯片的功耗和应该为芯片应用的封装等级至关重要。为了让晶体管执行其指定的任务，必须在晶体管的 Vdd 端提供一定水平的电压[6]。因此，电源网络是一种物理金属结构，其功能是向芯片上的所有晶体管/元件提供所需的电源（或电流）。图 7.8 显示了芯片上电源网络的示例图，通常它分布在较高的金属布线层上，因为其导线尺寸比正常的信号网要宽。

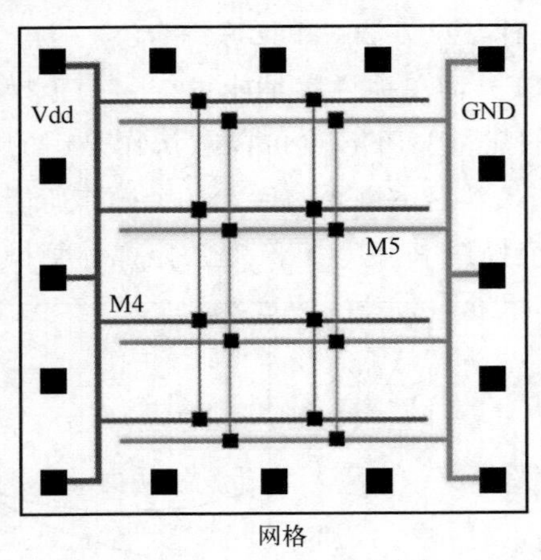

网格

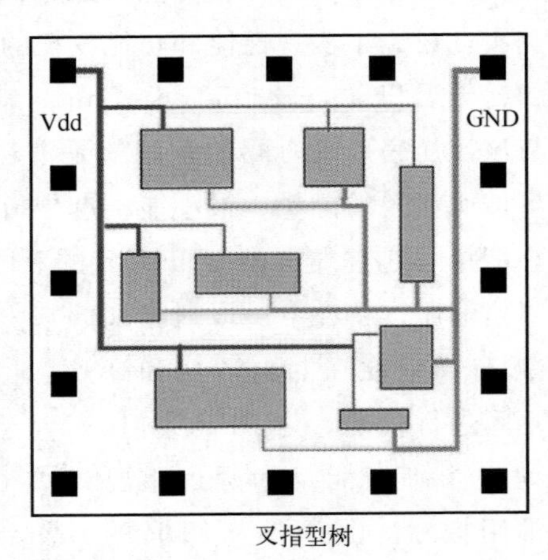

叉指型树

图 7.8 电源网络示例图

电源网络很复杂。每个宏块和存储单元都有自己的电源网络，这些网络必须与主芯片的电源网络相连。随着技术的进步，今天的电源网络综合设计面临着一些挑战[7]。一般来说，传统的电源网络包括一套 P/G（电源/地线）网络和围绕芯片的电源环。然而，为了实现更具成本效益的制造和更好的性能，通常在一个芯片中集成多个宏块，以降低制造成本，并由于减少互连延迟而提高性能。一个芯片中更多的宏块意味着单位面积上更多的功耗。为了优化对功率要求高的设计的功耗，提出了多供电电压（MSV）的概念（见下一节）。由于不是每个宏块都在相同的驱动电压下工作，每个宏块都有自己独特的电源网络和驱动电压来有效控制功耗。因此，构建一个可靠的电源网络是物理设计阶段最烦琐和耗费人力的工作[6]。电源网络的主要问题是电压下降和电迁移问题，详见7.9节和7.10节。

就像描述电源网络一样，时钟网络是一种物理结构，其功能是将时钟信号传递给芯片上的所有时序元素。在芯片规划的早期阶段，通常用“时钟树综合”（clock tree synthesis，CTS）来命名。时钟生成有两个阶段：第一个阶段是来自焊盘的时钟生成，第二个阶段是片上时钟网络生成。许多芯片需要的时钟信号的频率高得多，无法从焊盘上驱动到芯片上；因此，高频时钟必须以低频输入在芯片上生成。锁相环（phase-locked loop，PLL）被用来产生片上时钟信号[3]，它将输入时钟与内部时钟进行比较，使内部时钟处于适当的相位关系。设置好PLL后，应该综合时钟树/网络。时钟网络的任务是传递信号，使它们同时到达所有的时序元素，以便使系统“同步”。如果信号不能同时到达，就会发生时钟偏差，导致性能或功能下降。图7.9显示了时钟网络的通常结构。

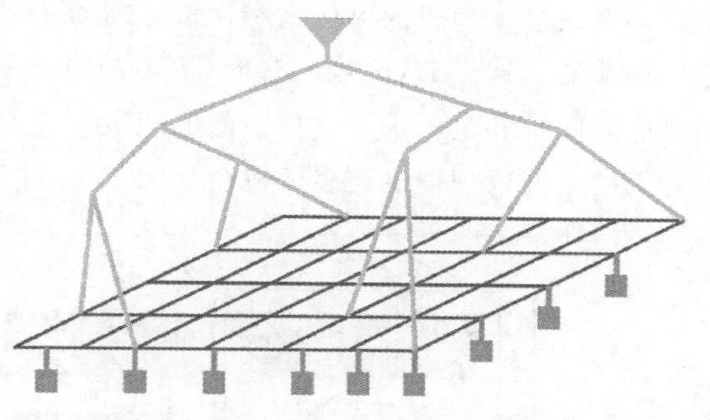

图7.9 时钟网络的时钟网格/树混合架构

值得一提的是，对于同步设计来说，时钟网络消耗功率最高，并直接影响到电路速度。随着技术向下扩展，制造过程和工作环境会产生变化。这些变化要求在设计过程中增加更多的保护带（guard band）。为了实现更低的功耗，现代设计中广泛采用了电压调整技术，这就引入了很大的电压变化。减少时钟偏差不确定性的一种方法是通过使用多驱动路径的时钟网络，如网格、交叉链接和多级树，来改善时钟路径之间的延迟相关性。然而，文献［8］采用了另一种方式，即通过减少路径延迟可变性来减少偏差不确定性。

7.7 低功耗设计架构

在了解了集成电路设计中的性能和功耗方面的基础知识之后，需要进一步了解现在如何设计更低功耗的芯片。在本节中，将介绍三种重要的技术和架构，更多的细节可以在文献［9］中找到。第一种是动态电压频率调整（DVFS），它是基于一个简单的逻辑：如果某个部件不需要在高电压下工作，那么就降低电压；如果某个部件需要保持活跃，以便在数据到来时作出响应，但当前并未进行任何处理，就尽可能降低频率[10]。

DVFS最早是为了控制微处理器的功耗而开发的[3]。它是一种动态技术：在操作/运行时，时钟频率和功耗都会变化。DVFS依赖于这样一个事实：处理器并不总是需要全速运行以完成所有的任务。如果处理器的工作负载不需要所有可用的性能，可以将处理器放慢到满足需求的最低可用性能水平。换句话说，DVFS方案特别适合于变化的工作负载[10]。在DVFS的架构中，有一个电源控制器，通过时钟频率和电源变化的组合来控制处理器的功耗。它需要一个适当的算法，从负载估计中确定适当的频率和电源供应设置；需要一个接口来告诉控制器所需的性能，并在系统级负载估计和对时钟发生器和电源的命令之间进行通信。另一个影响DVFS电源管理效率的部件是电压调节器[11]。电压调节器将来自噪声电源的输入电压转换为一个或多个理想的电压水平，供处理器使用。最近的行业趋势是在芯片上集成电压调节器，这样DVFS在空间（更多的电压域，将在下一段讨论）、时间（更快的响应时间）和电压水平（更小的电压步长）方面的粒度都可以得到改善，从而为更有效的电源管理提供更多的机会。图7.10显示了DVFS架构中的系统关系。

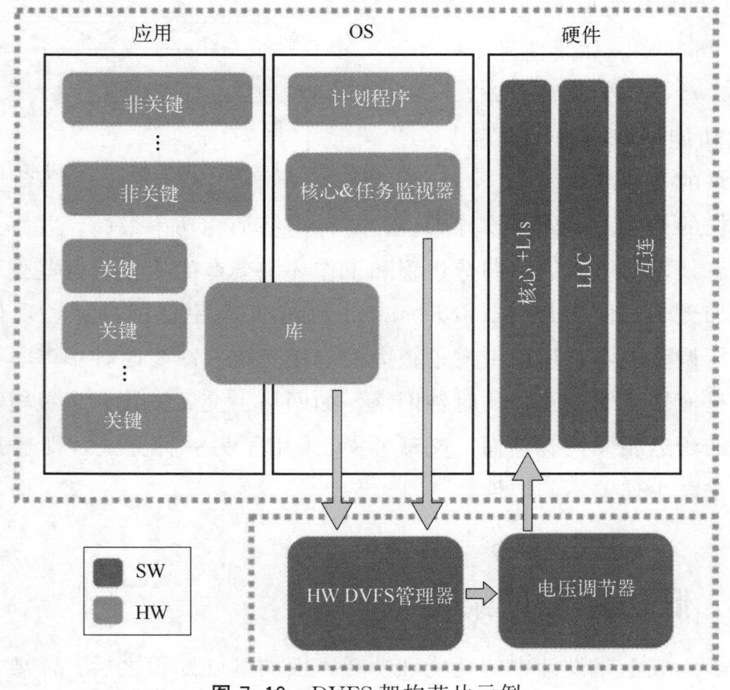

图7.10 DVFS架构芯片示例

低功耗的第二种架构是MSV，也叫电压岛（VI）。如前所述，动态功率与 Vdd^2 成正比，在选定的块上降低Vdd有助于大大降低功率。考虑图7.11[9]中的

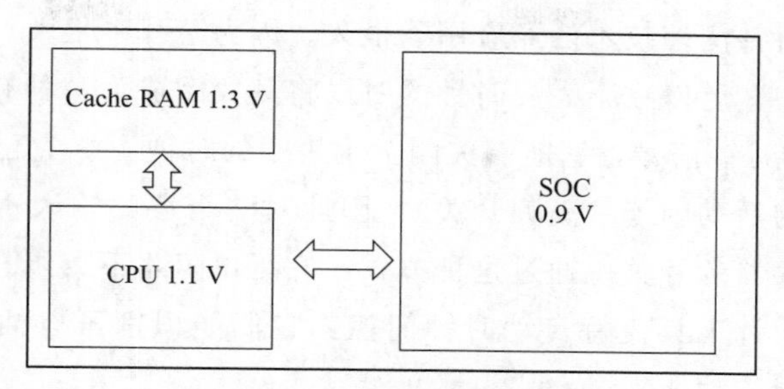

图 7.11 MSV 设计示意图

一个例子，在一个简化设计中，有三个不同的电压。缓存随机存取存储器（Cache RAM）在关键时序路径上运行，因此工作在最高电压下。CPU 在一个相当高的电压下运行，因为它代表着系统的性能。芯片的其他部分可以在不损害整体系统性能的情况下，以较低的电压运行。在图 7.12 中，描述了实施中的一些细节[12]：信号在不同电压之间传输所需的电平转换器。在低 Vdd 设备驱动高 Vdd 设备时，必须使用一些电平转换器来保持信号的完整性。如果使用基于树的算法来执行缓冲器插入和电平转换器分配，会有两个问题。首先，生成的路由树可能没有可行的转换器位置。因此，信号完整性将无法得到保持。其次，如果把电平转换器看作是一个标准单元，并在放置阶段放置它，信号的完整性就可以保持，尽管电平转换器的位置会影响到总线长、延迟和功率。这些细节问题应该在实施中加以考虑。

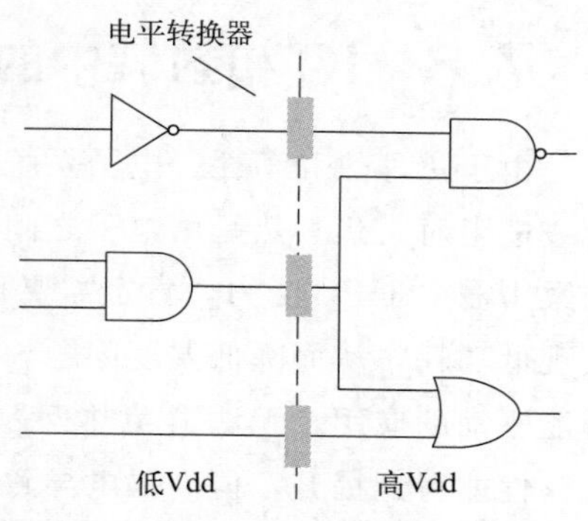

图 7.12 在 MSV 设计中，信号在不同电压之间传输需要电平转换器

第三种架构是基于“门控”的概念：对逻辑元件和块的功耗进行“门控”。它也是基于另一个简单的逻辑：如果某个部件不需要了，就把它关掉[10]。它在应用上有两个分支：功率门控和时钟门控。功率门控的目的是解决属于静态功耗的泄漏功耗问题。为了降低芯片的整体漏电功耗，非常需要增加机制来关闭不使用的块。这是通过插入睡眠晶体管来关闭闲置的块而实现的[13]。由于睡眠晶体管相当大，并且需要在电源分配的早期规划中考虑区域阵列设计风格，在早期 SoC 物理设计阶段考虑功率门控技术是非常必要的。此外，在文献［13］中，通过在存在电源噪声的情况下插入睡眠晶体管，开发了一个低功耗的底层规划框架。此外，功率门控区域的每个接口都需要被管理[9]。功率门控区的输出是首要关注的问题，因为它们会引起其他区块的电气或功能问题。控制输出的通常方法是使用隔离单元将输出钳制在一个特定的合法值。

另一方面，时钟门控技术已经应用了很久。因为芯片中很大一部分动态功耗是在时钟分配网络中，所以在不需要时钟的时候将其关闭成为一种有效的方法。时钟门控 AND 是一种时钟信号，它能够关闭空闲块中的时钟[5]。它已经非常有效，因为时钟有如此高的活动因子（高频开关），因此对一个块的输入寄存器进行时钟门控，可以防止寄存器的开关。通过这种方式，它可以阻止下游组合逻辑中的所有活动。现在，现代设计工具支持自动时钟门控：它们能识别可以插入时钟门控的电路，而不改变逻辑的功能。

7.8 IC 和封装中的热问题

由于焦耳热和功耗，电子系统中通常会产生大量的热能[14]。当电流流经晶体管或电阻时，焦耳热是由电子之间的摩擦产生的。通常情况下，如果在应用/解决方案中需要 HPC 能力，肯定需要直接从高功耗考虑热问题。可以使用上述技术来实现低功耗，从而降低温度问题。然而，在许多 HPC 需求中，如数据中心和人工智能驱动的应用，无法避免热问题，这主要来自于高供电电压。当供电电压较高时，性能得到提升，但高漏电导致大量的功耗和升温。因此，应该定义和设计允许的环境温度，以确保组件和系统的功能和可靠性。

在先进节点技术中，由于温度问题导致的芯片性能下降变得更加关键[15]。更小的晶体管的好处是以更高的单位面积功率密度为代价。更高的功率密度意味着更多的热量耗散，而这种大量的热量会迅速增加芯片上的温度。研究表明，由于温度的变化，芯片的性能和可靠性会显著恶化。有证据表明，温度变化 10℃可以导致互连延迟增加 5%，串扰引起的噪声增加 25%，元件寿命减少 50%。因此，降低片上最大温度和消除热点，对芯片的可靠性和性能至关重要。互连尺寸的缩小也有一个不利的影响，即由于互连电阻的增加而导致更高的功耗和散热。从这个角度来看，在考虑芯片性能和可靠性时，必须解决芯片温度及其变化的影响。图 7.13 展示了为降低芯片上的温度的热感知布局[15]。

在封装层面，需要考虑如何非常迅速地给集成电路散热，以避免损坏系统。热传递[1,14] 是指由于温度差而产生的热能运输。有三种传热模式：传导传热（热传导），对流传热（热对流），以及辐射传热（热辐射）。在固体中只发生热传导，而在液体和气体中则发生热传导与对流耦合。在低成本应用中，如个人电脑或工作站，芯片的功耗相对较低，芯片封装简单。在高端系统中，芯片耗散更多的热量，因此，封装更加复杂。文献 [1] 中的另一个例子是，芯片通过可控制的焊球或压力接触凸块翻转安装在基板上。那么，从芯片到基板的主要热路径是通过焊球和接触凸块。如果需要大量功耗，就必须建立一个来自芯片背面的热路径，相应的封装方案应考虑这些指导原则。此外，还有一些方法可以增加热传导[14]：散热器、热界面材料、风扇和热管。封装也应进行相应的设计。

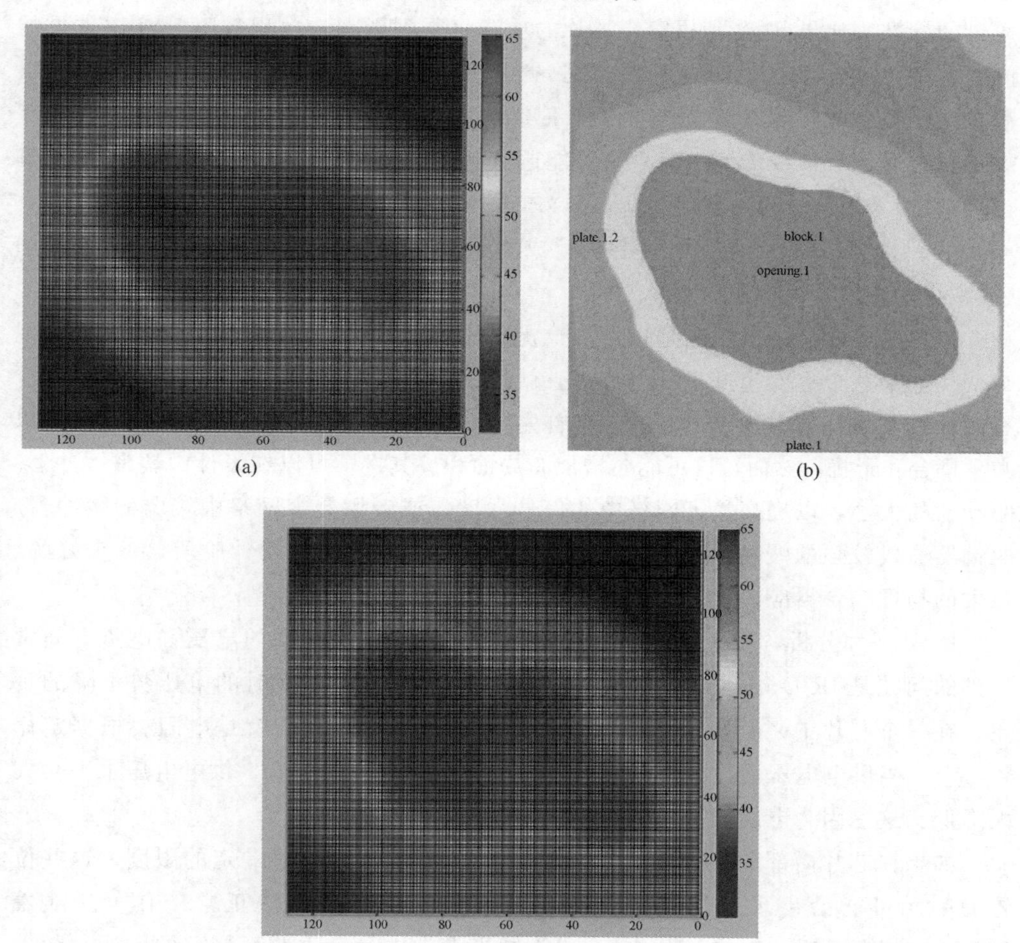

图7.13 (a) 在热感知布局之前，使用文献[15]中的热模型的温度分布测试案例。(b) 在热感知布局之前，使用Icepak（一种商业热模拟工具）模拟的温度分布。(c) 在热感知布局之后，测试案例的温度分布。与(a)相比，在进行热感知布局后的(c)中，峰值温度降低且温度分布更均匀

7.9 信号完整性和电源完整性（SI/PI）

在本节中，将讨论在设计芯片和封装，甚至是电路板时的两个问题。它们是设计完整性问题的一部分：信号完整性（SI）和电源完整性（PI）。它们将影响设计的质量，并与供电电压的确定和传递有关。如前所述，为了实现更低的功耗（动态

和静态)，供电电压必须降级。其副作用是双重的。一是造成更多的泄漏，然后出现热问题。二是缩小电源噪声余量，造成信号完整性问题。SI 是一套衡量电信号质量的标准。如果 SI 受到损害，芯片的功能将受到影响或出现故障。SI 中常见的问题是串扰（crosstalk），这种现象是一个电路或传输系统的一个通道上传输的信号，在另一个电路或通道上产生了不希望的效果[6]。串扰发生在两根金属线相互靠近时，通过每根线传输的信号有可能通过它们之间的耦合电容相互干扰（6.2 节也提到过）。因此，侵害网络（aggressor net；激活干扰的网络）对受害网络（victim net；接收干扰的网络）的影响，成为受害网络的信号传播时间的延迟增加(或减少)，也叫串扰延迟。

串扰造成的另一个影响是噪声。干扰源的信号切换可能会导致被干扰对象出现突变。如果这个突变超过了噪声范围，就可能导致逻辑错误，从而导致功能失效。有两种方法来补救串扰延迟和噪声。首先，可以增加两个相邻导线之间的空间，以减少耦合和干扰。然而，这可能会增加布局面积。其次，可以在设计中调整缓冲器/驱动器的大小，以提高受害网络中的信号强度，或者用侵害网络中较弱的缓冲器/驱动器取代较强的缓冲器/驱动器。这些解决方案位于物理设计阶段，一个好的、强大的物理综合器应该可以做到这一点。

PI 是一种分析，用于检查从源头到目的地是否满足预期的电压和电流。通常遇到的问题是 IR-Drop（电压降）：它描述了当电流流经电阻时的电压势下降的现象。在一个芯片中，所有的互连都是铝或铜的金属段，它们就是电阻。根据定律 $V=IR$，当供电电压通过电源网络输送时，有可能在段的末端，供电电压水平会大大降低。这是因为电阻网络中的电压输送损失。

如果在芯片内部的某些位置（通常在中心)，电压降超过一定的限度，这些位置的单元可能会出现速度损失，甚至更糟糕的情况是无法正常工作[6]。随着 CMOS 工艺缩小到 20nm，IR-Drop 成为纳米设计中一个重要而严重的问题。随着技术的进步，为了满足多种限制，出现了许多挑战。例如，漏电流会增加集成电路的功耗并破坏其内部功能。此外，为了提高电路中的信号传输速度，需要降低每个晶体管的驱动电压，如前所述。然而，由于 IR-Drop 的存在，每个晶体管的驱动电压可能是不够的。因此，在考虑 IR-Drop 的同时，优化电源传输网络是非常重要的，也是不可忽视的[16]。在构建电源传输网络时，有几个问题需要解决。首先，电源传输网络的优化与芯片上的标准单元、SRAM 和其他功能 IP（知识产权）的电源分配有很大的联系；因此，与需要较低功率的实例相比，这些实例必须与最近的电源条线（power stripe，电源网络的骨干）保持较短的距离（这意味着网络的电阻)。其次，电源焊盘的位置和潜在的功率损失在电源传输网络的优化中是至关重要的，这样 IR-Drop 分析的准确性就不会被遗漏。

7.10 稳定性：可靠性和可变性

当进入摩尔定律的深处时，许多意想不到的影响出现了，而且越来越严重。通常情况下，这些问题应该在制造端，或者在无晶圆厂设计公司的代工厂中得到处理，但在 0.25μm 的节点之后就失去了控制。我们把这些意外的或不受控制的问题称为“深亚微米”（DSM）效应。这个名称被拓展到“纳米”效应。这些问题导致了 VLSI/SoC 性能和良率的下降，所以不能再忽视它们，而要在 IC 规划的设计阶段就考虑进去。我们将这些考虑和解决这些问题的技术归为“可制造性设计”（design for manufacturability，DFM）的范畴。“manufacturability”这个词来自于“manufacture”（制造）和“ability”（能力），意思是对 VLSI 设计的良率和性能的影响。如前所述，DFM 包括 VLSI 设计中的稳健性考虑：可靠性设计（DFR）和可变性设计（DFV）。

我们将 DFR 的关注点分为两个方面。在器件方面，有以下的耗损（仅列举常见的）：氧化物耗损、过压失效和闩锁。它们通常被称为硬错误，这是与另一种可靠性问题即软错误相比。当栅氧化层受到应力时，它们会逐渐耗损，导致阈值电压偏移和栅漏电流增加[5]。最终，当晶体管变得太慢时，电路就会失效。在此，列出了氧化物耗损的主要机制：热载流子、负偏压温度不稳定性（NBTI）和时间依赖性介电层击穿（TDDB）。热载流子是获得足够能量从硅基板跳入栅氧化层的载流子。随着这些载流子的积累，它们在氧化层中产生空间电荷，影响晶体管的阈值电压和其他参数。NBTI 特别适用于 pMOS 器件（而 PBTI 适用于 nMOS）。它是施加在 pMOS 栅极相对于体部的负偏压的结果，指的是阈值电压、驱动电流和跨导的变化。当跨越栅氧化层的电场诱发损害氧化物的应力时，就会发生 TDDB，栅电流逐渐增加。至于过压失效，可能是由过度的电源瞬态或进入 I/O 焊盘的静电放电（ESD）引发的。栅节点的过电压加速了氧化物耗损。关于器件可靠性的最后一个现象是闩锁。在 CMOS 工艺中，如果 Vdd 和 Vss 之间形成低阻路径，就会发生灾难性的熔断。当寄生双极晶体管（不是真正的双极）由基板形成，并且扩散变成导通状态时，就会发生这种情况。总之，通过先进的栅极工艺和适当的布局程序，这些问题可以避免或减轻。

在导线可靠性方面，主要有电迁移（EM）和应力迁移问题[3]。高电流密度会导致电子风，使金属原子随时间迁移，称之为 EM。这会导致导线的耗损，形成两种效应：阴极的原子耗尽（空洞）和阳极的原子沉积（小丘/晶须），它们最终会使芯片失效。EM 主要取决于电流密度 J，它在 Black 方程中有所体现，该方程表示了平均无故障时间（MTTF）：$\mathrm{MTTF} \propto J^{-n} \mathrm{e}^{\frac{Q}{kT}}$，其中 Q 是活化能，n 是常数 2，见第10章。从这个关系中，可以看出EM也与温度T有关。应力迁移是另一个导线可靠性问题，由机械应力引起，即使没有电流流过导线也会发生。应力是由导线和材料的不同热膨胀系数引起的。在中等温度（150～200℃）下随着时间相关的蠕变，或在非常高的温度下发生短时应力，就会导致失效。EM可以通过精心的物理设计来解决，因为它主要取决于电流密度，而应力迁移需要适当的互连工程设计。

对于DFV中的问题，可以把它们表达为纳米技术的可靠性问题[3]。当进入90nm节点以下的技术时，许多重要参数变化得非常大。因此，不能再把可靠性当作一个确定性问题。此外，例如供电电压和工作温度等设计参数，会引入可能导致失效的额外因素。用时序分析作为一个例子[2]。在最坏情况下的时序分析中，假定最坏情况下的路径延迟，等于构成它的所有单个逻辑门的最坏情况下的延迟之和。然而，这会产生悲观的结果、错误的关键路径，并导致现代框架中的过度设计。过度设计通常意味着保守的方法，但也意味着设计工作的浪费。原因是上述门和线延迟的确定值可能适合于芯片间参数的变化，但没有考虑到芯片内的变化。随着所有相互影响的参数和噪声源的失效，延迟变得不可预测。因此需要统计静态时序分析（SSTA），以应对局部变化。SSTA的目标是找到内部节点和PO的信号到达时间的概率密度函数（PDF）。通过这些努力，研究人员希望在纳米设计时代最小化过度设计问题，并重新控制设计成本。

问题

7.1 本章已经列出了现代IC设计中性能和功耗权衡的一种解决方案，你能找到其他流行的解决方案吗？

7.2 请找出当前低功耗芯片和高性能芯片封装解决方案的示例。哪些因素会影响决策？

7.3 由于功耗和I/O的需求，我们所设计的IC将影响封装解决方案。请分析它们之间的关系并列出指导原则。

7.4 封装决策如何影响IC的电源传输？展示你的研究。

参考文献

1 H. B. Bakoglu, *Circuits, Interconnections, and Packaging for VLSI*, Addison-Wesley, 1990.

2 H. Veendrick, "*Nanometer CMOS ICS*," Springer, 2008.

3 W. Wolf, *Modern VLSI Design*, 4, Prentice Hall, 2009.

4 S. M. Sze, "*VLSI Technology*," McGraw Hill, 1988.

5 Weste and Harris, *Integrated Circuit Design*, 4, Pearson, 2011.

6 L. Xiu, *VLSI Circuit Design Methodology Demystified*: *A Conceptual Taxonomy*, IEEE Press, 2008.

7 C.-J. Lee, S.-Y. Liu, C.-C. Huang, et al. (2012). Hierarchical power network synthesis for multiple power domain designs. ISQED-12.

8 C.-K. Wang, Y.-C. Chang, H.-M. Chen and C.-Y. Chin, "Clock tree synthesis considering slew effect on supply voltage variation," *ACM Transactions on Design Automation of Electronic Systems*, 20(1) Article 3, 2014.

9 M. Keating, D. Flynn, R. Aitken, A. Gibbons and K. Shi, *Low Power Methodology Manual*, Springer, 2007.

10 B. Bailey, (2020). Is DVFS worth the effort? Semiconductor Engineering. weblog, September 2020.

11 Y. Bai, V. W. Lee, and E. Ipek, (2017). Voltage regulator efficiency aware power management. ACM ASPLOS, 825-838.

12 B. Tseng, and H.-M. Chen, (2008). Blockage and voltage-island-aware dual-Vdd buffered tree construction. ACM ISPD, 23-30.

13 C.-Y. Yeh, H.-M. Chen, L.-D. Huang, et al. (2007). Using power gating techniques in area-array SoC floorplan design. IEEE SOCC, 233-236.

14 J. Lienig and H. Bruemmer, *Fundamentals of Electronic Systems Design*, Springer, 2017.

15 S. Aroonsantidecha, S. Liu, C.-Y. Chin and H.-M. Chen, "*A Fast Thermal Aware Placement with Accurate Thermal Analysis Based on Green Function* IEEE ASP-DAC, pp. 425-430, 2012.

16 C.-C. Huang, C.-T. Lin, W.-S. Liao, et al. (2014). Improving power delivery network design by practical methodologies. IEEE ICCD-14.

第8章 2.5D/3D系统级封装集成

8.1 引言

计算硬件经历了从真空管到分立器件，然后到集成电路（IC）的过程。随着摩尔定律的发展，芯片变得越来越大，因此芯片的容量和性能也随之增加；这是由应用需求驱动的。在不久的将来，这些应用需求将推动着芯片和存储器向垂直堆叠的方向发展。6.6节已经提到了现代芯片和封装的垂直趋势：3D IC封装、3D IC集成和3D硅集成。考虑到现代技术中实际的3D解决方案，本章将重点讨论3D IC集成的类别。

与3D硅集成不同，3D IC集成在垂直方向上使用硅通孔（TSV）、薄芯片/转接板和微凸块来堆叠芯片，以实现高性能、低功耗、宽带宽、小尺寸和期望的低成本[1]。在3D IC集成解决方案中，所谓的2.5D IC利用一块虚设硅（dummy silicon）或虚设玻璃，人们称之为转接板（interposer），通过TSV/TGV（玻璃通孔）进行信号通信和电力输送。这种设计已经成为高性能计算设备的救星，因为与真正的3D制造芯片相比，其成本更低。8.2节～8.4节将讨论2.5D IC设计的概念和格式。

真正的3D IC集成在于真正的3D结构：芯片到芯片的直接通信。通过这种方式，在理想情况下应该能够以更高的通信带宽达到更低的功率。带宽通常被定义为每秒传输的数据量（bit）。其原因如下：逻辑和存储器之间的通信带宽是由用于传输数据的I/O终端数量决定的[2]。随着现代设计中I/O终端数量的增加，通信带宽也随之增加。在两个芯片之间来回发送数据会耗散功率，这与用于芯片间通信的互连寄生成正比。由于长的互连线具有较大的电容，因此浪费了大量的功率，使线路变短会减小消耗的功率。因此，3D IC技术被认为在增加处理器和存储器之间的通信带宽同时降低功耗方面非常有用，这将在8.5节～8.7节中详细介绍。

除了2.5D IC和3D IC解决方案，8.8节还将讨论由代工厂提供的现代解决方案，如InFO和集成芯片系统（SoIC）。这些解决方案是为了满足市场对更高的计算效率、更宽的数据带宽、更高的功能封装密度、更低的通信延迟和更低的每比特数据能耗的需求[3]。此外，还将介绍小芯片（chiplet）设计和封装的新趋势。

8.2　2.5D IC：重布线层和 TSV-转接板

本节到 8.4 节将详细讨论转接板/2.5D IC 设计。图 8.1 展示了一个典型的封装层次结构，转接板是第一级封装，它被插入到芯片堆叠和第二级封装之间[2]。既然已经有了封装，为什么还需要转接板？可以从不同级别的 C4 焊料凸块的数量来理解这一点。芯片堆叠和转接板之间的微凸块数量大约为 10 万个，而转接板和封装（第二层）之间的 C4 焊点数量大约为 1 万个。封装和 PCB 之间的 BGA 球的数量约为 1000 个。当然，这些“互连”的间距也是类似的规模。它们在集成方面提供了不同数量级的改进。

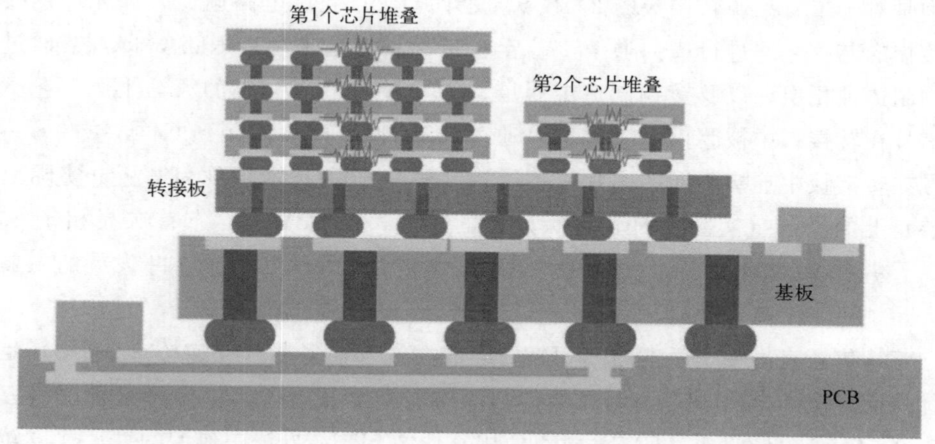

图 8.1　基于转接板的 3D IC 中的封装层次结构。CoWoS 是其中一个代表性实施方案

当使用布线将芯片（堆叠或并排）相互连接时，转接板拥有以下电气功能/优势[2]。

① 与仅有封装的情况相比，短互连减少了耦合，从而提高了通信速度和带宽。

② 因为转接板很薄，它提供了更好的噪声管理，并通过提高安装在转接板上的去耦电容（decoupling capacitors）的有效性来提高电源去耦的能力。

③ 它改善了散热能力（取决于所使用的转接板），提供了有效的热管理解决方案。

④ 它通过最大限度地减少芯片堆和转接板之间的热膨胀系数（CTE）不匹配（当硅被用作转接板材料时），提高了机械可靠性。

回到更具说服力的应用转接板的理由，以下转接板的实施方案可以进一步阐述，在文献［2］中提到。应用转接板的主要原因是它可以通过连接微凸块和C4凸块，通过再分配来充当一个空间变压器。随着通信能力的数量级增加，可以有效地传递信号和供应电源，比仅仅使用二级封装好得多。由于转接板是一种无源结构(其中没有晶体管)，可以利用转接板的通孔以堆叠的形式将芯片相互连接，从而提高晶体管密度。当裸片安装在转接板的两侧，并使用转接板中的通孔（TSV-转接板）相互连接时，就可以做到这一点，见第二个实施方案。这种方法适用于一些低功率的应用。第三个实施方案是由Xilinx公司和台积电实现的，称为CoWoS，其中转接板被用来支持较小的IC之间的布线，接下来将描述。

Xilinx公司在文献［4］中使用的2.5D IC集成由一个无源硅转接板和三个有源芯片组成。硅转接板由四个高密度（约1μm间距）布线层、TSV和微凸块组成。这四层如下：一层用于重新布线；两层用于信号路由；最后一层为接地参考层，它将两个信号路由层分开。重布线层（RDL）是3D IC集成的一个组成部分，特别是对于带有无源转接板的2.5D IC设计。RDL允许电路扇出，并允许连接到转接板的芯片之间进行横向通信[1]。至少有两种方法来制造RDL，即：①通过聚合物制造钝化层，以及镀铜制造金属层；②半导体BEOL铜的大马士革工艺。两种信号在转接板中被路由：一种信号通过TSV将微凸块连接到C4凸块；另一种信号在转接板中连接不同的芯片，不通过TSV。这种技术被称为基板（实际上是封装）上的晶圆（实际上是转接板）上的芯片，即CoWoS。它首次亮相于2011年[4]，并在2017年更新[5]。现在，这项技术被看作是人工智能芯片发展的主要推动力。

英特尔还有另一个版本的2.5D IC集成。嵌入式多芯片互连桥（EMIB）是一种优秀而经济的方法，用于封装异构芯片的高密度互连[6]。业界将这种解决方案称为2.5D IC封装集成。EMIB没有使用其他2.5D IC方法中典型的大尺寸硅转接板，而是使用一个非常小的有多个路由层的桥接芯片。这个桥接芯片被嵌入到基板作为制造工艺的一部分。它在2008年被提出[7]，并在2014年首次亮相。

8.3 2.5D IC：硅、玻璃和有机基板

在前面的章节中已经提到硅转接板，但我们要问的是，硅是转接板的唯一材料吗？由于硅对硅的CTE不匹配最小化这一终极优势，使用硅是通常的选择。CMOS级硅的问题是，其电阻率为10Ω·cm，因此是有损耗的[2]。虽然它可以通过掺杂改善到100Ω·cm以降低耦合，但成本也会增加。玻璃作为一种替代材料是一种可能的解决方案。玻璃是一种绝缘体，而硅是一种半导体，玻璃通孔（TGV）可以用铜来填充而不需要绝缘体衬里。因为玻璃的电阻率在10^{8}～10^{13}Ω·cm，比

硅高得多，因此与硅相比，通孔之间的耦合大大减少。玻璃转接板的问题又回到了CTE不匹配上：机械可靠性是一个大问题。此外，玻璃的导热性比硅低得多；它没有热扩散能力，会产生更多的热点。

玻璃基板还有其他特性。由于材料价格较低，它可以提供更低的成本。另一个优点是对于电源完整性（PI）可能有提升。TSV可能有损耗，在低电阻率（高电导率）的硅基板中可能产生过度耦合。玻璃是一种低损耗的电介质。TGV可以有更优越的电气性能。截至目前，硅转接板仍然具有优势，原因如下[2]。

① 它可以减少电源和接地面之间以及芯片和转接板之间的共振振幅。

② 它通过消除返回路径的不连续性间接影响信号完整性（SI），从而影响目标阻抗（将在8.9节介绍）。

③ 由于功率在最后被转化为废热，硅基板在热解决方案中表现得更好。它对较高频率下的温度上升有良好的反应。

有机转接板[8]，与玻璃转接板一样，是为实现成本效益而正在探索的替代转接板类型之一。有机转接板被证实成本更低，因为它有完善的供应链，并且可以使用湿法刻蚀等传统工艺制造。有机转接板的挑战在于它们的力学性能，这是由于它们的柔性。它们的细间距I/O密度也比硅和玻璃基板低。有机转接板适用于逻辑-内存集成、大型CPU/GPU和某些类型的ASIC。有趣的是，某些高性能的射频（RF）应用已经在使用有机转接板。然而，它们对下一代高性能应用的大规模适用性仍不明确。

8.4 2.5D IC：在硅转接板互连HBM

我们已经提到，垂直方向是由晶体管的密度驱动的，而密集程度则由应用需求驱动。但是3D IC的趋势必须从存储器开始，这是因为其重复性器件的特性[9]。随着垂直存储器的早期使用，AMD在2008年启动了堆叠存储器的解决方案；2013年，高带宽存储器（HBM）被采纳为行业标准。HBM是一种具有低功耗和超宽通信通道的新型存储芯片。它使用通过微观导线（TSV）相互连接的垂直堆叠的存储芯片。通过多年的发展，文献[10]、[11]显示了内存制造商SK海力士和三星的努力。文献[10]中，他们在转接板和堆叠式DRAM之间采用了一个有数千个TSV的逻辑接口芯片。在HBM底层的逻辑接口芯片减少了I/O的电容，修复了芯片与芯片之间的连接故障，并支持更好的可测试性，提高了可靠性。图8.2展示了转接板上的堆叠式DRAM（HBM）的配置。

这一趋势也带来了CoWoS的改革。如前所述[5]，含有HBM2的CoWoS首次被应用于制造高性能晶圆级SiP。采用双掩模拼接工艺制造的面积高达1200mm^2

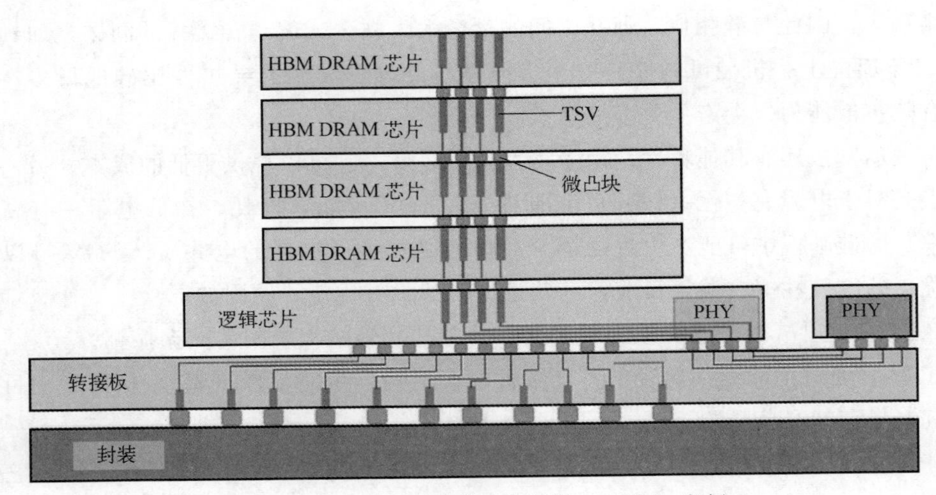

图 8.2 带转接板的高带宽存储器（HBM）实例

的超大型硅转接板，被用来构成第二代 CoWoS（CoWoS-2）的基础，以容纳逻辑和存储芯片并实现最高性能。由于快速发展的人工智能（AI）技术，许多应用已经成功部署，如图像识别、医疗保健和自动驾驶。这些迅速的发展得益于神经网络（NN）加速器的出现，如 GPU 和 TPU，它们具有更高的数据通信吞吐率。所有这些（在文献［11］中提到的）都需要一个具有大容量和高带宽的增强型存储系统：HBM。关于 HBM 的其他细节将在下一节介绍。

8.5 3D IC：高性能计算面临的内存带宽挑战

除了在前几节提到的 2.5D IC 设计，接下来的三节将讨论 3D IC 集成中真正的 3D 设计。我们所说的真正的 3D 设计是指芯片的堆叠，没有无源转接板。如之前所述，移动设备的特点推动了性能和密度发展，最终在移动产品市场上有了“移动 DRAM”。了解移动产品中易失性移动 DRAM 的演变，将有助于了解目前 3D IC 集成的使用路线图。注意，在此不讨论 3D 存储器件，如 3D/垂直 NAND 和 3D ReRAM（电阻式 RAM）[9]，因为它们是独立的存储类内存产品，不涉及 2.5D/3D 集成计算系统。

随着个人电脑（PC）DRAM 的增长，智能手机中的移动 DRAM 消费也在增长[1]。在 2011 年，智能手机的 DRAM 需求已经正式超过了 PC。因此，在低功耗下获得更宽的带宽成为现代和未来移动 DRAM 的最低（和持续）要求。另一个最低要求是在更薄的封装中实现更高的密度。在非易失性存储器（如闪存）方面，也有类似的要求：为轻薄设备提供嵌入式多媒体卡（eMMC）和小型固态硬盘（SSD）形式的更快、更密集的存储解决方案。甚至将移动 DRAM 与 NAND 闪存键合成一个多芯片模块，并将其放入多芯片封装（MCP）中。

回到更宽的带宽，带宽通常被定义为每秒传输的数据量（位数）。因为每个I/O或焊点只能传输一定量的数据，所以为了传输一组大量的数据，需要大量的I/O焊点。DRAM具有4位、8位、16位或32位的数据宽度，可以与CPU/逻辑/SoC通信。例如，DDR3（双倍数据速率，类型3）-1600芯片的速度等级为每个I/O 1600Mb/s。如果这个芯片有32位I/O数据宽度，它的总内存带宽为32×1600=51200Mb/s=51.2Gb/s或6.4GB/s。另一个例子：DDR4-3200芯片的内存带宽（具有64位I/O数据宽度）高达8×3200=25600MB/s=25.6GB/s。在此基础上，Wide I/O标准可以提供512位I/O数据宽度，接下来将解释为什么它会成为标准。

如何为高性能计算（HPC）实现如此高的I/O数据宽度？不利的是，数据宽度受到集成电路封装技术的限制。如果使用具有较大焊盘尺寸和间距的引线键合技术，需要更大的芯片尺寸来适应。而通过TSV技术，可以提供非常小的通孔尺寸和间距（比引线键合技术小得多），从而可能实现更宽的I/O数据宽度，如512位。如果在Wide I/O中使用相同的DDR4-3200芯片进行4-DRAM堆叠，可以实现512×3200=1638400Mb/s=204.8GB/s的内存带宽，这对HPC来说非常有吸引力。请注意，这个DRAM堆叠需要直接与逻辑芯片互连。因此，最近实施了标准化的Wide I/O和相关标准，用于真正的3D IC集成。

目前，市场上有三种与Wide I/O DRAM相关的主要实现方式[12]：三星的Wide I/O系列、美光和英特尔的HMC，以及SK海力士的HBM。

Wide I/O是电子器件工程联合委员会（JEDEC）的一项标准。50多年来，JEDEC一直是为微电子行业开发开放标准和出版物的全球领导者。Wide I/O和Wide I/O 2得到了三星等公司的支持，旨在以尽可能低的功耗为移动SoC提供最大数量的带宽。这个系列被明确地设计为3D接口。然而，2.5D配置也是可能的。

第二个努力是来自英特尔-美光联合标准的混合内存立方体（HMC）。HMC旨在强调大量的带宽，但其功耗和成本高于Wide I/O 2。英特尔和美光声称，通过HMC可能实现高达400GB/s的带宽；但是，它还不是JEDEC标准。它被明确设计为应对多核场景，但同时比同类产品更昂贵。

最后一种是高带宽内存（HBM），由SK海力士、AMD和NVIDIA（英伟达）计划。HBM专为图形设计，但它可以被看作是Wide I/O 2的一个专门应用。AMD和英伟达都将其用于下一代的GPU。HBM是成本和带宽的折中版本：它没有Wide I/O那么便宜，也没有那么省电，但它是为高性能GPU环境设计的。它仍然被认为比HMC更便宜[12]。HBM将DRAM芯片堆叠起来，包括一个可选的带有内存控制器的基础芯片，它们通过TSV和微凸块相互连接（图8.2的上半部分）。

8.6 3D IC：电气 TSV 与热 TSV

TSV 是由在硅中被钻或刻蚀出的垂直孔洞组成的，然后被氧化并填充有导电金属，通常是铜[9]。其明显的优势包括短互连和低功耗。因此，TSV 技术是 3D 硅集成和 3D IC 集成（6.6 节）中最重要的关键使能技术[1]。虽然我们知道在转接板/2.5D IC 技术中也有 TSV，但它们略有不同：在 2.5D 的 TSV 中，制造的难度比 3D IC 的低，因为在前者中，转接板/基板只包含无源元件。因此，本节只关注 3D IC 的部分。事实上，TSV 并不是一个新概念，它是由诺贝尔物理学奖得主 William Shockley 在 1956 年发明的。

制造 TSV 有六个关键步骤[1]：

① 通过深反应离子刻蚀（DRIE）或激光钻孔来形成通孔；

② 通过等离子体增强化学气相沉积（PECVD）沉积电介质层；

③ 通过物理气相沉积（PVD）沉积阻挡层和种子层；

④ 镀铜以填充通孔；

⑤ 对镀层残留物进行化学机械抛光（CMP）；

⑥ 暴露出 TSV。

从 3D IC 集成中 TSV 工艺的制造顺序来看，有先通孔（via-first）、中通孔（via-middle）和后通孔（via-last）工艺。图 8.3 展示了制造工艺阶段中不同的 TSV 制造方案。

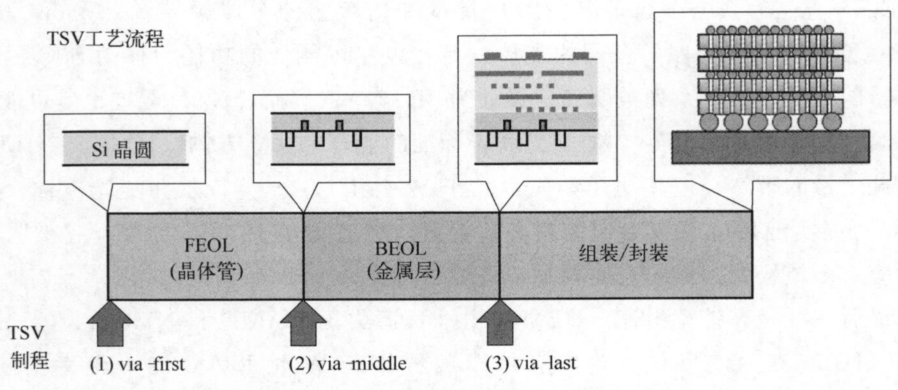

图 8.3 3D IC 集成中的 TSV 制造方案

先通孔工艺意味着通孔在 FEOL（晶体管）之前制造出来，这只能由晶圆厂完成。

中通孔工艺有面对面（F2F）和面对背（F2B）的配置。通孔是在 FEOL 之后，在微小通孔（位于芯片内部）和金属层之前制造的。通常是由晶圆厂完成的。面对面配置是指用晶体管面与另一芯片的晶体管面“连接”。与面对背配置相比，

TSV 的距离更短。实际上，这两种配置具有相同的 FEOL、TSV 和 BEOL 工艺，只是在 BEOL 之后的工艺中有所不同。中通孔工艺通常由晶圆厂完成。

最后，后通孔工艺是在 BEOL 之后制造通孔。后通孔工艺也有面对面和面对背的配置，对于小通孔和精细的 RDL，通常由晶圆厂完成。对于较大的通孔，封装厂（或外包半导体封测厂，OSAT）可以做这项工作。

TSV 在 3D IC 中被广泛使用，同时由于金属通孔的高热导率，TSV 可以提供被动冷却。信号 TSV（STSV）是在芯片之间携带电信号和热量的 TSV，而热 TSV（TTSV）是在 3D IC 上促进热量传递的虚设 TSV[13]。在整个芯片上均匀地应用 TTSV，或者专门在热点附近应用，可以降低峰值温度。之前有一些关于 TTSV 规划的研究，但低估了微凸块互连的热阻，据测量，该热阻比金属通孔的热阻高 10 倍。文献 [13] 在设计阶段早期进行了 TTSV 布局优化，开发了一个基于有效介质理论（EMT）的模型，以捕捉 TSV 的方向依赖性热导率。TTSV 内部的金属可以比硅基板更有效地传导热量，而 TTSV 下面的金属凸块可以帮助热量通过层间热界面材料（TIM）渗透。然而，周围的二氧化硅阻挡了流向它们的热量。这使得 TTSV 的有效性受到质疑[14]。一些现有的 TTSV 模型未能捕捉到这些效应，文献 [14] 中基于有限元模拟的实验结果证实，温度降低确实是由 TTSV 下面的金属凸块而不是 TTSV 本身带来的。

最后，应该注意的是 TSV 的可靠性问题。由于 TSV 和基板材料之间的 CTE 不匹配，在制造过程中会产生巨大的热机械应力。特别是，最高应力发生在 TSV/介质衬垫界面，这可能会在这个界面上引发机械失稳。在文献 [15] 中，重点研究了 TSV/衬垫界面处的界面裂纹，这可能会引起机械和电气失效。裂纹可以在 TSV 的任何位置产生并向任何方向萌生，如果应力足够高，裂纹很有可能在这个 TSV/衬垫界面处产生，并导致通孔失效。

8.7　3D IC：3D 堆叠内存和集成内存控制器

继续 8.5 节的讨论，这里介绍在实现 3D 异构集成方面的工作。由于在一个芯片上使用 TSV 堆叠 3D 处理器内核，并在另一个（多个）芯片上使用缓存和 DRAM，可以提高经典内存层次的性能，在此介绍两种做法：逻辑上的内存。文献 [16] 展示了一个四层堆叠芯片的实现，其中有 45nm 的 DRAM 芯片和 65nm 的逻辑控制器芯片，它们通过后通孔 TSV 工艺相互连接。图 8.4 显示了 DRAM/逻辑芯片堆叠的工艺流程。其中展示了一个较厚的顶部 DRAM 芯片，然后采用倒装 C4 焊点的方法将中间 DRAM 芯片与顶部 DRAM 芯片进行热压键合。由于三个中间的 DRAM 芯片被堆叠在顶部的 DRAM 芯片上，逻辑芯片被键合到最后一个中间 DRAM 芯片上。在这项工作中，堆叠的 DRAM/逻辑性能和系统验证表明了高性能 3D 异构集成的制造能力。

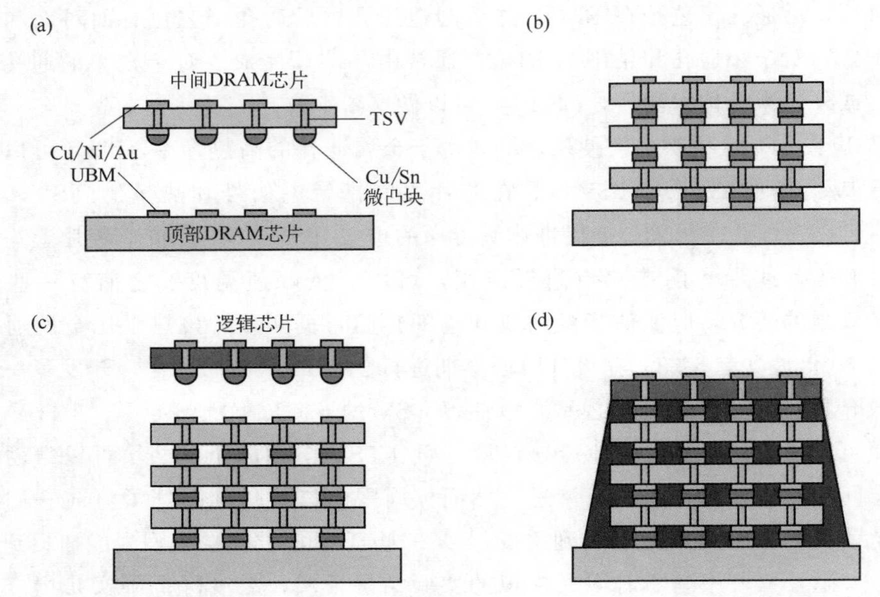

图 8.4 文献［16］中 DRAM/逻辑芯片堆叠模块的工艺流程：(a) 一个薄的中间 DRAM 芯片堆叠在厚的顶部 DRAM 芯片上；(b) 三个中间 DRAM 芯片堆叠在顶部 DRAM 芯片上；(c) 一个薄的逻辑芯片堆叠在 DRAM 芯片上；(d) 对芯片堆叠模块进行底部填充封装

三星的 X-Cube（eXtended-Cube，意为拓展立方体）展示了一种新的技术，允许通过 TSV 在基础逻辑芯片上方堆叠 SRAM 芯片，这种技术于 2020 年首次亮相[17]。与现有的技术如中介转接板和硅桥（EMIB）完全不同，逻辑芯片设计有 TSV 柱，然后连接到只有 30μm 间距的微凸块，允许 SRAM 芯片没有中间媒介而直接连接到主芯片。在逻辑芯片的顶部堆叠更有价值的 SRAM 而不是 DRAM，可能会表现出更高的价值和效率，因为这将使基本逻辑芯片的芯片尺寸更小，更大的 SRAM 缓存结构能够“驻留”在堆叠的芯片上。

8.8 现代芯片/小芯片的创新封装

使用垂直 TSV 堆叠和连接的 3D IC 芯片大约在 2013 年进入市场，最初是由同构存储器的堆叠芯片引领，并在 2014 年随后推出了早期的异构存储器和逻辑芯片系统[9]。然而，在本节中，我们讨论的是现代封装解决方案，这些方案大多是由代工厂根据主要客户对制造成本的定制需求而创造的。

在现代电子市场的需求中，最著名的发展是集成扇出晶圆级系统集成（In-

FO)。是什么推动了这些从各种不同的封装中出现的解决方案？答案是智能移动设备。与台式机或笔记本电脑不同，移动计算设备对功耗很敏感，同时对功能、性能和带宽要求极高。单纯的晶体管缩放和芯片缩放，已经不能满足移动设备对在较小的外形尺下对多功能集成、良好的功率效率、散热和电气性能的苛刻要求[18]。由于高引脚数和高密度集成，InFO 允许芯片 I/O 信号被扇出到比硅片面积更大的区域，以满足高 I/O 数、更小的外形尺寸和更高的电气性能等需求。它与之前的扇出型晶圆级封装（FO-WLP）技术有很大不同。2016 年，文献［18］首次提出了 InFO-PoP（封装上的封装），这是首个 3D FO-WLP，台积电用它来制造苹果的 A10 处理器。图 8.5 是 InFO-PoP 的横截面图。文献［18］中对倒装芯片 PoP（FC-PoP）、用于高内存带宽的倒装芯片 PoP（FC-HMB-PoP）和带有 TSV 的 3D IC 进行了比较，结论是 InFO-PoP 可以在性能、功耗、外形尺寸以及目标应用的成本方面达到满意的效果。在这之后，针对不同的目标出现了许多变化/扩展：InFO-oS（基板上）、InFO-MS（存储器基板）、InFO-AiP（封装天线）和 InFO-SoW（晶圆上系统）。

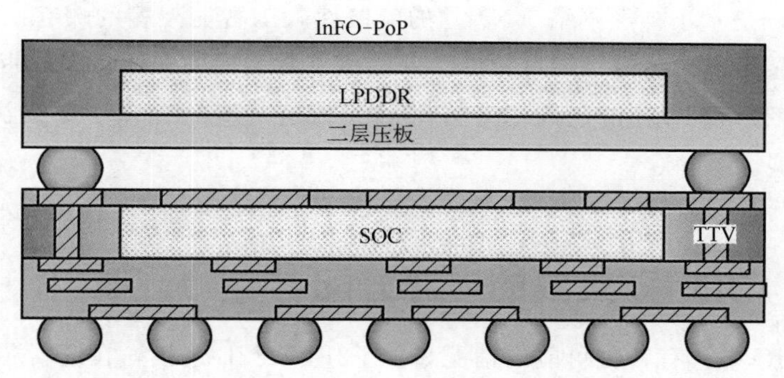

图 8.5　使用 TIV（InFO 通孔）的单芯片 InFO-PoP 截面图[18]

为了进一步改善高性能计算（HPC）、5G/AI 和边缘计算应用的封装方案，领先的代工厂台积电继续提供另一种尝试，以进一步克服热、功率传输和产量方面的挑战：集成芯片系统（SoIC）[3]。它是在 2018 年提出的，可以整体集成到先进的封装技术平台中，如倒装芯片（FC）、集成扇出（InFO）、3D IC 和 2.5D IC 与硅转接板（CoWoS）。根据文献［3］，通过创新的键合方案（无凸块混合键合），SoIC 实现了芯片 I/O 的强键合间距可扩展性，以实现高密度的芯片到芯片互连。

为什么从台积电的角度来看 SoIC 是必要的？实际上，英特尔有一个类似的解决方案，名为 Foveros。有一系列丰富的封装技术可以使事情变得更加有趣，因为它们可以混合搭配，英特尔因此推出了“co-EMIB”，是 EMIB 和 Foveros 的结合。Foveros 于 2019 年首次推出，在先进的 3D 面对面（F2F）芯片堆叠封装工艺技术中发挥了作用。Foveros 的主要特点是通过极细间距的微凸块实现 F2F 芯片到芯片的键合。回到必要性问题上，SoIC 和 Foveros 出现的原因是小芯片（chiplet）设计。小芯片通常是指独立的组件，它由多个较小的裸片组成一个大的芯片，而这些裸片不一定是同一节点工艺制造的。与更复杂的 SoC 相比，小芯片预期可以大大降低成本[7]。

主要的代工厂，如台积电、联华电子（UMC）、格罗方德（Global Foundries）和三星，正在将先进封装方案应用于制造的后端[19]。如前所述，台积电正计划利用 SoIC 将小芯片添加到前端。所有这些都可能需要整个行业的重大变革，从 EDA 工具到测试和硅后诊断。因为把所有东西都放在一个芯片上的成本继续上升，所以这些都是必要的。模块化使芯片制造商能够根据平台类型相对快速地定制芯片。CPU、GPU 和 FPGA 芯片设计者在几年前就意识到了这一点，并从那时起开始通过采用多芯片和利用转接板/封装来处理集成问题，向分离的方案迈进。以英特尔的混合 CPU 平台为例，Lakefield（2019 年首次亮相）由一个 10nm 处理器核心和四个 22nm 的处理器核心组成，是一个典型的小芯片式产品。

最后需要强调的是，我们已经到了需要先进封装方案来提升 IC 级性能的时代[7]。其拐点是基于神经网络（NN）的颠覆性人工智能架构的崛起。这是一个重要的节点，显示了神经网络的可行性，并催生了封装内的加速器和高带宽内存。因此，来自代工厂和 IDM 的创新封装方案确实为这些应用提供了令人满意的性能，并将继续发展。

8.9 3D IC 集成的电源分配

在堆叠 IC 中，有各种可能的情况，如 F2F 或 F2B 连接，在逻辑芯片或转接板上并排堆叠的芯片，我们面临的一个重要问题是如何为各种配置进行有效的电源分配。原因有两个方面。首先，由于 IC 的堆叠，封装中的电流密度会增加[2]。其次，随着逻辑芯片和存储芯片之间巨大的通信带宽（见 8.5 节），预计 I/O 的功耗将增加，从而增加了整体电源分配的重要性。

在图 8.6[20] 中，可以获取 3D IC 模型中所有必要的组件。首先，考虑一个安装在 PCB 上的封装芯片，该芯片通常由安装在 PCB 上的电压调节模块（VRM）供电。VRM 通过 PCB 和封装的 P/G 平面向芯片的 P/G 端子供电。由于晶体管的功能和可靠性依赖于 P/G 端子之间的电压波动水平，因此不允许波动超过最大限制，这是通过计算目标阻抗来确定的[2]。目标阻抗作为一个设计参数已被工业界和学术界采用，介绍如下。根据欧姆定律，由电流源（I）引起的电压波动（ΔV）可以计算为 $\Delta V = ZI$，其中 Z 是目标阻抗。这里 Z 是在频域中表示的，因为电流 I 随频率变化，目标阻抗 Z 也随频率变化。最后，在任何系统中，低目标阻抗总是被要求和

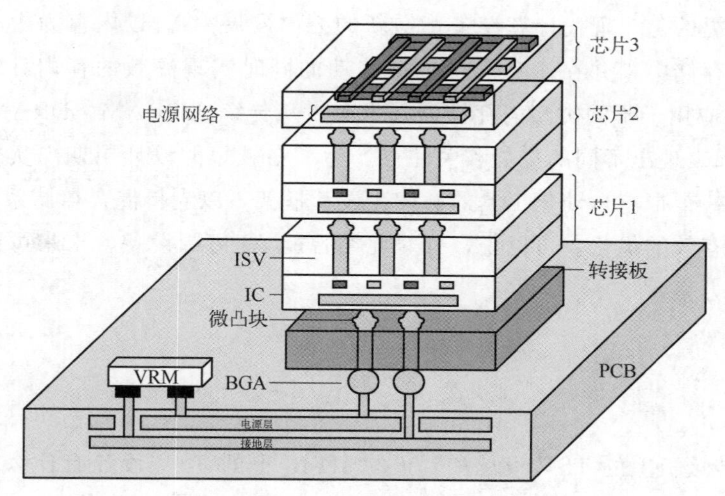

图 8.6　3D 电源传输模型

优先考虑的，以减少电压波动。设计目标是确保电源分配阻抗始终小于目标阻抗。

在这里，展示一个集成设计电源网络协同模拟的例子。在设计综合和流程中仍然存在一个主要问题，即如何对异构芯片与主要逻辑芯片进行建模以进行电源综合和签发（sign off）。在文献［21］中，为 3D IC 的异构芯片电源网络提供了一个现实模型和原理。它是基于给定的抽象或早期阶段的信息，如供应商提供的凸块位置和功耗。它还使用该模型来综合设计流程中的底层逻辑芯片的电源网络。其结果是得到一个没有 IR 和 EM 违规的所有电源域通过 DRC（设计规则检查）的电源网络。首先，分析了异构芯片的电源凸块的位置和功耗。其次，根据这一先验分析，可以决定异构芯片模型的条线位置和电源汇位置。综合初始模型后，它被转换为一个节点图，其中包括相应的通孔和金属层的电阻，以及节点电压。然后，优化模型以调整电源条线的宽度。将模型迭代改进，直到满足目标的 IR-Drop。一个来自设计公司的真实案例是 3D DRAM 堆叠，证实了这种跨层实现的有效性。

8.10　挑战与趋势

显而易见的挑战是 2.5D/3D 集成实践的问题。尽管我们已经看到了许多在各种架构下实现的方案，也考虑到了设计的复杂性和成本，但如果没有工具的帮助，这些方案仍然不会太有用。TSV 堆叠的设计问题包括在 3D IC 内部重新划分处理器芯片及其存储器的方法，以提高性能和降低功耗[9]。文献［22］中显示，最近值得关注的发展是，人们致力于提供了一个统一的视角来看待 3D IC 所带来的根本机遇和挑战，尤其是从设计工具和方法的角度。尽管如此，仍然需要商业化的 3D IC 设计工具来有效和高效地生成 2.5D/3D 设计。

值得一提的是，现代计算设备正向新的方向发展[23]。以内存为中心的设计将计算部署到存储中，并在避免大量数据移动的同时实现高效的存内计算（IMC）。IMC 方案在应用于不同类型的存储器技术时，从传统的 SRAM、DRAM 到新兴的 ReRAM，都表现出不同的优势和关注点。为了在较短的设计周期内实现高效的设计，必须有一个带有自动化工具的一体化设计框架，以支持混合存储系统，并在设计阶段进行有效的优化。可以说，针对此类智能 AI 边缘设备，未来可能会出现新型封装解决方案。

问题

8.1 转接板上的 TSV 设计和真正的 3D IC 上的 TSV 设计有什么区别？这两种方式之间的散热问题是否相同？

8.2 为什么代工厂要开发先进封装技术？尝试列出通过开发这些解决方案所带来的优势/利润。

8.3 尝试列出为 2.5D IC 和 3D IC 开发设计工具时的困难。

8.4 2D IC、2.5D IC 和 3D IC 的电源传输网络的区别是什么？

参考文献

1 Lau, J. H. (2013). *Through-Silicon Vias for 3D Integration*. McGraw Hill.

2 Swaminathan, M. and Han, K. J. (2014). *Design and modeling for 3D ICs and interposers*. World Scientific.

3 Chen, F. C., Chen, M. F., Chiou, W. C., and Yu, D. (2019). *System on Integrated Chips (SoIC) for 3D Heterogeneous Integration*. IEEE ECTC.

4 Banijamali, B., Ramalingam, S., Nagarajan, K., and Chaware, R. (2011). *Advanced Reliability Study of TSV Interposers and Interconnects for the 28nm Technology FPGA*. IEEE ECTC.

5 Hou, S. Y., Chen, W. C., Hu, C. et al. (2017). Wafer-level integration of an advanced logic-memory system through the second-generation CoWoS technology. *IEEE Transactions on Electron Devices* 64 (10): 4071-4077.

6 Embedded multi-die interconnect bridge. Intel.

7 Santo, B. (2020). *Explainer on Packaging: Interposers, Bridges and Chiplets*. SoC DesignLine. https://www.eetimes.com/explainer-on-packaging-interposers-bridges-and-chiplets/?utm_source=newsletter&utm_campaign=link&utm_medium=EETimesDaily-20201111&oly_enc_id=6133B9781801C5P.

8 Overview of the interposer technology in packaging applications. https://ww2.frost.com/frost-perspectives/overview-interposer-technology-packaging-applications/(2018).

9 Prince, B. (2014). *Vertical 3D Memory Technologies*. Wiley.

10 Lee, D., Kim, K. W., Kim, K. W. et al. (2014). *A 1.2V 8Gb 8-Channel 128GB/s High-Bandwidth Memory (HBM) Stacked DRAM with Effective Microbump I/O Test Methods Using 29nm Process and TSV*. IEEE ISSCC.

11 Oh, C., Chun, K. C., Byun, Y.-Y. et al. (2020). *A 1.1V 16GB 640GB/s HBM 2E DRAM with a Data-Bus Window-Extension Technique and a Synergetic On-Die ECC Scheme*. IEEE ISSCC.

12 Hruska, J. (2015). *Beyond DDR 4: The Differences Between Wide I/O, HBM, and Hybrid Memory Cube*. ExtremeTech. https://www.extremetech.com/computing/197720-beyond-ddr4-understand-the-differences-between-wide-io-hbm-and-hybrid-memory-cube.

13 Ren, Z., Alqahtani, A., Bagherzadeh, N., and Lee, J. (2020). Thermal TSV optimization and hierarchical floorplanning for 3-D integrated circuits. *IEEE Transactions on Components, Packaging and Manufacturing Technology* 10 (4): 599-610.

14 Chou, C.-H., Tsai, N.-Y., Yu, H. et al. (2013). *On the Futility of Thermal Through-Silicon-Vias*. IEEE VLSI-DAT.

15 Jung, M., Liu, X., Sitaraman, S. K. et al. (2011). *Full-Chip Through-Silicon-Via Interfacial Crack Analysis and Optimization for 3D IC*. IEEE ICCAD.

16 Shen, W.-W., Lin, Y.-M., Chen, S.-C. et al. (2018). 3-D stacked technology of DRAM-logic controller using through-silicon via (TSV). *IEEE Journal of the Electron Devices Society* 6: 396-402.

17 Frumusanu, A. (2020). X-cube 3D TSV SRAM-logic die stacking technology. AnandTech. https://www.anandtech.com/show/15976/samsung-announces-xcube-3d-tsv-sramlogic-die-stacking-technology.

18 Tseng, C.-F., Liu, C.-S., Wu, C.-H., and Yu, D. (2016). *InFO (Wafer Level Integrated Fan-Out) Technology*. IEEE ECTC.

19 Sperling, E. and Mutschler, A. (2020). New architectures, much faster chips. Semiconductor Engineering. https://semiengineering.com/new-architectures-much-faster-chips/.

20 Zhang, D. C., Swaminathan, M., Keezer, D., and Telikepalli, S. (2014). *Characterization of Alternate Power Distribution Methods for 3D Integration*. IEEE ECTC.

21 Liao, W.-H., Lin, C.-T., Fang, S.-H. et al. (2017). *Heterogeneous Chip Power Delivery Modeling and Co-Synthesis for Practical 3D IC Realization*. IEEE/ACM ASP-DAC.

22 Lu, T., Serafy, C., Yang, Z. et al. (2017). TSV-based 3-D IC: design methods and tools. *IEEE Transactions on Computer-Aided Design of Integrated Circuits and Systems* 36 (10): 1593-1619.

23 Chen, H.-M. et al. (2020). *On EDA Solutions for Reconfigurable Memory-Centric AI Edge Applications*. IEEE ICCAD.

第3部分

第9章 电子封装技术中的不可逆过程

9.1 引言

电子封装技术是基于晶圆且由通量驱动的技术。其应用体现在半导体芯片或晶圆上的微电子器件的运行中。这些器件的基本加工步骤包括：分别在晶圆表面上或表面下添加或去除单层原子，或者在固-液互扩散（SLID）反应中将两种材料连接在一起以形成焊点。在这些制造过程中，不是在处理平衡态，而是在处理从一种状态到另一种状态的动力学状态，或者是处理原子、电子或热的通量稳态。

此外，当考虑晶体管中的pn结时，就会发现它并不处于平衡状态。若在高温下长时间退火结点，它将会因为p型和n型掺杂剂的相互扩散而消失。当器件在接近100℃运行时，掺杂剂是过饱和的，但这些掺杂剂在半导体中固定在某一位置，以产生引导电荷传输所需的电势。在掺杂半导体时，需要将原子流扩散或注入到半导体中，来获取所需掺杂剂的浓度分布。

电子器件在运行过程中，可以称之为一个开放系统，其内部会有物质流、能量（热）流、电荷粒子流，或者是它们的组合。最重要的是，从器件可靠性的角度来看，正是这些不同量场的相互作用或它们的交互效应会最终导致器件失效。在Al和Cu互连线的电迁移过程中，可能涉及由高电流密度和高应力梯度驱动的原子流之间的相互作用。而在共晶倒装焊点的热迁移过程中，在互连结构中的温度梯度作用下，焊点中的浓度梯度可能导致互连结构中的相分离。

在简单的负载运行情况下，流动保持稳态，系统状态可能不会从一个平衡态转变为另一个平衡态。如果系统没有处于平衡态，就不能用最小吉布斯自由能的条件来描述最终系统的状态。这一稳态流动过程中，属于非平衡或不可逆热力学的范畴[1-4]。

在热力学中，从一个平衡态到另一个平衡状态的动力学过程可以是可逆的，也可以是不可逆的。从理论上讲，它是可逆的。实际上，所有这些都倾向于不可逆。如果实际系统保持在一个封闭系统中，并处于齐次边界条件下，即在恒定的温度和恒定的压力下，它将不可逆地进入平衡最终状态，例如在经典的相变中。另一方面，如果系统保持在非齐次的边界条件下，例如存在温度梯度或压力梯度，它将成为一个开放系统，并倾向于不可逆地进入稳态而不是平衡状态。通常，我们将稳态过程称为“不可逆过程”。

为了说明可逆过程和不可逆过程之间的区别，图 9.1（a）为一个封闭容器，其中包含水和蒸汽，并处于恒定的温度和压力下。水和蒸汽在一个封闭系统中处于平衡状态，这意味着在其界面上，存在水分子和蒸汽分子的交换，并且这种交换处于微平衡状态，或者可以说交换是可逆的。图 9.1（b）为一个开放系统，在容器上部的活塞上开一个孔，让蒸汽分子逸出，还在容器底部施加恒定的热源，使逸出的蒸汽保持恒定的速率，这就成为一个稳态过程，并且是一个不可逆过程。

此外，考虑例如 Rd 和 Si 之间或 Ni 和 Zr 之间的双层薄膜反应中，均是在缓慢加热而不是快速淬火样品时，分别形成了 Rd-Si 或 Ni-Zr 的非晶合金。因为形成 Rd-Si 或 Ni-Zr 的金属间化合物结晶相的自由能，比形成非晶合金的自由能低。因此，显然不能用最大自由能变化来描述这些非晶合金的形成。但却可以使用自由能在短时间内的变化（或增益）的最大速率来解释它。我们有

$$\Delta G=\int_0^{\tau}\frac{\Delta G}{\Delta t}\mathrm{d}t=\int_0^{\tau}\frac{\Delta G}{\Delta x}\times\frac{\Delta x}{\Delta t}\mathrm{d}t=\int_0^{\tau}-Fv\,\mathrm{d}t \tag{9.1}$$

式中，$\Delta G/\Delta t$ 是吉布斯自由能变化率，F 是反应的驱动力或化学势梯度，v 是所考虑的相的反应速率或形成率。对于非晶合金，其形成的驱动力将低于竞争晶体相的驱动力。但是，如果其形成速率（在短的时间 τ 内）大于结晶相的形成速率，则非晶合金的 Fv 乘积可能大于结晶相，因此形成非晶相。

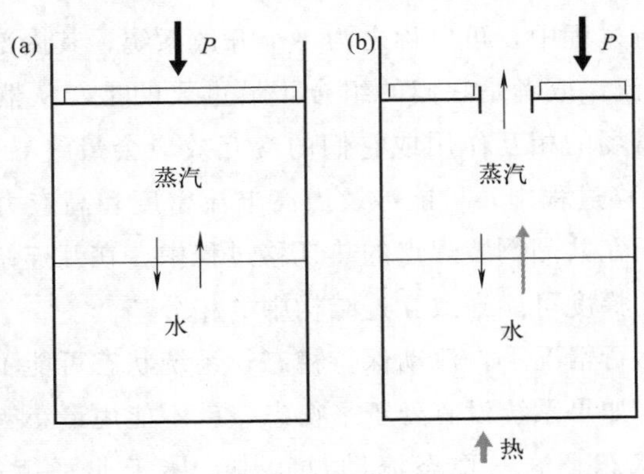

图 9.1 （a）封闭容器的可逆过程；（b）不可逆过程

速率过程中的吉布斯自由能变化可以表示为：

$$\frac{\mathrm{d}G}{\mathrm{d}t}=-S\frac{\mathrm{d}T}{\mathrm{d}t}+V\frac{\mathrm{d}p}{\mathrm{d}t}+\sum_i^j\mu_i\frac{\mathrm{d}n_i}{\mathrm{d}t} \tag{9.2}$$

事实上，可以使用快速淬火（$\mathrm{d}T/\mathrm{d}t$ 的大变化）、快速机械铣削（$\mathrm{d}p/\mathrm{d}t$ 的大变化）和离子注入（$\mathrm{d}n_i/\mathrm{d}t$ 的大变化）来生产非晶或亚稳态材料。当时间变得无限大时，平衡晶相将获得优势。

9.2 开放系统中的流动

在开放系统中，物质、热量或电荷的流动处于稳态的不可逆过程，其特征是熵变化率，而不是自由能变化率，下面将通过热传递的例子进行讨论。在场效应晶体管中，通过电流或电荷流来打开或关闭晶体管，因此它是一个开放系统。虽然进出器件的电荷是守恒的，但熵增却不是。

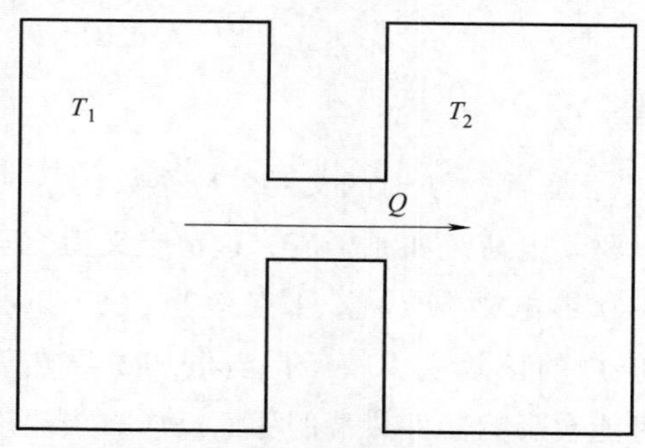

图 9.2 温度为 T_1 和 T_2 的两个加热室，其中 T_1 的温度高于 T_2

下面用热流来说明流动过程中的熵变化。在图 9.2 中，考虑温度为 T_1 和 T_2 的两个热室，其中 $T_1>T_2$。如果连接这两个腔室，热量将从 T_1 流到 T_2。假设热量 δQ 从 T_1 流到 T_2，两个腔室中的熵变化将为

$$\mathrm{d}S_1=-\frac{\delta Q}{T_1}$$
$$\mathrm{d}S_2=+\frac{\delta Q}{T_2} \tag{9.3}$$

熵的净变化等于

$$\mathrm{d}S_{net}=\mathrm{d}S_1+\mathrm{d}S_2=\delta Q\left(\frac{1}{T_2}-\frac{1}{T_1}\right)=\delta Q\left(\frac{T_1-T_2}{T_2T_1}\right) \tag{9.4}$$

该数值为正，所以热流使系统产生了一定量的熵。因为热流从一个腔室到另一个腔室需要时间，所以这是一个熵增的速率过程。下面将考虑物质、热量和电荷流中的熵增。在此之前，需要定义通量及其驱动力，以及交互效应。

通量或流动有三种，它们受三个众所周知的现象学定律所支配：物质流动（菲克定律）、热量流动（傅里叶定律）和电荷流动（欧姆定律）。在一维条件下，这几个定律如式（9.5）所示。

$$J=-D\frac{\mathrm{d}C}{\mathrm{d}x}=L^{diff}\left(-\frac{\mathrm{d}\mu}{\mathrm{d}x}\right)$$
$$J_Q=-\kappa\frac{\mathrm{d}T}{\mathrm{d}x}=\kappa T^2\frac{\mathrm{d}(1/T)}{\mathrm{d}x}=L^{heat}\frac{\mathrm{d}(1/T)}{\mathrm{d}x} \tag{9.5}$$
$$J=-\sigma\frac{\mathrm{d}\phi}{\mathrm{d}x}=\frac{\sigma}{e}\times\frac{\mathrm{d}(e\phi)}{\mathrm{d}x}=L^{ele}\left(-\frac{\mathrm{d}(e\phi)}{\mathrm{d}x}\right)$$

式中，物质流量 J 等于扩散系数乘浓度梯度（与化学势梯度 μ 成比例）。热流 J_Q 等于热导率乘温度梯度。电荷载流子的流量 j 等于电导率乘电势（电压）或电场梯度。最后一个方程可以写成 $E=j\rho$，其中 $E=-\mathrm{d}\phi/\mathrm{d}x$ 是电场，ϕ 是电压，ρ 是电阻率。

可以将上述三个方程合并为一个方程

$$J=LX \tag{9.6}$$

对于每个力 X，都有相应的共轭一次流 J，L 是比例常数或参数。通常，将负梯度 $-\mathrm{d}\mu/\mathrm{d}x$ 或 $-\mathrm{d}(1/T)/\mathrm{d}x=-(1/T^2)(\mathrm{d}T/\mathrm{d}x)$ 或 $-\mathrm{d}(e\phi)/\mathrm{d}x$ 作为这些流动过程中的驱动力。昂萨格称之为共轭力，共轭力对和相应的共轭流（或通量）将在下面给出。

可以用矩阵来表示式（9.6）：

$$J_i=\sum_j L_{ij}X_j \tag{9.7}$$

式中，L_{ii} 是力与其主流之间的系数，L_{ij} 是当 $i\neq j$ 时的交互效应系数。

在热传导中，已经发现温度梯度也可以驱动电荷流和原子流。这被定义为交互效应。当温度梯度引起电荷通量时，称为热电效应或塞贝克效应（Seebeck effect）。众所周知，热电偶测量温度就是应用的该效应。相反，当电场诱导热流时，称为珀耳帖效应（Peltier effect），它可能会影响器件热端的界面反应。当温度梯度引起原子通量时，称为热迁移或索雷效应（Soret effect）。的确，当热迁移发生在焊料合金中时，它会对焊点可靠性造成威胁。另一个在此处引起极大关注的是电迁移，它是指在高电流密度下由电场驱动的原子扩散，并可能导致阴极端形成空洞或开路。

当我们考虑热流时，温度并不是一个常数，而是一个变量。因此，在考虑热电效应或热迁移时，温度应被视为一个变量。然而，原子流和电荷载流子可以在恒温下发生，所以当考虑它们之间的交互效应如电迁移时，可以假设这是一个恒温过程。

9.3 熵增

要考虑流动过程中的熵增，需要处理非齐次（非均匀）系统。对于这样的系统，主要的热力学假设是系统中物理小体积的准平衡假设。每个物理小体积或单元都可以被认为是处于准平衡状态，其熵可以通过使用热力学变量和参数由平衡热力学的关系来确定。根据热力学第一定律，将理想二元系统（例如元素与其同位素的混合物）的内能变化表示为式（9.8）。

$$dU = TdS - pdV + \sum_{i=1}^{2} \mu_i dn_i \tag{9.8}$$

可以注意到，当对系统施加压力做正功时，体积会减小，所以有一个 $-pdV$ 项，它有负号，所以

$$TdS = dU + pdV - \sum_{i=1}^{2} \mu_i dn_i = dH - Vdp - \sum_{i=1}^{2} \mu_i dn_i \tag{9.9}$$

在此，dS、dU、dH、dV 和 dn_i 分别是固定的物理小单元中第 i 种粒子的熵、内能、焓、体积和数量的变化。这里将整个系统的熵（及其变化）定义为所有单元的熵（及其变化）之和。

每个单元中的熵变可以表示为两个项的和：$dS = dS_e + dS_i$。第一项 dS_e 是由于熵通量（flux）的耗散而引起的熵变（描述了已经存在的熵在单元之间的重新分配）；它对应于通过单元边界进入单元的熵与通过边界从单元中出来的熵之间的差异。第二项 dS_i 表示单元内的熵增，并且它总是正的（或当系统处于平衡状态和零通量时为零）。在稳态过程中，每个单元的总和 dS 为零，但 dS_e 或 dS_i 可能不为零。这是因为稳态意味着每个单元的参数随时间恒定。因此，熵作为状态函数将保持不变，并且 dS 将为零。在稳态过程中，当熵增 dS_i 不为零时，它将通过单元内的熵通量发散 dS_e 来补偿。例如，在稳态过程中，当在单元中产生热量时，必须将热量运走或消散，否则温度将升高，并且无法保持稳态。

昂萨格指出，在下面的式（9.10）中，第一项是耗散项，第二项是熵增率，它总是可以表示为通量 J_i 及其共轭力 X_i 的乘积。

$$\frac{\partial S}{\partial t} = -\operatorname{div}(J_S) + \frac{1}{T}\sum J_i X_i \tag{9.10}$$

将式（9.10）与原子扩散方程或菲克第二定律进行比较，即

$$\frac{\partial C}{\partial t} = -\nabla \cdot J$$

第二定律基于质量守恒。如果研究系统内存在原子源（source）或原子汇（sink），可以添加一个可选且罕见的源/汇项，但式（9.10）中关于熵增的最后一项是内置的。

接下来考虑流动的三个基本过程中的熵增：电传导、原子扩散和热传导。在热传导中，温度不是恒定的，应该被视为一个变量。在原子扩散和电传导中，可以假设是恒温过程。下面，首先考虑电传导，并指出熵增等于焦耳热。

9.3.1 电传导

考虑纯金属在恒定温度和恒定体积下的一维传导。在这种情况下，式（9.9）

中的 $\mathrm{d}n_i=0$，$\mathrm{d}V=0$，所以

$$T\mathrm{d}S=\mathrm{d}U \tag{9.11}$$

为了考虑电传导中的内能变化，我们先从物理单位转换关系“1N・m＝1J＝1C・V”开始。回顾一下，电能的单位是 eV（电子伏特），即 C・V。这意味着内部电能的变化可以表示为电荷及其电势的乘积。在电传导中，定义电流密度 j 的单位为 $\mathrm{A/cm^2=C/(cm^2\cdot s)}$，并且也定义了 ϕ 的单位为 V。

图 9.3 描绘了恒定横截面为 A 的导体在 x 和 $x+\mathrm{d}x$ 之间的电传导，电压降为 $\Delta\phi$。因此，jAt 给出了电荷或库仑。如果考虑恒定电流密度（$j=$常数）通过一个体积为 $V=A\mathrm{d}x$ 的单元，这会导致电压降 $\Delta\phi$，那么内能变化如下。

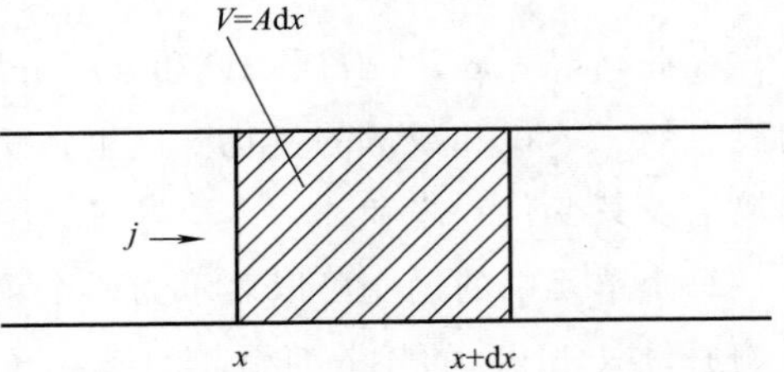

图 9.3 恒定横截面 A 的导体在 x 和 $x+\mathrm{d}x$ 之间的电传导，电压降为 $\Delta\phi$

$$T\mathrm{d}S=\mathrm{d}U=jA\mathrm{d}t\Delta\phi=jA\mathrm{d}t[\phi(x)-\phi(x+\Delta x)]=-jV\mathrm{d}t\left[\frac{\phi(x+\Delta x)-\phi(x)}{\Delta x}\right]$$

$$=jV\mathrm{d}t\left(-\frac{\mathrm{d}\phi}{\mathrm{d}x}\right)$$

式中，$V=A\mathrm{d}x$。所以得到

$$\frac{T\mathrm{d}S}{V\mathrm{d}t}-j\left(-\frac{\mathrm{d}\phi}{\mathrm{d}x}\right)=jE=j^2\rho \tag{9.12}$$

式中，$E=-\mathrm{d}\phi/\mathrm{d}x=\rho j$ 为电场，ρ 为电阻率。这就是昂萨格方程(Onsager's equation)。

因此，在这个简单的例子中，熵增的速率是 jE 的乘积，其中 j 是共轭电流密度或通量 $[\mathrm{C/(cm^2\cdot s)}]$，$E$ 是共轭驱动力（电势或电场的负梯度）。此外，$j^2\rho$ 被称为单位体积单位时间的“焦耳热”。因此，熵增等于焦耳热。其单位是能量/$(\mathrm{cm^3\cdot s})$。

在式（9.12）中，我们注意到焦耳加热本身不可能处于稳定状态。虽然施加的电流可以是稳定的，或者电荷传输的速率是恒定的，但产生的熵会增加，因此如果没有散热，系统的温度会上升。为了达到稳态，系统需要输出一个热通量 $J_Q=j^2\rho$，同时还会伴随着输出熵通量 J_Q/T。

焦耳加热

前述已经表明，导电过程中产生的熵是焦耳热。通常，焦耳加热的功率写为

$$P=IV_d=I^2R=j^2\rho V \tag{9.13}$$

式中，V_d（$=IR$）为电压降，I 为施加电流，$I/A=j$，A 为样品横截面积，R 为样品电阻，$R=\rho A/l$，l 为样品长度，故体积 $V=Al$。I^2R 则是整个样品单位时间的焦耳热（功率=能量/时间），而 $j^2\rho$ 是样品单位体积单位时间的焦耳热。因此，低功耗设备意味着低熵增器件。

由于硅器件是以电方式运行，焦耳加热是影响可靠性的内在原因。为了计算焦耳热，以倒装芯片互连焊点为例，如图 9.4（a）所示，每两个焊点通过芯片侧的 Al 线连接。铝中的电流密度约为 $10^6\,\mathrm{A/cm^2}$，焊点中的电流密度约为 $10^4\,\mathrm{A/cm^2}$。这是因为铝互连线的横截面积比焊点小两个数量级。为了计算它们的焦耳热，对于铝，取 $j=10^6\,\mathrm{A/cm^2}$ 和 $\rho=10^{-6}\,\Omega\cdot\mathrm{cm}$，得到焦耳热 $\rho j^2=10^6\,\mathrm{J/(cm^3\cdot s)}$。对于焊点（假设为 SnAgCu 焊料），如果取 $j=10^4\,\mathrm{A/cm^2}$ 和 $\rho=10^{-5}\,\Omega\cdot\mathrm{cm}$，得到焦耳热 $\rho j^2=10^3\,\mathrm{J/(cm^3\cdot s)}$，这远低于铝中的焦耳热。图 9.4（b）显示了电流密度分布的模拟。

铝互连比焊点热得多，反过来，芯片侧将比基板侧热，因此焊点处将存在温度梯度。如果温度梯度足够大，焊点中可能会发生热迁移。

(b)

图 9.4　（a）倒装芯片技术示意图，每两个焊点通过芯片侧的 Al 线（带）互连；（b）焊点对内电流密度分布的模拟，铝互连线比焊点更热

虽然焦耳热是一种废热，不能用于做功，但它会产生热量并增加导体的温度，进而增加导体的电阻，并导致更多的焦耳热。导体温度的升高会导致热膨胀，这是集成具有不同热膨胀系数的各种材料时，在器件中产生热应力的基本原因。应力和应力梯度可能导致断裂和蠕变。由于半导体器件频繁地开启和关闭，热应力是循环的，因此系统中塑性应变能量的积累可能导致疲劳。此外，焦耳热引起的高温会增加原子扩散，进而增加器件中的相变、互扩散和界面反应速率。因此，焦耳热是器件可靠性的主要关注点，在散热困难的3D IC封装中，尤为如此。

值得一提的是，焦耳热在保险丝中的应用可以防止家用电器过热。薄焊带已被用作保险丝。当电器电流接近10A时，保险丝会熔断，电路将断开。如果假设保险丝的横截面积为$2\times0.1\text{mm}^2$，那么保险丝中的电流密度约为$5\times10^4\text{A/cm}^2$。这一电流密度将会引起焊料保险丝熔断。事实上，当如此高的电流密度应用于倒装芯片焊点时，应会观察到焊点的熔化。因为只要知道散热速率，就可以知道焊料的热容量，从而计算出由于焦耳热引起的升温。Si芯片本身是一个很好的热导体（散热快），这就是为什么Si上的Al互连和Cu互连可以承受接近10^6A/cm^2的电流密度，这比家用电线或延长线的电流密度要高得多。

9.3.2 原子扩散

考虑一个在等压条件下的二元系统：

$$T\mathrm{d}S=\mathrm{d}H-\sum_{i=1}^{2}\mu_i\mathrm{d}n_i \tag{9.14}$$

如果把二元系统作为一种元素及其同位素或理想溶液，那么$\mathrm{d}H=0$。则有

$$\frac{T\mathrm{d}S}{\mathrm{d}t}=-\sum_{i=1}^{2}\mu_i\left(\frac{\partial n_i}{\partial t}\right)$$

把上面的方程除以体积“V”，取$n_i/V=C_i$，简单起见，考虑一维情况，根据一维的连续性方程，有

$$\frac{\partial C_i}{\partial t}=-\nabla\cdot J_i=-\frac{\partial J_i}{\partial x}$$

众所周知，$y\mathrm{d}x=\mathrm{d}(xy)-x\mathrm{d}y$，有

$$\frac{T\mathrm{d}S}{V\mathrm{d}t}=\sum_{i=1}^{2}\mu_i\frac{\partial J_i}{\mathrm{d}x}=-\frac{\partial}{\partial x}\left(-\sum_{i=1}^{2}\mu_iJ_i\right)+\sum_{i=1}^{2}J_i\left(-\frac{\partial\mu_i}{\partial x}\right) \tag{9.15}$$

在稳态过程中，该式右侧的两项之和将为零，而且它们相互补偿。与式（9.10）一样，式（9.15）右侧的第一项是耗散项，第二项是熵增率，它等于通量与其驱动力的乘积。

9.3.3 热传导

考虑一个纯金属中沿 x 方向由温度梯度引起一维热通量问题，如图9.5所示。假设微元为一个薄层，其横截面积为 A，在 x 和 $x+dx$ 之间的宽度为 dx。

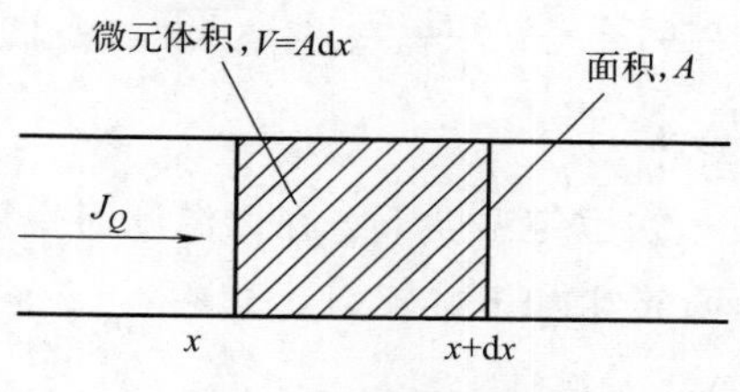

图9.5 一维热传导示意图

微元的体积为 $V=Adx$。假设该过程为等压过程且没有原子流动。那么，微元内的熵变由焓变决定，而焓变又由传入和传出热通量之间的差值决定。由式（9.7）有：

$$TdS=dH=J_Q(x)Adt-J_Q(x+\Delta x)Adt=-V\frac{J_Q(x+\Delta x)-J_Q(x)}{\Delta x}dt=-V\frac{\partial J_Q}{\partial x}dt \tag{9.16}$$

等号两边除以 $TVdt$，并再次采用众所周知的微分 $ydx=d(yx)-xdy$，得到

$$\frac{\partial S}{Vdt}=-\frac{1}{T}\times\frac{\partial J_Q}{\partial x}=-\frac{\partial}{\partial x}\left(\frac{J_Q}{T}\right)+J_Q\frac{\partial}{\partial x}\left(\frac{1}{T}\right)$$

在上述中，温度作为一个变量。同样，根据式（9.10），上式右侧第一项中的 J_Q/T 是熵通量，$\frac{\partial}{\partial x}\left(\frac{J_Q}{T}\right)$ 是该通量的散度，意味着由输入和输出熵通量的差异引起的每个微元体积的熵变化率。上式右侧的第二项是微元内单位体积单位时间的熵增率，该项是热通量和温度倒数梯度的乘积，温度倒数梯度可以解释为驱动热通量的热力学力（或下文将讨论的共轭力）。因为

$$\frac{\partial}{\partial x}\left(\frac{1}{T}\right)=-\frac{1}{T^2}\left(\frac{\partial T}{\partial x}\right)$$

则

$$\frac{TdS}{Vdt}=-T\frac{\partial}{\partial x}\left(\frac{J_Q}{T}\right)-J_Q\frac{1}{T}\times\frac{\partial T}{\partial x} \tag{9.17}$$

在稳态过程中，等式右边的两项相互抵消。第一项是由于熵耗散，第二项是由于熵增。我们注意到上式的量纲是正确的，其单位是“能量/(cm^3·s)”，此处我们回顾下热通量 J_Q 的单位是“能量/(cm^2·s)”。

9.3.4 温度变化时的共轭力

上述三个例子表明，在不可逆过程中，TdS/Vdt 等于通量 J 与其驱动力 X 的乘积。由关于熵增的式（9.17）得到：

$$\frac{T\mathrm{d}S}{V\mathrm{d}t}=J_QX_Q=-J_Q\frac{1}{T}\times\frac{\partial T}{\partial x}\tag{9.18}$$

所以，J_Q 的共轭力是 $X_Q=-1/T(\mathrm{d}T/\mathrm{d}x)$。因此有

$$J_Q=L_{QQ}X_Q=L_{QQ}\left(-\frac{1}{T}\times\frac{\mathrm{d}T}{\mathrm{d}x}\right)=-\kappa\frac{\mathrm{d}T}{\mathrm{d}x}\tag{9.19}$$

得到 $L_{QQ}=T\kappa$，或者说系数 L_{QQ} 等于温度乘热导率。

对于原子扩散和电传导中的共轭力，假设发生在恒定温度下。在以温度为变量的条件下，三种流动（热流、物质流和电荷流）会产生如下共轭力：

$$X_Q=T\frac{\mathrm{d}}{\mathrm{d}x}\left(\frac{1}{T}\right)\tag{9.20a}$$

$$X_{Mi}=-T\frac{\mathrm{d}}{\mathrm{d}x}\left(\frac{\mu_i}{T}\right)\tag{9.20b}$$

$$X_E=-T\frac{\mathrm{d}}{\mathrm{d}x}\left(\frac{\phi}{T}\right)\tag{9.20c}$$

式（9.20a）和式（9.20c）中的力的单位与式（9.20b）不同。后者的单位是势能梯度，但前二者的单位并非如此。这是因为共轭力的量纲由相应通量的量纲决定。在热传导中，通量的单位是“能量/(cm^2・s)”，所以伴随热流的共轭力是 $T\mathrm{d}(1/T)/\mathrm{d}x=-(1/T)(\mathrm{d}T/\mathrm{d}x)$，其单位是 cm^{-1}。在原子扩散中，通量的单位是“粒子数/(cm^2・s)”，所以共轭力的单位是“能量/cm”。在电传导中，通量的单位是“电荷粒子数/(cm^2・s)”或 e/(cm^2・s)，所以共轭力的单位是 V/cm，它们的乘积是 eV/(cm^3・s)。

9.4 不可逆过程中的交互效应

电迁移和热迁移都是不可逆过程中的交互效应（cross-effects），因为它们分别是由电势梯度下的电子流或温度梯度下的热流驱动的原子通量。另一方面，应力迁移是蠕变，是由应力势梯度驱动的原子通量。因此在均匀压力或静水压力下不会发生蠕变，这也是一个不可逆的过程。然而，应力势梯度是驱动原子扩散的化学势梯度的一部分，因此蠕变是主要流动，而不是交互效应。有关电迁移、热迁移和应力迁移的基本原理，将在后续介绍。

在硅基大规模集成电路中，铝（Al）和铜（Cu）互连的电迁移可靠性问题由来已久。在高电流密度下，即超过 10^5 A/cm^2，且器件工作温度约为 100℃时，发现分别在铝和铜互连的阴极和阳极处形成空洞和小丘状凸起。对短的铝带的电迁移研究表明，存在一个临界长度，小于该临界长度就不会发生电迁移，见图 9.6（a）和（b）右上角。Blech 和 Herring 提出，这是铝带中的背应力引起的。背应力势的

梯度诱导了一个原子通量，以抵消电迁移的原子通量。当这些通量相互平衡时，则不会发生电迁移。下面将使用不可逆过程来考虑电迁移与应力迁移之间的相互作用，这是原子流与电荷流之间的交互效应。

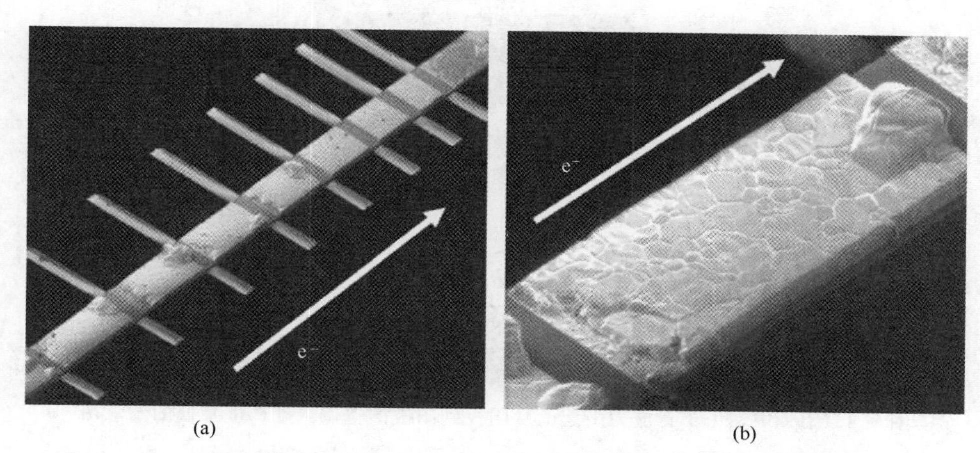

图9.6 （a）电迁移中一组铝带的SEM图像；如右上角所示，存在一个临界长度，在该长度以下没有电迁移。（b）为（a）中左下角条纹放大的SEM图像，其中显示了阴极处的物质耗损和阳极处的小丘形成

9.5 原子扩散与导电之间的交互效应

图9.7为在TiN基线上图形化的短Al带的示意图。由于TiN是一种不良导体，电子将从TiN迂回到Al以降低电阻。如图9.7所示，在电子从左向右流动的高电流密度下，铝带中发生电迁移，并将铝原子从阴极输送到阳极，导致阴极处损耗或形成空洞，阳极处形成堆积或小丘。因此，可以使用该样品直接测试电迁移的损伤。通过测量阴极处的损耗率，推导出电迁移的漂移速度。此外，发现Al带越长，电迁移中阴极侧的损耗越长，如图9.6（a）所示。但在“临界长度”以下，并没有明显的损耗。

通过背应力的影响可以解释损耗对带材长度的依赖性[5]。本质上，当电迁移将Al原子从阴极传输到阳极时，后者将处于压缩状态，前者处于拉伸状态。根据应力固体中平衡空位浓度的Nabarro-Herring模型，如第12章所述，拉伸区的空位比非应力区的平衡空位多，压缩区的空位少，因此铝带中存在从阴极到阳极的空位浓度梯度，如图9.8所示。空位梯度诱导Al原子的通量从阳极扩散到阴极，并且它与由从阴极到阳极的电迁移驱动的Al通量相反。空位浓度梯度取决于铝带的长度：带越短，斜率越大或梯度越大。在被定义为“临界长度”的某个短的长度处，由背应力产生的空位梯度足够大，足以抵消电迁移，因此在阴极处不会发生损耗，在阳极处也不会发生小丘[6-11]。

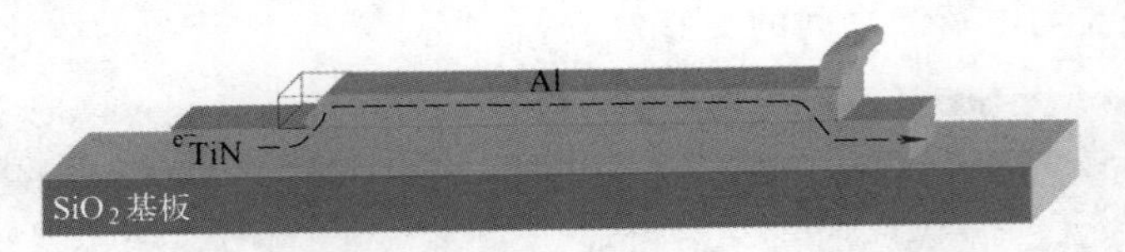

图 9.7 在 TiN 上图形化形成的短 Al 带示意图

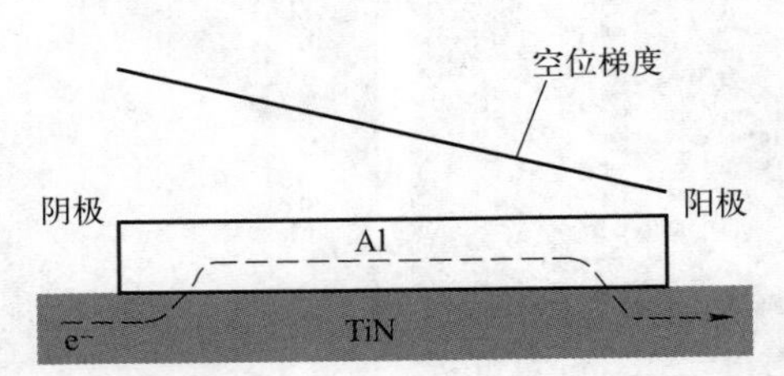

图 9.8 铝带中，由于背应力引起的从阴极到阳极的空位浓度梯度降低的示意图

为了分析背应力的这种影响，我们将对原子扩散使用结合电场力和机械力的不可逆过程。假设这些过程发生在恒定的温度下，所以温度不是一个变量。Huntington 和 Grone 提出的电场力如下，见第 10 章[6]。

$$F_{em}=Z^{*}eE \tag{9.21}$$

式中，Z^{*} 是有效电荷数，e 是电荷，E 是电场。

机械力被视为应力固体中化学势的梯度，见第 12 章。因为考虑纯 Al 互连，所以 Al 中没有浓度梯度，因此，由于浓度变化而产生的化学势为零。相反，由应力势梯度来驱动原子通量[5]。

$$F_{me}=-\nabla\mu=-\frac{\mathrm{d}\sigma\Omega}{\mathrm{d}x} \tag{9.22}$$

式中，σ 是 Al 中的静水应力（无剪切应力），Ω 是原子体积，$\sigma\Omega$ 定义为应力势。本质上，这是一个蠕变过程，其中压力不是恒定的，但温度是恒定的。因此，原子通量和电子通量的唯象方程可以写为[8]：

$$J_{em}=-C\frac{D}{kT}\times\frac{\mathrm{d}\sigma\Omega}{\mathrm{d}x}+C\frac{D}{kT}Z^{*}eE \tag{9.23a}$$

$$J=-L_{21}\frac{\mathrm{d}\sigma\Omega}{\mathrm{d}x}+n\mu_{e}eE \tag{9.23b}$$

式中，J_{em} 是原子通量，原子/(cm^2 · s)；j 是电子通量；C/(cm^2 · s)；C 是每单位体积的原子浓度；n 是每单位体积的传导电子浓度；$D/(kT)$ 是原子迁移率，μ_e 是电子迁移率，$D/(kT)$ 的单位和 μ_e 的单位基本相同，分别为 cm^2/(eV · s) 和 cm^2/(V · s)；L_{21} 是不可逆过程的唯象系数，包含变形势。

在式（9.23a）中，右侧的第一项是蠕变，它是主要的通量；第二项是由于电迁移，它是电场力对原子扩散的交互效应。在式（9.23b）中，最后一项是电传导中的主要通量，而第一项是机械力对电传导的交互效应。

铝带中的电迁移和应力迁移

在式（9.23a）中，如果取 $J_{em}=0$，即没有净电迁移通量或没有电迁移损伤。则“临界长度”的表达式如下。

$$\Delta x=\frac{\Delta\sigma\Omega}{Z^{*}eE} \tag{9.24}$$

因为导体电阻在恒温下可以视为常数，故可以通过将电流密度从上式的右侧移到左侧，得到“$j\Delta x$”的“临界乘积”或“阈值乘积”，又因为 $E=\rho j$，有

$$j\Delta x=\frac{\Delta\sigma\Omega}{Z^{*}e\rho} \tag{9.25}$$

在上式中，右侧的所有参数都是针对导体给出的。因此，可以计算临界乘积。对于 Al 和 Cu 互连，取 $j=10^6\ \mathrm{A/cm^2}$ 和 $\Delta x=10\mu\mathrm{m}$，临界乘积的典型值约为 1000 A/cm。

临界长度可以通过实验方法来测量，方法是将电迁移的时间延长到足够长，直到铝带中的物质传输停止，如图 9.6 所示。可以使用式（9.24）来计算铝带的临界长度 Δx。如果假设阳极的挤压伴随着一定量的塑性变形，则弹性应力的变化可以取为弹性极限对应的值。

如果假定阳极处的挤压伴随着一定量的塑性变形，则弹性应力的变化可被视为与弹性极限相对应的值。对于 Al，有 $\sigma_{Al}=-1.2\times10^9\mathrm{dyn}$[1]$/\mathrm{cm^2}$，$\Omega_{Al}=16\times10^{-24}\mathrm{cm^3}$，$e=1.6\times10^{-19}\mathrm{C}$，$E=j\rho$，其中 $j=3.7\times10^5\mathrm{A/cm^2}$，$\rho_{Al}=4.15\times10^{-6}\Omega\cdot\mathrm{cm}$（350℃）。通过将这些值代入式（9.19），得到

$$\Delta x_{Al}=-\frac{78\mu\mathrm{m}}{Z^{*}}$$

取块体 Al 的 $Z^{*}=-26$，得到临界迁移长度为 3μm，这一数值虽然在正确的数量级，但比实验发现的 10～20μm 更短。由于 Al 条为多晶薄膜材料，晶界扩散在电迁移中起着主导作用，因此在晶界扩散的原子的 Z^{*} 应该与在体扩散或晶格扩散中的不同。对于多晶 Al 薄膜，Z^{*} 可能低于 10。

在式（9.23b）中，如果取系数 $L_{21}=ne\mu_eN^{*}$，其中 N^{*} 是将在下面讨论的参数，并且如果考虑沉积在绝缘基板上的金属短线，并取 $j=0$，有：

[1] $1\mathrm{dyn}=10^{-5}\mathrm{N}$。

$$N^* = -\frac{1}{\Omega}\left|\frac{d\phi}{d\sigma}\right|, j=0 \tag{9.26}$$

式中，$j=0$ 时的 $d\phi/d\sigma$ 是形变势，其定义为零电流下单位应力差的电势。利用昂萨格的互易关系，$L_{12}=L_{21}$，得到

$$\frac{d\phi}{d\sigma} = -\frac{Z^* D\rho e}{kT} \tag{9.27}$$

$d\phi/d\sigma$ 和 N^* 的量纲分别为 cm^3/C 和 C^{-1}。

为了计算式（9.27）中所示的形变势，取 $Z^*=-26$，Al 在 $T=500℃$ 时，$kT=0.067$ eV，晶格扩散系数约为 2×10^{-10} cm^2/s，电阻率约为 $4.83\times10^{-6}\Omega\cdot cm$，因此有

$$\frac{d\phi}{d\rho}_{j=0} = 3.7\times10^{-13} cm^3/C$$

然而，预计形变势的数量级接近 Ω/e，约为 10^{-4} cm^3/C 或 10^{-10} $V/(N\cdot m^{-2})$。根据式（9.27）计算的值似乎太小了。这是因为式（9.7）中涉及的变形过程是由蠕变引起的，这取决于长程原子扩散，并且这是一个非常缓慢的变形过程。另一方面，通常意义上的机械变形并不涉及热激活的原子扩散，而是在外加机械应力下，通过原子运动的声学模式进行，即在声速下，大约是 10^5 cm/s 或等于 $a_0\upsilon$，其中 $a_0=3\times10^{-8}$ cm 是原子间距离，$\upsilon=10^{13}s^{-1}$ 是原子振动频率。因此，在式（9.27）中取 $D=(a_0)^2\upsilon$，得到 $\frac{d\phi}{d\rho}_{j=0}=0.2\times10^{-14}$ cm^3/C，结果和预期的数量级一致。因此，蠕变引起的形变势的确非常小。

9.6 热迁移中的不可逆过程

当对均匀合金施加温度梯度时，合金会因相分离而变得不均匀，这一现象称为索雷效应。合金中的一种组分将沿着浓度梯度的反方向扩散，导致相分离。最终，形成新的浓度梯度并达到稳态。因此，在热迁移中，需要考虑原子流与热流之间的相互作用，以及相应的共轭力 X_M 和 X_Q，分别如式（9.28a）和式（9.28b）所示，其中，J_M 是原子流。

$$J_M = L_{MM}X_M + L_{MQ}X_Q = C\frac{D}{kT}\left[-T\frac{d}{dx}\left(\frac{\mu}{T}\right)\right] + c\frac{D}{kT}\times\frac{Q^*}{T}\left(-\frac{dT}{dx}\right) \tag{9.28a}$$

$$J_Q = L_{QM}X_M + L_{QQ}X_Q = L_{QM}\left[-T\frac{d}{dx}\left(\frac{\mu}{T}\right)\right] + \kappa\frac{dT}{dx} \tag{9.28b}$$

式中，Q^* 是传输热，当原子的通量从热端扩散到冷端时是正的，因为 dT/dx

是负的，当原子从冷端被驱动到热端时是负的。J_Q 方程中的最后一项是傅里叶定律，κ 是热导率。

在 J_M 方程中，若使 $J_M=0$，得到

$$-T\left(\frac{1}{T}\times\frac{\mathrm{d}\mu}{\mathrm{d}x}-\frac{\mu}{T^2}\times\frac{\mathrm{d}T}{\mathrm{d}x}\right)=\frac{Q^*}{T}\times\frac{\mathrm{d}T}{\mathrm{d}x}$$

移项，并整理得到

$$\frac{\mathrm{d}\mu}{\mathrm{d}T}=\frac{\mu-Q^*}{T}$$

表明，当 $\mu-Q^*=0$ 时，$\Delta\mu=0$。

未通电混装焊点的热迁移

图 9.9（a）、（b）和（c）分别显示了基板上的倒装芯片示意图、芯片与基板之间的倒装芯片混装焊点（composite solder joints）横截面以及混装焊点横截面的扫描电子显微镜（SEM）图像。在图 9.9（a）中，基板上的小方块是电气互连接触焊盘。混装焊点由芯片侧的97Pb3Sn和基板侧的共晶37Pb63Sn组成。焊点的高度为105μm。芯片侧的接触开口直径为90μm。芯片侧的底部金属化（UBM）三层薄膜为Al（约0.3μm）/Ni（V）（约0.3μm）/Cu（约0.7μm）。在基板侧，键合用焊盘金属层是Ni（5μm）以及覆盖在Ni上的一层Au薄膜（0.05μm）。

作为对照实验，将倒装芯片的混装样品放入150℃和大气压下的烘箱中进行恒温退火，退火时长分别为一周、两周和一个月。然后使用光学显微镜和扫描电子显微镜检查混装接头横截面的微观结构，结果见图 9.10。并采用EDX和电子探针微区分析（EPMA）对焊点成分进行分析。经过一个月的退火后，并未观察到高铅与共晶之间的混合或均匀化，图像几乎与无退火时相同。未发生混合的原因在于没有混合驱动力。根据Sn-Pb共晶相图，在150℃下，97Pb3Sn的高铅相和37Pb63Sn的共晶相的化学势大致相同，没有混合的驱动力，因此没有混合。

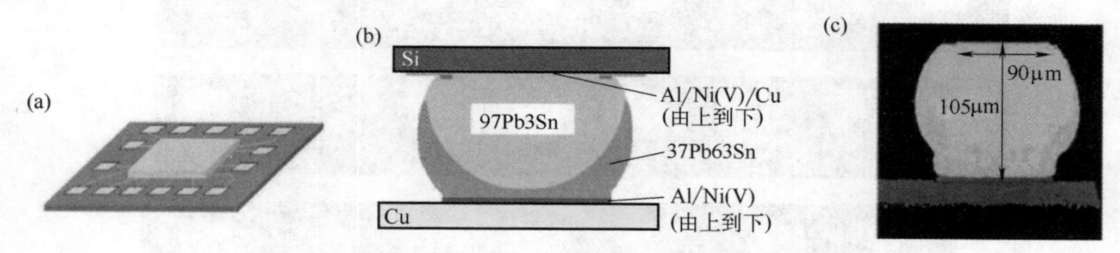

图 9.9 （a）基板上的倒装芯片示意图；（b）芯片和基板之间的倒装芯片混装焊点的横截面；（c）倒装芯片混装焊点横截面的SEM图像

通过焦耳加热引起的温度梯度检测热迁移，对硅芯片外围的24个焊点进行了测试。图 9.11（a）显示芯片外围从右到左的一排24个焊点，每个焊点具有如图 9.9（c）所示的原始微观结构，这些焊点接下来将用来讨论电迁移应力。这里

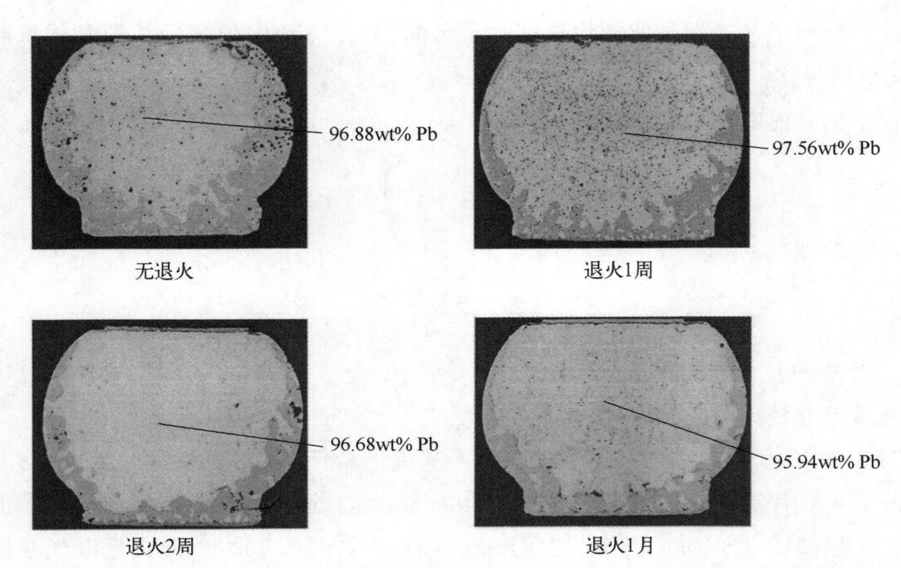

图 9.10 混装焊料凸块在 150℃等温退火一周、两周和一个月的 SEM 横截面

再次强调，焊点底部较暗的区域是共晶 SnPb，而顶部较亮的区域是 97Pb3Sn 合金。

在芯片外围的 24 个焊点中，电迁移测试仅针对其中的四对焊点进行。这四对焊点分别对应于图 9.11（a）中编号为 6/7、10/11、14/15 和 18/19 的焊点。图

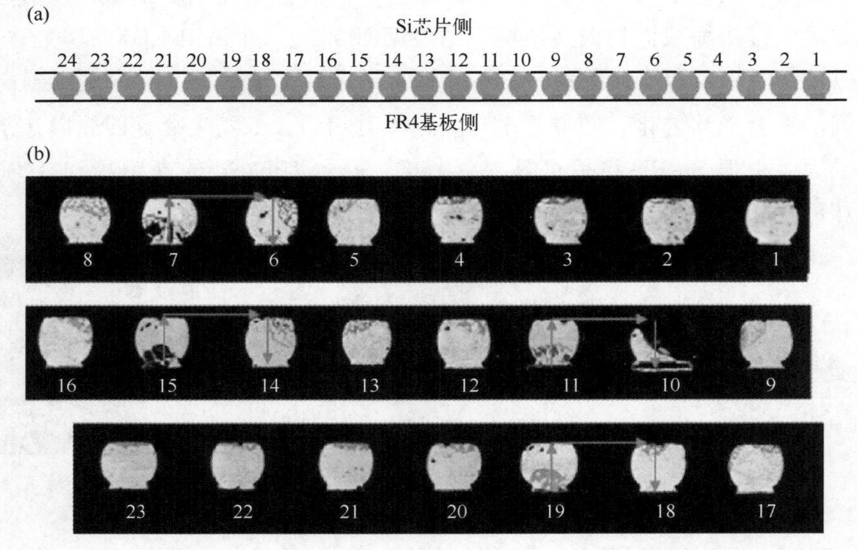

图 9.11 （a）芯片外围从右到左的一排 24 个焊点。（b）焊料凸块的 SEM 图像，编号 6/7、10/11、14/15 和 18/19 的焊点对在 150℃下经 $1.6\times10^4\ A/cm^2$ 的应力处理；其他未通电凸块由于热迁移而显示出 Sn 和 Pb 的重新分布

中，箭头方向为电子流动路径。电子流从一个焊盘流向焊点的底部，沿着焊点上升到硅片上的铝薄膜互连线，然后流向下一个焊点的顶部，再沿着焊点下降，最后到达基板上的另一个焊盘。注意到在这些焊点互连中，可以通过一行焊点中的一对或多对焊点通电，来进行电迁移测试。同时，结构中硅片上的铝薄膜线产生的焦耳热是热源。由于硅具有优良的导热特性，相邻未通电焊点会受温度梯度作用，这和电流应力作用相似。

在 150℃ 下以 $1.6\times10^4\mathrm{A/cm^2}$ 的电流应力进行 5h 测试后，焊点 10 和 11 失效，随后对横截面进行了分析。为了研究热迁移，对未通电的相邻焊点也进行了观测。如图 9.11（b）所示，在整个未通电焊点中均可以清晰地看到热迁移的影响。由于在所有焊点中，Sn 都迁移到了 Si 侧（热端），而 Pb 则迁移到了基板侧（冷端）。在焊点之间产生的温度梯度导致 Sn 和 Pb 的重新分布，或者共晶相和高铅相的重新分布，因为这几个焊点并未施加电流。

对于与通电焊点最近邻的未通电焊点，Sn 的重新分布也向通电焊点倾斜。例如，通电焊点 10 位于未通电焊点 9 的左侧，焊点 9 中 Sn 含量丰富的区域向左倾斜，并观察到空洞。然后，通电焊点 15 位于未通电焊点 16 的右侧，焊点 16 中 Sn 含量丰富的区域向右倾斜。对于那些远离通电焊点的焊点，例如从焊点 1～4 和焊点 21～23，Sn 在 Si 侧的累积较为均匀。

9.7　热传导与电传导之间的交互效应

热流和电流之间的传导交互效应是热电效应，尤其是广为人知的塞贝克效应和珀耳帖效应。塞贝克效应是指由温度梯度产生电流或电势，它是应用热电偶测量材料温度的基础。珀耳帖效应是指由电势梯度产生热流，它是固态冷却器件的理论基础。

热传导和电传导之间的相互作用可以通过下面一对不可逆过程的方程来表示。由于温度不是恒定的，它成为这两个方程中力的变量。J_Q 和 J_E 分别是热流和电荷流。

$$J_Q=L_{QQ}X_Q+L_{QE}X_E=L_{QQ}T\frac{\mathrm{d}}{\mathrm{d}x}\left(\frac{1}{T}\right)-L_{QE}T\frac{\mathrm{d}}{\mathrm{d}x}\left(\frac{\phi}{T}\right)$$

$$J_E=L_{EQ}X_Q+L_{EE}X_E=L_{EQ}T\frac{\mathrm{d}}{\mathrm{d}x}\left(\frac{1}{T}\right)-L_{EE}T\frac{\mathrm{d}}{\mathrm{d}x}\left(\frac{\phi}{T}\right)\tag{9.29}$$

式中，$L_{QQ}=T\kappa$，$L_{EE}=ne\mu_e$，L_{QE} 和 L_{EQ} 是交互效应系数。L_{QE} 表示由电场引起的热流，而 L_{EQ} 表示由温度梯度引起的电流。根据昂萨格互易关系，$L_{QE}=L_{EQ}$。下面将分析上述两式以了解热电效应。将式（9.29）重写为 $\mathrm{d}T/\mathrm{d}x$

和 $\mathrm{d}\phi/\mathrm{d}x$ 的形式，如下所示。

$$J_Q=(-L_{QQ}+\phi L_{QE})\frac{1}{T}\left(\frac{\mathrm{d}T}{\mathrm{d}x}\right)-L_{QE}\frac{\mathrm{d}\phi}{\mathrm{d}x} \tag{9.30}$$

$$J_E=(-L_{EQ}+\phi L_{EE})\frac{1}{T}\left(\frac{\mathrm{d}T}{\mathrm{d}x}\right)-L_{EE}\frac{\mathrm{d}\phi}{\mathrm{d}x}$$

9.7.1 塞贝克效应

图 9.12（a）描述了一个给定长度的单根金属线，其两端保持在两个温度 T_1 和 T_2 下，其中 $T_1>T_2$。因此，存在温度梯度，期望它能驱动电荷载流子流动。但由于导线是断开的，不会发生电流。因此，该条件下，式（9.30）第二个方程中 $J_E=0$，即

$$0=(-L_{EQ}+\phi L_{EE})\frac{1}{T}\left(\frac{\mathrm{d}T}{\mathrm{d}x}\right)-L_{EE}\frac{\mathrm{d}\phi}{\mathrm{d}x}$$

因此，有

$$\frac{\Delta\phi}{\Delta T}=\frac{-L_{EQ}+\phi L_{EE}}{TL_{EE}} \tag{9.31}$$

这被称为汤姆孙效应（Thomson effect）。它意味着由于温度梯度，两端之间将存在电势差。在上面，通过假设 $J_E=0$ 来获得 $\Delta\phi/\Delta\mathrm{T}$。

然而，如果通过图 9.12（a）中的导线施加电流，那么施加的电势在一个方向上会增加，但在相反的方向上则会减小。除了在恒定温度下发生电传导时的常规焦耳加热外，由于汤姆孙效应，焦耳加热也会增加或减少。

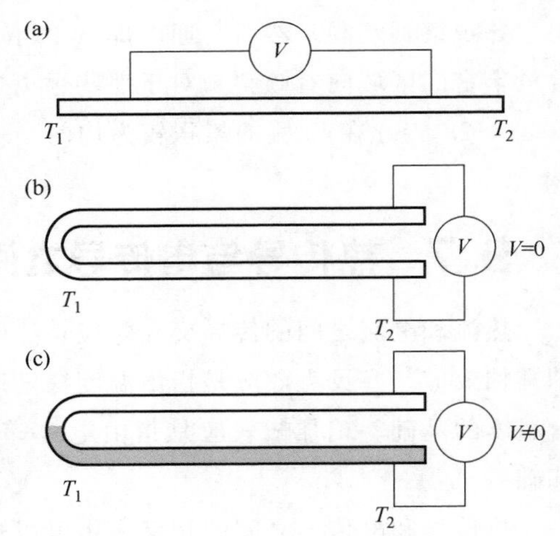

图 9.12 （a）给定长度的单根金属线示意图，其两端保持在不同的温度 T_1 和 T_2，其中 $T_1>T_2$。（b）具有两个分支的弯曲导线的示意图，弯曲的一端位于 T_1，另两端位于 T_2；在 T_2 两端的电势差为零，$V=0$。（c）A 和 B 两种金属线一端连接的示意图；连接的端部保持在 T_1 处，而未连接的端部将在 T_2 处结束；在 T_2 的两个开口端之间存在电势差；连接端是热电偶中的探针

现在，将导线的长度加倍，并在中间弯曲成两个分支，将弯曲的端点放在 T_1，另外两个端点放在 T_2，如图 9.12（b）所示。虽然在 T_1 端的端点与 T_2 的两个端点之间存在电势差，但保持在 T_2 的两个端点之间将没有净电势差，因为两个分支中的电势变化是相同的。

然而，如果用不同的金属替换弯曲

导线的一个分支，或者取两种金属导线 A 和 B，并将它们保持在 T_1 的端点处连接，如图 9.12（c）所示，就得到了一个热电偶。如果将连接端置于高温下，而将热电偶的非连接端置于0℃或室温的参考温度下，就得到了一个热电偶，可以测量保持在参考温度下的两端之间的电势差 $\Delta\phi$。这是因为两根导线的电势变化不同，因此产生了电势差。如果在不同的温度下校准了热电偶，就可以得到了塞贝克系数，

$$\frac{\Delta\phi}{\Delta T}=\varepsilon_{AB}=\varepsilon_A-\varepsilon_B$$

式中，ε_{AB} 是热电偶中导线 A 和导线 B 的热电性能的组合，如式（9.30）所示。为方便起见，已经测量了许多单独材料的 ε_A 和 ε_B 对的热电性能。因此，可以选择一对作为热电偶来测量不同温度范围内的温度。

9.7.2 珀耳帖效应

珀耳帖效应与塞贝克效应相反。如果保持如图 9.12（c）所示的样品的两端温度恒定，并且施加一个电场，两端之间就会有一个温差，也就是可以将热量从一端转移到另一端。如果在式（9.30）中的第一个方程中令 $J_Q=0$，得到

$$0=(-L_{QQ}+\phi L_{QE})\frac{1}{T}\left(\frac{\mathrm{d}T}{\mathrm{d}x}\right)-L_{QE}\frac{\mathrm{d}\phi}{\mathrm{d}x}$$

这样就有

$$\frac{\Delta T}{\Delta\phi}=\frac{TL_{QE}}{-L_{QQ}+\phi L_{QE}} \tag{9.32}$$

在上式中，ΔT 与 $\Delta\phi$ 和 L_{QE} 成正比。ΔT 越大，冷却效果越好。然而，由于 ΔT 的存在，热量将从热端传递到冷端，并降低冷却效果。为了减少热量传递，需要降低样品中的热导率。然而，对于大多数导体而言，热导率与电导率成正比。在珀耳帖效应的应用中，我们面临的挑战在于找到一种具有良好导电性但导热性差的导体。

从可靠性的角度看，原子扩散与导电或原子扩散与导热的交互效应比导热与导电的交互效应更为重要。因此，我们将不讨论更多的热电效应，这实际上在许多书籍和综述文章中均有覆盖。

问题

9.1 热力学中熵的物理意义是什么？

9.2 推导导电过程中的熵增方程。

9.3 在图 9.1 (a) 中，如何定义封闭容器中的压力？尝试推导出理想气体定律 $pV=RT$。

9.4 考虑一根铜线的导电性，铜线长 10 cm，横截面为 $100\mu m^2$。当给铜线施加电流密度为 10^5 A/cm^2 的载荷时，焦耳热是多少？

参考文献

1 Prigogine, I. (1967). *Introduction to Thermodynamics of Irreversible Processes*, 3e. New York: Wiley-Interscience.

2 Ragone, D. V. (1995). *Thermodynamic of Materials*, Chapter 8 on "Nonequilibrium Thermodynamics", vol. Volume II. New York: Wiley.

3 Balluffi, R. W., Allen, S. M., and Carter, W. C. (2005). *Kinetics of Materials*, Chapter 2 on "Irreversible Thermodynamics: Coupled Forces and Fluxes". New York: Wiley-Interscience.

4 Tu, K. N. (2011). *Electronic Thin Film Reliability*, Chapter 10 on "Irreversible Processes in Interconnect and Packaging Technology". Cambridge, UK: Cambridge University Press.

5 Blech, I. A. and Herring, C. (1976). Stress generation by electromigration. *Applied Physics Letters* 29: 131-133.

6 Huntington, H. B. and Grone, A. R. (1961). Current-induced marker motion in gold wires. *Journal of Physics and Chemistry of Solids* 20: 76.

7 Kirchheim, R. (1992). Stress and electromigration in Al-lines of integrated circuits. *Acta Metallurgica et Materialia* 40: 309-323.

8 Tu, K. N. (1992). Electromigration in stressed thin films. *Physics Review* B45: 1409-1413.

9 Korhonen, M. A., Borgesen, P., Tu, K. N., and Li, C.-Y. (1993). Stress evolution due to electromigration in confined metal Lines. *Journal of Applied Physics* 73: 3790-3799.

10 Clement, J. J. and Thompson, C. V. (1995). Modeling electromigration-induced stress evolution in confined metal lines. *Journal of Applied Physics* 78: 900.

11 Wang, P. C., Cargill, G. S. III, Noyan, I. C., and Hu, C. K. (1998). Electromigration-induced stress in aluminum conductor lines measured by x-ray microdiffration. *Applied Physics Letters* 72: 1296.

10.1 引言

在指甲大小的硅芯片中，有数十亿个晶体管，为了将所有晶体管连接起来形成超大规模集成电路，铜互连线的总长度超过10km。到目前为止，电迁移一直是互连技术中最严重和最持久的可靠性问题。这是因为Cu线中的电流密度高达10^5～10^6 A/cm^2。在如此高的电流密度作用下，原子扩散和重排加剧，导致互连结构的阴极附近产生空洞（开路），阳极附近形成小丘（短路）。随着器件微型化的趋势，器件尺寸要求越来越小，纳米级互连的横截面不断缩小，使得电流密度不断增加，电迁移导致电路失效的概率也在增加。这就是为什么电迁移仍然是最重要的可靠性问题，这引起了人们的广泛关注。

相比之下，在家里和实验室使用的普通延长线就不会发生电迁移。这是因为延长线中的电流密度低，约为10^2 A/cm^2，且环境温度较低，使得带有外部橡胶的Cu线不会发生原子扩散。然而，Si本身是一种优异的热导体，硅器件产生的焦耳热可以迅速传出（进入互连Cu线），因此Cu互连中的电流密度较高，高达10^5 A/cm^2。

正常金属导电性的自由电子模型假设价电子在金属中自由移动，不受原子完美晶格的约束，但会受到声子振动和空位、杂质、位错和晶界等结构缺陷引起的散射影响。散射是电阻产生的原因。

当一个原子离开其平衡位置时，例如一个处于激活态的扩散原子，它具有非常大的散射截面，因此具有非常高的电阻。然而，当电流密度较低时，电子和扩散原子之间的散射或动量交换不会增强后者的位移，因此对原子扩散的影响很小。然而，在高于10^4 A/cm^2的高电流密度下，电子的散射可以增强原子沿电子流方向的扩散。在电场的影响下（主要是由于高密度的电流而不是高电压），原子位移的增强和质量传输的累积效应被称为电迁移。

此外，在电路集成得非常密集的器件中，例如在3D IC器件中，热管理或热去除对电迁移的影响是最严重的良率和可靠性问题，在不久的将来，这将成为微电子技术中 VLSI 的限制因素[1]。热量会影响电迁移，它们之间存在正反馈，这将在第 13 章中讨论。通常，服务器在空调房中冷却，以使设备的工作温度保持在 100℃左右，但在移动设备中，这很难做到。

10.2 原子扩散与导电的参数比较

由于电迁移是原子扩散和电子流之间的相互作用，需要考虑原子通量和电子通量，以及由于不可逆过程中的交互效应而引起的它们的耦合。直接比较用于定义这两种通量的参数是有帮助的。表 10.1 列出了它们之间的比较。

在原子扩散中，我们将“驱动力”定义为负化学势能梯度，作用于扩散原子的化学力可以表示为 $F=-\mathrm{d}\mu/\mathrm{d}x$，其中 μ 是化学势能。导电过程中，$E=-\mathrm{d}\psi/\mathrm{d}x=-\mathrm{d}V/\mathrm{d}x$，$E$ 是电场，而不是电场力。电场力可以表示为 eE。这意味着，如果将电荷量为“e”的电荷放在电场 E 中，电荷会受到一个大小为 eE 的力的作用。我们知道，ψ 或 V 的定义是电势，而不是势能。电势能被定义为 $e\psi$ 或 eV。我们再次注意到，热能的单位由 kT 得出，电能的单位由 eV 得出。在原子扩散中，激活能的单位可以是 kcal/mol，也可以是 eV/atom。

表 10.1 原子通量和电子通量的比较

原子通量	电子通量
化学势：μ	电势：ψ 施加电压：V
化学力：$F=-\dfrac{\partial\mu}{\partial x}$	电场：$E=-\dfrac{\partial\psi}{\partial x}=-\dfrac{\partial V}{\partial x}$
迁移率：$M=\dfrac{D}{kT}$	电子迁移率：$\mu=\dfrac{e\tau}{m}$
漂移速度：$v=MF$	漂移速度：$v=\mu E$
原子通量：$J=Cv=CMF$	电子通量：$j=nev=ne\mu E=\dfrac{E}{\rho}$（电流密度）
黏度（摩擦系数）：$1/M$	电阻率：$\rho=\dfrac{1}{ne\mu}=\dfrac{m}{ne^2\tau}$
散度：$\nabla\cdot J=\dfrac{\partial J}{\partial x}+\dfrac{\partial J}{\partial y}+\dfrac{\partial J}{\partial z}=-\dfrac{\partial C}{\partial t}$	散度（高斯定理）：$\nabla\cdot j=-\dfrac{\partial(ne)}{\partial t}$

为了比较电荷的迁移率和原子的迁移率，它们的单位应该是相同的。电荷载流

子迁移率 μ_e 由 v/E 给出，其中 v 是速度，E 是电场，因此其单位为 $cm^2/(V \cdot s)$。此外，电荷载流子迁移率 $\mu_e = e\tau/m^*$，其中 τ 是散射时间，m^* 是电子质量。根据牛顿定律 $F = ma$，可知质量的单位为"力/加速度"，等于"能量 $\cdot s^2/cm^2$"或 $eV \cdot s^2/cm^2$。再次获得电荷载流子迁移率（$= e\tau/m^*$）的单位为 $cm^2/(V \cdot s)$。另一方面，原子迁移率是 $D/(kT)$，其中 D 是扩散系数，单位为 cm^2/s，kT 是热能，因此原子迁移率的单位是 $cm^2/(J \cdot s)$ 或 $cm^2/(eV \cdot s)$。在电荷迁移率和原子迁移率的比较中，载流子迁移率中的电荷"e"已经被抵消了。

关于电流和电流密度，我们注意到电流的定义是导体单位时间通过横截面 A 的电子（或电荷）的总数。因此，$I/A = j$，其中 j 被定义为电流密度。I 的单位是 A 或 C/s，j 的单位是 A/cm^2 或 $C/(cm^2 \cdot s)$。基本上，库仑（C）是静电荷的单位，安培（A）是动电荷的单位，所以 C/s＝A。

相比之下，在原子扩散中，原子通量 J = 原子数$/(cm^2 \cdot s)$。在导电过程中，电荷通量 J 或电流密度被定义为 J = 电荷数$/(cm^2 \cdot s) = C/(cm^2 \cdot s) = A/cm^2$。

10.3 电迁移基础

Huntington 对电迁移的驱动力和动力学进行了分析[2]。图 10.1（a）和（b）是描述原子在面心立方晶格中扩散的示意图。原子经过激活态，并与相邻的空位交换位置。在高电流密度条件下，电子与扩散原子之间的散射或碰撞加剧，原子与空位交换位置的速度以及达到新的平衡位置的速度都会增加。我们注意到，在激活状态下，扩散原子的碰撞横截面积很大，因为它远离其平衡位置，并且已经将其最近的相邻原子推开，因此碰撞横截面积大约增加了 10 倍。这一碰撞力定义为"电子风力"（electron wind force）。许多关于电迁移的研究都遵循 Huntington 的模型[3-7]。

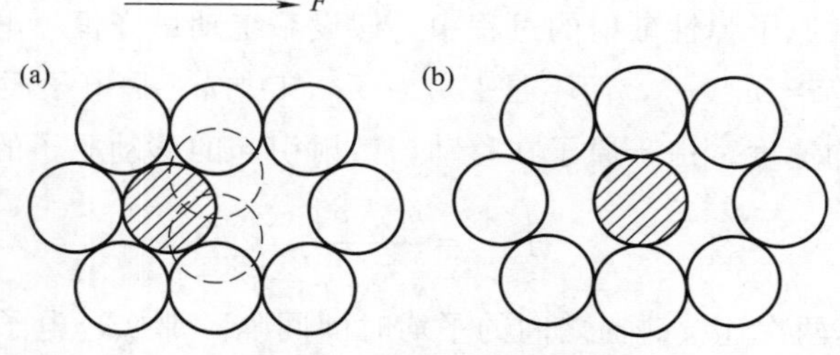

图 10.1 原子以面心立方结构扩散到激活态的示意图。(a) 空位左边的原子试图与空位交换位置，它得到了从左向右流动的电子的帮助。(b) 跃迁原子处于激活态，其散射截面比处于平衡态的原子大得多

电迁移过程中的电子风力 $F=Z^{*}eE=Z^{*}e\rho j$。此处回顾下，当在电场 E 中放置一个电荷“e”，该电荷将受到大小为 eE 的驱动力，沿电场方向移动，这是因为电场是一个矢量。现在，如果在电场中放置一个原子，那么原子将受到大小为 $Z^{*}eE$ 的驱动力。在此，可以将 $Z^{*}e$ 视为原子在电迁移中的有效电荷数。通常，对于诸如 Al 和 Cu 的金属导体，有效电荷数 Z^{*} 约比金属原子的价电子数大一个数量级。因此，Al 的 Z^{*} 约为 30，而 Cu 的 Z^{*} 约为 10。从物理上讲，这也符合预期，因为在激活状态下，扩散原子的碰撞截面比平衡态原子碰撞截面大了约 10 倍。

毫无疑问，从原子运动开始到原子与空位位置交换结束的整个过程，电子风力都对原子扩散有影响，而不仅仅是在原子处于激活态时。

10.3.1 电子风力

在电迁移中，作用在扩散原子上的力可以表示为

$$F_{em}=Z^{*}eE=(Z_{el}^{*}+Z_{wd}^{*})eE \tag{10.1}$$

式中，当忽略动态屏蔽效应时，Z_{el}^{*} 是扩散原子的名义化合价（nominal valence），并且负责电场效应；$Z_{el}^{*}eE$ 为直接力（direct force），方向与电子流方向相反。Z_{el}^{*} 的量值被视为金属原子的名义价电子数。Z_{wd}^{*} 是一个假设的电荷数，代表电子与扩散原子之间的动量交换效应，而 $Z_{wd}^{*}eE$ 称为电子风力，与电子流动方向一致。通常，优良导体的 Z_{wd}^{*} 约为 10，因此电子风力远大于金属中电迁移的直接力。因此，在电迁移中，原子扩散的增强通量与电子流动方向一致。为此，在电迁移中，我们更倾向于使用电子流动的方向。

为了估算电子风力，Huntington 和 Grone 开发了针对散射过程的弹道方法[2]。该模型假设由于扩散原子对电子的散射，自由电子在单位时间内从一个自由电子态过渡到另一个自由电子态的概率。该力（即单位时间的动量传递）是通过将散射电子的初始和最终状态求和来计算的。模型的逐步详细推导过程见文献［2］，下面提供一个简单的推导过程。

在电子被扩散原子弹性散射的过程中，假设系统动量守恒。电子在传输方向上的平均动量变化等于 $m_e\langle v\rangle$，而不是 $2m_e\langle v\rangle$，其中 m_e 是电子质量，$\langle v\rangle$ 是电子流动方向上的平均速度。由于原子在移动，散射引起的移动原子的力是

$$F_{wd}=\frac{m_e\langle v\rangle}{\tau_{col}} \tag{10.2}$$

式中，τ_{col} 是两次连续碰撞之间的平均时间间隔。那么，电子每秒每单位体积向扩散原子的净动量损失为 $nm_e\langle v\rangle/\tau_{col}$，而单个扩散原子的受力为

$$F_{wd}=\frac{nm_e\langle v\rangle}{\tau_{col}N_d}$$

式中，n 是电子密度，而 N_d 是扩散原子的密度。电子密度可表示为 $j=-ne\langle v\rangle$。将 $\langle v\rangle$ 代入上式，得到：

$$F_{wd}=-\frac{m_e j}{e\tau_{col}N_d}=-\frac{m_e}{ne^2\tau_{col}}\times\frac{neE}{\rho N_d}=-\left(\frac{\rho_d}{N_d}\right)\left(\frac{n}{\rho}\right)eE$$

式中，$\rho=E/j$ 为电阻率，$\rho_d=m/(ne^2\tau_{col})$ 代表由扩散原子引起的金属电阻率，其中 E 为外加电场。

除了电子风力之外，电场将对扩散原子产生直接力，该力由下式给出：

$$F_{direct}=Z_{el}^{*}eE$$

当忽略原子周围的动态散射效应时，Z_{el}^{*} 可视为金属原子的名义价态。因此，作用在原子上的总力可以写为

$$F_{EM}=\left[Z_{el}^{*}-Z\left(\frac{\rho_d}{N_d}\right)\left(\frac{N}{\rho}\right)\right]eE$$

式中，N 是导体的原子密度，且 $n=NZ$。该式进一步可以写为

$$F_{EM}=Z^{*}eE$$

$$Z^{*}=Z_{el}^{*}-Z\left(\frac{\rho_d}{N_d}\right)\left(\frac{N}{\rho}\right)$$

式中，Z^{*} 为电迁移中的原子有效电荷数。

上述模型显示，本质上有效电荷数可以用扩散原子与正常晶格原子的比值来表示。

$$Z_{wd}^{*}=Z\frac{\rho_d/N_d}{\rho/N}$$

式中，$\rho=m_0/(ne^2\tau)$ 是平衡晶格中原子的电阻率；$\rho_d=m^{*}/(ne^2\tau_d)$ 则是扩散原子的电阻率；m_0 和 m^{*} 分别为自由电子质量和有效电子质量，它们数值相等；τ 和 τ_d 分别为晶格原子和扩散原子的弛豫时间。在 FCC 晶格中，沿着 ⟨110⟩ 方向有 12 条等效跳跃路径。对于给定的电子电流方向，扩散原子的平均电阻率须通过因子 1/2 进行修正。整理上述方程，有

$$Z^{*}=-Z\left(\frac{1}{2}\times\frac{\rho_d/N_d}{\rho/N}-1\right) \tag{10.3}$$

式中，取 Z_{el} 为 Z，即金属原子的名义化合价。从概念上讲，这意味着要计算 Z^{*}，需要知道散射原子与晶格原子的特定电阻率比。

10.3.2 有效电荷数计算

在金属中，假设原子的电阻率与散射弹性截面成正比，又假定这个截面面积与偏离平衡位置的平均值的平方（或 $\langle x^2\rangle$）成正比。正常晶格原子的截面可以根据

原子振动的爱因斯坦模型来估计，其中每个模式的能量都为：

$$\frac{1}{2}m\omega^2\langle x^2\rangle=\frac{1}{2}kT$$

式中，m 和 ω 分别为原子质量和角振动频率，$m\omega^2$ 为振动力常数。如图 10.1 所示，为了得到扩散原子的散射截面 $\langle x_d^2\rangle$，假设该原子及其周围原子均已激活，拥有扩散运动的激活能 ΔH_m，该能量与温度无关。

$$\frac{1}{2}m\omega^2\langle x_d^2\rangle=\Delta H_m$$

然后，根据以上二式的比值，可以得到散射截面的比值

$$\frac{\langle x_d^2\rangle}{\langle x^2\rangle}=\frac{2\Delta H_m}{kT}$$

将该比值代入 Z^* 的方程，得到

$$Z^*=-Z\left(\frac{\Delta H_m}{kT}-1\right) \tag{10.4}$$

这样就可以在给定温度下计算出 Z^* 值。计算出的 Z^* 值与 Au、Ag、Cu、Al 和 Pb 的测量值相当一致。比如，在 480℃ 和 640℃ 下，Al 的测量和计算 Z^*（取 $\Delta H_m=0.62$ eV/atom）分别为大约 −30～−26。另外，用该式对 Au 计算所得的 Z^* 温度依赖性与 Huntington 和 Grone 的测量值[2] 一致。

10.3.3 原子通量发散诱发的电迁移损伤

在电传导中，基尔霍夫定律指出，所有进出某一点的电流之和必须为零，因此流入通量等于流出通量，从而在该点没有电通量发散，除非该点是电荷的源或汇。但是，针对通量这一概念，在一个物理点处可以存在通量发散，例如在三叉点（或三叉线）处，即三个晶粒边界在多晶微观结构中的交汇处。假设三个晶粒边界的扩散系数与扩散的有效晶界宽度相同，那么在三叉点处将存在原子通量发散，其中流入通量来自一个晶粒边界，但流出通量沿着其他两个晶粒边界出去，反之亦然。长时间迁移事件后，通量发散的净效应是空位（或原子）的积累或耗尽。比如在铝互连中就出现过这类事件，因为铝互连器件在 100℃ 下运行时，铝线中的电迁移由晶粒边界扩散控制。空位的积累可能导致在发散位置形成空洞，进而可能在互连微观结构中形成开路。

注意，如果没有原子通量发散，或者原子通量在互连器件中处于稳态，相应地，对立的空位通量也处于稳态；这时若发生电迁移，就不会出现电迁移损伤。若假设在样品中所有位置的空位浓度都处于平衡状态，或者空位的源和汇在样品中完全有效，因此晶格移位完全是为了适应空位的吸收和发射。根据 Darken 的经典互

扩散模型，当空位处于平衡状态时，不会有空洞形成。这是因为空洞的形核需要空位达到过饱和。下面将简要讨论通量发散的位置。

空位吸收和发射最常见的位置是互连器件的自由表面。然而，当表面被氧化，且氧化物稳定并具有保护作用时（例如铝互连器件上的氧化铝（或镀锡表面上的氧化锡），铝/氧化物界面就不再是有效的空位源和汇），会发生通量发散。对于铜互连器件，化学机械平坦化后的自由表面是通量发散的最重要路径，此处会发生电迁移损伤。

通量发散的下一个常见位置是相间界面，例如 W 通孔和 Al 线之间的界面。这是因为界面两侧的（元素）溶解度和扩散性会发生剧烈变化。

那么，晶界也是通量发散的位置，以三叉点为甚。毫无疑问，位错，特别是刃型位错线（edge dislocation line）上的扭折（kink）也是通量发散的关注位置。就像在位错攀移中一样，扭折可以吸收原子和发射空位。因此，晶格平面是可以创建和破坏的。当创建或破坏的晶格平面在晶格中迁移时，就有了晶格移位，并且该迁移对微观结构损伤或空洞形成没有影响。晶格平面迁移或晶格移位在 Darken 的互扩散分析中通过标记运动来体现。但是，如果晶格平面的两端被保护性的氧化物界面固定，那么该平面就无法迁移，通量发散就会发生。在互扩散中，这会导致弗仑克尔空洞或柯肯达尔空洞形成。在铝的电迁移中，这也是形成背应力，空洞和小丘的原因。回顾一下图 10.5，该图显示了铝短线中的背应力效应、空洞和小丘。

此外，空洞形核后生长，需要空位浓度梯度来提供后续空位。相应地，小丘的生长，需要一个法向应力梯度。关于背应力，根据 Nabarro 和 Herring 在应力固体中的应力势模型，压缩区将能够吸收一些空位以减少压应力，而拉伸区将能够吸收一些过剩原子以减少拉伸应力。这能容纳一定程度的通量发散，但不多。

在多层铜互连中，由于双金属镶嵌（双大马士革）工艺，化学机械抛光 Cu 顶层表面与溅射的 SiO_xN_{1-x} 之间存在界面。与 Al 和 Al_2O_3 之间的界面不同，溅射 SiO_xN_{1-x} 并不是铜上的保护性氧化物，相反，它们之间的界面是好的空位源和汇。因此，界面上的铜扩散类似于铜自由表面上的扩散，扩散迅速。会在电迁移过程中，在界面上空洞会在界面上形成和迁移。这是多层铜互连中电路故障的主要原因。回顾一下第 1 章中的图 1.7，该图显示了电迁移引起的多层铜互连中的损伤。从焦耳热的观点来看，阴极变薄使得电流密度增加，进而增加焦耳热，导致温度升高。这成了一个正反馈，将加剧电迁移失效。此外，当空洞形成并迁移到通孔底部时，会发生互连快速失效。这是因为在通孔底部只需要一个薄饼状的空洞就能引起电开路。

10.3.4 电迁移中的背应力

几乎在所有电迁移实验研究中，尤其是对于电迁移的通量，都以 Huntington

和 Grone 的模型为理论基础。

$$J_{EM}==C\langle v\rangle=CMF=C\frac{D}{kT}Z^{*}eE=\frac{1}{\Omega}\times\frac{D}{kT}Z^{*}e\rho j \tag{10.5}$$

这表明，如果知道扩散系数 D，并使用短的条带测量漂移速度（drift velocity），就能计算出 Z^{*}。

在 Z^{*} 的测量方面，Blech 开发了一种有效的方法，即使用 TiN 上的短的带状 Al 来进行实验[8,9]。Blech 在 TiN 细线上制作了一组长度不同的短的带状 Al，其中一条如图 10.6 所示。由于 Al 的导电性比 TiN 好，电子会绕过 TiN 进入 Al。这些 Al 在阴极和阳极两端都会发生电迁移损伤。如图 10.6 所示，在阴极端物质耗尽或形成空洞，阳极端形成小丘。Blech 带最有价值的一点是，可以直接观察到电迁移造成的损伤。因此可以通过测量阴极端的耗尽速率来测量电迁移的动力学，进而计算出 Z^{*} 的值。

在 Al 互连电迁移研究的早期阶段，面临两个关键性挑战。一是如何通过实验测量 Z^{*}，以验证其是否与电子风力的理论模型一致。二是如何减少 Al 互连技术中的电迁移损伤。然而，当人们意识到 Al 互连线中的电迁移是在器件工作温度下由晶界扩散控制的时候，通过添加少量（约 1%）的 Cu 来减缓 Al 中的自晶界扩散系数，从而找到了减少 Al 中电迁移的方法[3]。但 Cu 的添加量不能更多，因为会增加 Al 线的电阻率。

为了完成关于电迁移基本模型的这一部分，假设存在晶格扩散，且如图 10.1 所示。然而，在器件工作温度为 100℃的 Al 互连中，电迁移是通过晶界扩散发生的。换句话说，当讨论式（10.5）中的电迁移通量时，不仅需要考虑热力学驱动力，还需要考虑扩散的动力学。实际上，当回顾微电子设备中 Al、Cu 和焊料互连的实验电迁移损伤时，我们发现它们在器件工作温度为 100℃时，主要是 Al 中的晶界扩散、Cu 上的表面扩散和无铅焊料中的晶格扩散。不同的动力学路径将导致不同的失效位置和模式。表 10.2 列出了 Al、Cu 等在 100℃附近的相应扩散系数。

表 10.2 100℃下的扩散系数

材料	熔点 T_m/K	约比温度 373K/T_m	扩散系数/(cm^2/s)
Cu	1356	0.275	表面 $D_s=10^{-12}$
Al	933	0.4	晶界 $D_{gb}=6\times10^{-11}$
Pb	600	0.62	晶格 $D_i=6\times10^{-13}$
SnPb 共晶	456	0.82	晶格 $D_i=2\times10^{-9}\sim2\times10^{-10}$

10.4 三维电路中的电流拥挤与电迁移

当电子流转动方向时，就会出现电流拥挤（current crowding）现象，这在3D结构中很常见。即使在2D IC器件中，多级金属互连结构也是3D的。例如，在多级互连中，用于连接两个层级通孔导体。无论是从左到右还是从上到下，所有电子都走最短的路径以减少电阻。图10.2显示了电流拥挤的一个例子，其中在高电流密度下重掺杂Si沟道中形成镍硅化合物。在图10.2（a）中，由于阴极和阳极沿着一条直线排列，因此在Si沟道中形成了一条直的硅化物线。在图10.2（b）中，硅化物线发生了一个90°的转弯，因为电极彼此成直角。图10.2（b）中的独特之处在于发现硅化物线是沿着沟道的内角形成的，而不是在沟道的中间。这是由于硅化物线是在电流驱动下形成的，显示出电流拥挤的特性。

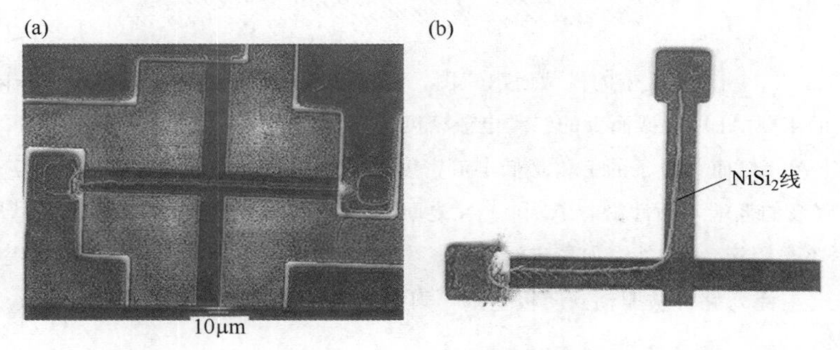

图10.2 SEM图：（a）在排列成行的两个Ni电极之间形成的直的镍硅化物线；（b）在两个Ni电极之间形成旋转90°的镍硅化物线

然而，电流拥挤对电迁移诱导损伤的影响是不寻常的；损伤往往发生在电流密度低的区域，而不是电流密度高的区域，这与基于电子风力的预期相反。这是因为在电流密度低的区域，电子风力很弱，因此电迁移应该很小[10,11]。

通过模拟导体中的电流分布，可以很容易地证明电流拥挤现象是导体几何形状和电阻的函数。除了匝数，当导体改变其厚度或宽度或电阻时，也会发生电流拥挤。此外，当电流穿过接触界面时，例如图10.3（a）中阴极端附近的Al/TiN界面以及阳极端附近，电流拥挤的程度不仅取决于Al和TiN的电阻，还取决于Al/TiN界面的接触电阻。接触电阻越大，电流拥挤越小。

在倒装芯片键合技术中，焊料凸块直径约为100μm，并且它与大约1μm厚的Al或Cu线相连，如图10.4（a）所示。如果假设线宽和凸块直径相同，那么当相同的电流从线流向焊球或反过来时，电流密度会变化两个数量级。在它们之间的过渡区域会发生非常大的电流拥挤。图10.4（b）上半部分的二维电流分布模拟显示，

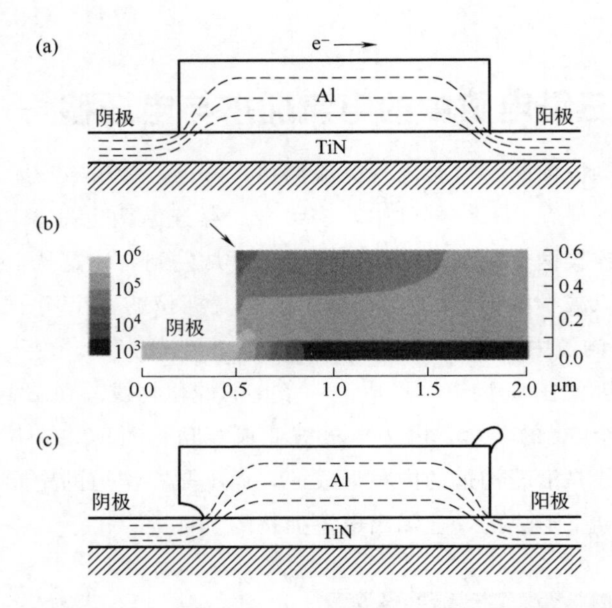

图 10.3 (a) TiN 上 Al 短带的横截面示意图，电流发生在电子进入阴极端和离开阳极端时。(b) TiN 上的半条 Al 短带截面上的二维电流密度分布，电流拥挤发生在 Al 和 TiN 之间的接触界面的末端，然而，短条的上角是低电流密度区域，如短箭头所示。(c) 如果空位跟随电流到达阴极的低端，预计沿着 Al 和 TiN 之间的界面会形成薄饼状空洞（薄饼状空洞不能耗尽整个阴极）；另外，如果空洞的生长发生在阴极的上端，并由空位通量提供，走一条弯路并被驱动到阴极上端，则空洞可以向下生长以耗尽整个阴极

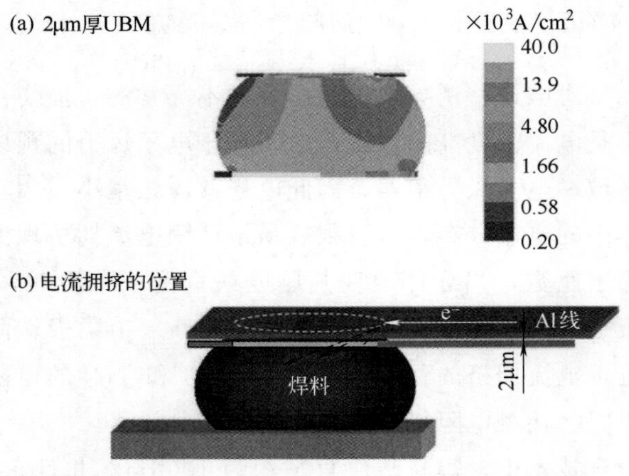

图 10.4 (a) 接头横截面的二维电流分布模拟，当电子从 Al 线流入焊料凸块时，电流拥挤发生在右上角的入口；(b) Al 开口（焊盘）和焊点的接头；开口直径为 100μm，焊料凸块厚度为 2μm（开口由 Al 和焊料凸块之间的介电层限定）

过渡区域的电流密度比焊料接头内的电流密度高约一个数量级。过渡区域一直是倒装芯片互连接头中电迁移最常见的失效位置。

当前，由于有可商用的程序，可以很容易地获得二维和三维结构中的电流分布模拟云图。通过模拟，可以很容易地看到高电流密度区域和低电流密度区域的位置。在电迁移的情况下，如果空洞形成在高电流密度区域，这是可以预料的，但如果出现在低电流密度区域，则需要解释。

10.4.1　低电流密度区域的空洞形成

Okabayashi 等人[12] 制备了原位透射电子显微镜（TEM）样品，用于直接观察电迁移过程中的空洞和小丘的形成，如图 10.5（a）。Al 线的宽度经过设计，可以从侧面（而不是从上面）在 TEM 中清晰地成像。

换句话说，从侧视图来看［图 10.5（a）］，TEM 中的电子束垂直于施加的 50mA 电流。经过 14s 的电迁移后，在铝带左上角（即阴极端的上角）观察到了一个空洞。根据图 10.3（b）的电流模拟分布结果，我们注意到上角的电流密度非常低。此外，经过长时间的电迁移后，施加的电流极性发生反转，并且在小丘的上端

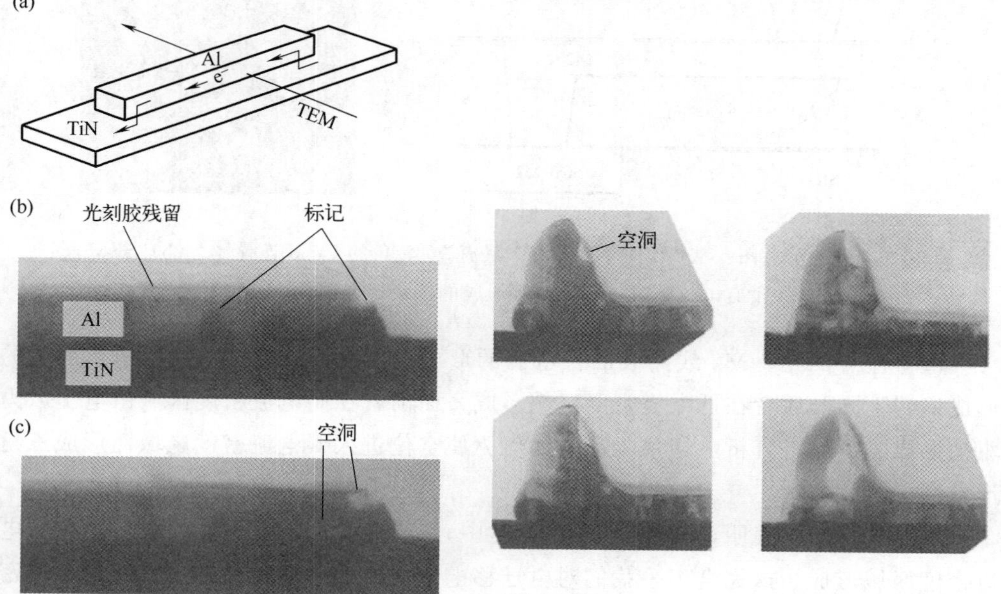

图 10.5　（a）原位 TEM 样品的示意图，其中电子束在电迁移过程中穿过样品的侧面，以直接观察电迁移中的空洞和小丘的形成。（b）电迁移 14 s 后，在铝线的左上角，即阴极端的上角看到空洞；上角具有非常低的电流密度。（c）在长时间的电迁移之后，施加的电流的极性反转，并且在小丘上端（在极性改变之前为阳极）处形成空洞；同样，小丘上端的电流密度应该非常低，但那里的空洞随着电迁移而不断增长

(在极性改变之前是阳极）形成了一个空洞，如图 10.5（c）所示。再次，小丘上端的电流密度应该非常低，但那里的空洞在电迁移过程中继续生长。这些结果表明，电迁移引起的空洞形成发生在电流拥挤的低电流密度区域。

Shingubara 等人[13] 在 TiN 上制作了 U 形基线，并在其上沉积了 Al 短线，使一些短线从 TiN 的 U 形基线伸出，使得 Al 短带在基线之外悬垂。悬垂部分大约长 20μm。显然，当电流施加到 TiN 基线时，在电迁移过程中悬垂部分不会有电流。然而，实验观察到在电迁移过程中悬垂部分形成了空洞。

Hu 等人[7] 对铜的三层大马士革互连结构进行了电迁移试验，该结构包含两个铜通孔（V1 和 V2），连接三层线路（M1、M2 和 M3）。在测试温度为 295℃、电流密度为 2.5×10^6 A/cm^2，以及电迁移 100 h 的条件下，发现 V1 通孔左侧形成了一个大的三角形空洞，如图 10.6。然而，在形成三角形空洞的区域电流密度较低。此外，还发现 V1 通孔上方的线路（M2）表面形成了一些长而浅的空洞，这与铜的电迁移是通过表面扩散发生的事实一致。

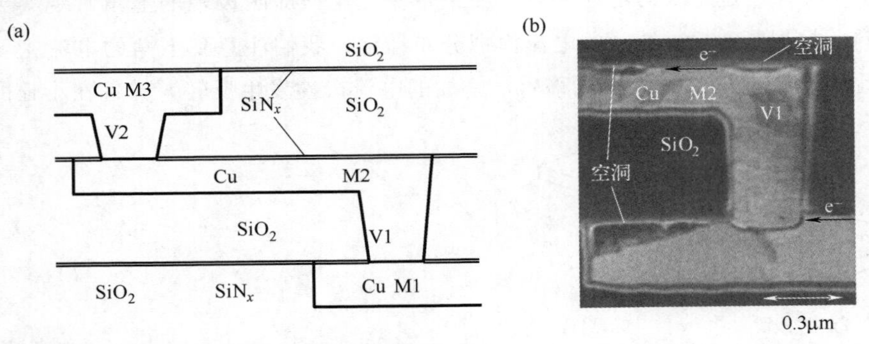

图 10.6 （a）示意图：从 M1 到 M2 到 M3 具有 90°转角的 Cu 互连导体。（b）SEM 图：在没有电流流过的 M1 左侧形成的三角形空洞的 SEM 图

值得注意的是，M2 线路表面长空洞的形成机制与 V1 通孔左侧三角形空洞的形成机制不同。后者在低电流密度区域形成，而前者在高电流密度区域由电子风力驱动形成。下面将分析电迁移驱动力如何驱使空位进入低电流密度区域而形成三角形空洞。

上述观察结果表明，在 Al 和 Cu 互连中，一些由电迁移引起的空洞会在低电流密度区域形成。这完全出乎我们对电迁移电子风力的理解，因为这意味着电流密度越低，驱动力就越小。实际上，在低电流密度区域，电子风力非常弱，不应该有电迁移发生。进一步地，我们发现所有低电流密度区域空洞形成现象都发生在电子流转向附近。

图 10.3（b）显示了 Al 带横截面上的二维电流密度分布。事实上，电流拥挤发生在 Al 和 TiN 之间接触界面的两个较低角落的末端，电子从 Al 带中流入流出。

然而，短带的两个上角都是电流密度非常低的区域。根据电子风力，预计空位将被驱赶到电流拥挤区域，即 Al 和 TiN 之间接触界面的阴极端，电子从 Al 中退出并进入 TiN。由于电子风力会继续将越来越多的空位驱赶到退出区域，因此当退出区域中的空位浓度达到成核所需的过饱和时，空洞就会形核。空洞的横向生长将推动电子从底端向内流动，因为空洞现在占据了末端。空洞的横向生长由电迁移驱动的空位流提供能量，因此可以预计空洞会沿着 Al/TiN 界面以薄饼状生长，见图 10.3（c）。

上述预计的错误之处在于，它不会导致 Al 短带的整个阴极端的耗尽。它只会导致沿着 Al/TiN 界面形成薄饼状空洞。然而，实验观察到的结果却并非如此。空洞实际上生长延伸到了阴极的上角[12]。实验上，Al 短带的整个阴极在电迁移中完全耗尽。若要耗尽整个阴极，空位必须进入左上角的低电流密度区域，如图 10.3（b）所示。因此，空洞必须从 Al 带的左角上端开始或形核，空洞的生长应该向下并朝着阳极发展。这样的定向发展使得阴极端的耗尽速率变得可以测量。

我们可以考虑和检查左上角的空洞形核是否可以通过应力迁移或热迁移来解释。如果假设越来越多的空位被驱使到高电流密度区域（可以假设它处于拉伸状态），则在高电流密度区域和低电流密度区域之间就会产生空位浓度梯度。则后者低电流密度区域可以假设为没有应力。空位梯度将驱使空位从高电流密度区域向低电流密度区域扩散。然后，问题在于这是否会导致低电流密度区域形成空洞。因为已经假设了空位浓度梯度，高电流密度区域的空位浓度总是高于低电流密度区域。然而，空洞形核需要空位的过饱和，并且由于高电流密度区域的空位浓度较高，因此假设空位将在低电流密度区域而不是在高电流密度区域形核是不合理的。

对于热迁移，简要回顾一下使用铜壶烧水时会发生的情况，将会很有助益。水沸腾后，壶的外部温度将超过 600℃，内部温度约为 100℃。如果壶壁的厚度为 1mm，就会得到一个 5000℃/cm 的温度梯度，这是非常大的，预计热迁移会穿过壶壁。温度梯度将驱使 Cu 原子从热到冷、由外而内扩散。如果发生这种情况，应该可以推测壶的内径会随着时间的推移而增大，因为越来越多的原子扩散到壶内。但是，如果我们检查使用多年的家用壶，它们根本不会变大。原因是热端有更多的空位，空位的扩散倾向于平衡原子的热迁移。因此，纯金属中的热迁移往往可以忽略不计。

10.4.2 电迁移中的电流密度梯度力

总的来说，电迁移是由于电子风力引起的，但是这种力无法解释低电流密度区域空洞的形成。因此，有学者提出了一个新的电迁移力，即电流密度梯度力[10,14,15]，它垂直于电子风力。这种新的力将在电子风力驱动的空位到达高电流密度区域之前，使空位偏离并扩散到低电流密度区域。由于空位进入低电流密度区域，空位浓度可以达到过饱和，可以在那里实现空洞形核。

如图 10.7（a）所示，考虑一个具有 90°转弯的导体中的电迁移。电流密度梯度力是由于转弯处电流拥挤产生电势梯度而产生的。图 10.7（b）显示了转弯区域电势梯度的模拟结果。

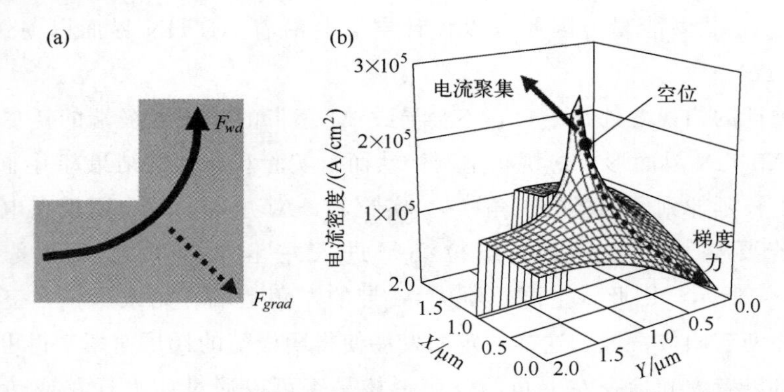

图 10.7 （a）一个 90°转弯的导体示意图。（b）导体 90°转弯处电势梯度的模拟；电流拥挤发生在内侧转弯处，电势梯度力方向从内侧转弯处向下至右下角

在转弯之前，导体是直的，因此电流密度是均匀的，同时有一个均匀的空位通量从阳极侧移动到阴极侧，或者是一个相反方向的原子通量。接近转弯时，发生电流拥挤；转弯内侧的电流密度较高，而外侧的电流密度较低。对于那些在内侧沿着高电流密度路径的空位，其势能增加，其平衡浓度应低于均匀区域中的浓度。然而，外侧的低电流密度区域可以具有比均匀区域更高的平衡空位浓度。电势梯度将推动高电流密度区域中多余的空位向低电流密度区域移动。换句话说，电势能梯度力驱动空位从高电流密度区域向低电流密度区域移动。

空位的扩散是上坡的，从低空位浓度区域向高空位浓度区域移动，即与空位浓度梯度相反。然而，上坡的空位通量实际上是由下坡的电势能梯度驱动的。下面进行定量分析。

当在导体上施加电势时，每个原子和空位的化学势能增加。由于电阻的存在，空位（或溶质原子）的势能增加远大于基体原子的增加。此外，这种增加与电流密度成正比。在高电流密度区域，空位将具有更高的势能，因此高电流密度区域中的空位浓度将降低。这意味着在高电流密度区域中形成一个空位的能量更高，因此浓度将更低，类似于机械压缩固体中的情况。

考虑一个单晶铝条，并假设铝晶格中的空位具有特定电阻率 $\rho_v = R_v$。由于电阻率随温度变化，特定电阻率可能因焦耳热而随电流密度变化。然而，为了简单起见，在这里忽略温度效应，并假设电阻率与电流密度无关。由于空位是晶格缺陷，可以将其特定电阻率（单个空位的电阻）视为超过晶格原子的额外电阻。在电流密度为 j_e 或电流为 I 的电迁移下，空位两端会产生 $\Delta V = IR_v$ 的电压降。从能量的角度来看，可以认为空位具有比周围晶格原子更高的电位 ΔV。知道空位的电荷后，可以得到在电流密度 j_e 下的空位势能为 $Z^{**}e\Delta V$，其中 Z^{**}是空位的有效电荷数，e 是电子电荷。电流密度 j_e 或电流 I 下的空位势能如下所示。

$$P_v = Z^{**}e\Delta V \tag{10.6}$$

如果假设没有任何电流（$j_e = 0$）的单晶中的平衡空位浓度为 C_v，

$$C_v = C_0 \exp\left[-\Delta G_f/(kT)\right] \tag{10.7}$$

式中，C_0 是晶体的原子浓度，ΔG_f 是晶体中空位形成能。当对晶体施加电流密度为 j_e 时，空位浓度将降低到

$$C_{ve} = C_0 \exp(\Delta G_f + Z^{**}e\Delta V)/(kT) \tag{10.8}$$

在均匀的高电流密度下，晶体中的平衡空位浓度降低。换句话说，电流不喜欢任何过高电阻的障碍（或缺陷），并且倾向于消除它们，直到达到平衡。当存在电流密度梯度，如电流拥挤时，就存在一个驱动力来实现这一点。

$$F = -\mathrm{d}P_v/\mathrm{d}x \tag{10.9}$$

式中，P_v 在式（10.6）中定义为电流密度 j_e 中空位的电势能。该力驱动多余空位在垂直于电流方向上扩散。因此，空位通量的一部分在垂直于电流流动方向上移动，如图 10.7（b）所示，

$$J_{cc} = C_{ve}\left(\frac{D_v}{kT}\right)\left(-\frac{\mathrm{d}P_v}{\mathrm{d}x}\right) \tag{10.10}$$

式中，$\frac{D_v}{kT}$为空位迁移率，D_v 为空位在晶体中的扩散系数。由于电迁移作用，空位会以恒定流量从阳极持续向阴极流动，因此，向阴极移动的空位总流量由以下两个分量的矢量和给出：

$$J_{sum} = J_{em} + J_{cc} = C_{ve}\left(\frac{D_v}{kT}\right)\left(-Z^{*}eE - \frac{\mathrm{d}P_v}{\mathrm{d}x}\right) \tag{10.11}$$

式中，第一项是由于电流密度（电子风力）驱动的电迁移引起的，第二项是由于电流密度梯度驱动的电流拥挤引起的。在第一项中，Z^* 是扩散 Al 原子的有效电荷数，$E = j_e\rho$（其中 ρ 是 Al 的电阻率）。在此假设空位通量与 Al 通量相反但相等。还需注意的是括号中的和是一个矢量和；第一项沿着电流方向，第二项垂直于电流方向。换句话说，在电流拥挤区域，空位是由两个力驱动的，见图 10.7（a）的左上角。由于电流在电流拥挤区域中连续转弯，J_{sum} 的方向随着位置而变化。

梯度力有多大？如果通过金属带施加 10^5 A/cm^2 的电流密度，并假设电流密

度在 1μm 的金属带厚度内降至零，则梯度可能高达 $10^9 A/cm^3$。梯度力的大小与电子风力相当。

然而，由于跨越一个原子的电势梯度非常小，晶格原子上的电流密度梯度力可以忽略不计。但由于空位电阻大约是原子电阻的 100 倍，因此空位上的电势梯度力是显著的。

从动力学的角度来看，由电流密度梯度力驱动的空位扩散主要通过晶格扩散发生。如果晶界恰好存在于电流拥挤区域，也可以考虑晶界扩散，但很难想象如何通过表面扩散发生，因为没有表面扩散路径。然而，在器件工作温度为 100℃的 Cu 中，空位扩散和界面扩散均有可能发生。

简而言之，假设空位和溶质原子等缺陷在高电流密度区域比低电流密度区域具有更高的电势。电流拥挤区域的电势梯度提供了驱动力，将这些缺陷从高电流密度区域推到低电流密度区域。因此，空洞倾向于在低电流密度区域而不是在高电流密度区域形成。换句话说，由于电流拥挤，三维互连中的电迁移故障倾向于发生在低电流密度区域。

10.4.3 倒装芯片焊点中电流拥挤诱导的薄饼状空洞形成

首先回顾一下，原子通量的单位是单位面积单位时间内的原子数，因此横截面积的变化会导致原子通量的变化。当传导路径改变其横截面时，如图 10.4 所示，由于横截面的大幅变化以及连接焊点的 Al 或 Cu 薄膜线的原子扩散系数的变化，接触（焊盘）处会出现原子通量发散。此外，由于电流拥挤，电流密度也会发生变化，如图 10.4（a）所示。

在倒装芯片键合技术中，焊料凸块的直径约为 100μm，如果假设线路的宽度和凸块的直径相同，则它连接到厚度约为 1μm 的 Al 或 Cu 线，当相同的电流通过它们时，电流密度会变化两个数量级。在线路到凸块接触（焊盘）或过渡区域，会发生非常大的电流拥挤。图 10.4（a）显示了从线路到倒装芯片焊点，或从焊点到线路的电流密度变化的模拟图。这种现象类似于瀑布。结合原子通量发散与电流拥挤，接触处已成为倒装芯片焊点中电迁移失效的最主要位置。

在图 10.8 中，上半部分显示了倒装芯片焊点的菊花链（daisy chain）在电迁移后的 SEM 图像，图中白色箭头显示电流路径。在 1 号、3 号和 5 号焊点（凸块）处，电子从左上角进入焊点，形成薄饼状空洞。图 10.8 的下半部分显示了 1 号、3 号和 5 号焊点中薄饼状空洞的放大图像。然而，在 2 号、4 号和 6 号焊点上，电子从右下角离开焊点，电流拥挤程度大为降低，没有形成空洞。

电流拥挤的模拟类似于图 10.4 所示的瀑布状，其基础是 Al 与焊点的直接接触，没有 UBM 或使用了非常薄的 UBM（厚度小于 1μm）。此外，较厚的 UBM 会

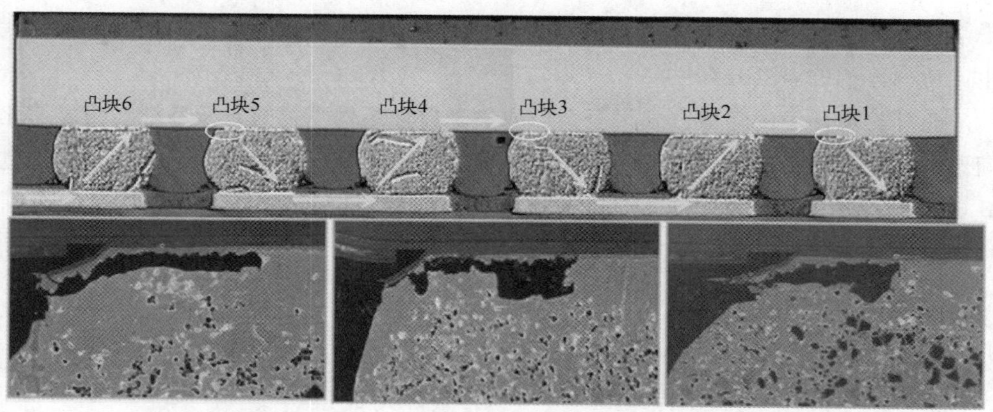

图 10.8 上排的SEM图像显示了电迁移后倒装芯片焊点的菊花链，白色箭头显示电流路径；在1号、3号和5号焊点上，电子从左上角进入焊点，形成薄饼状空洞。下排放大的SEM图像显示了1号、3号和5号焊点中的薄饼状空洞

减少电流拥挤。模拟显示，当使用较厚的UBM（如约10μm的Cu）时，电流密度分布将遍布整个接触区域，使得电流拥挤程度较低。

10.5 焦耳热与热耗散

如第9章所述，焦耳热是产生热量的主要原因，这是基于不可逆过程的熵增。对于电传导，下式表明熵增是 j ［电流密度，$C/(cm^2 \cdot s)$］的共轭通量和共轭驱动力 E（电场 $E=j\rho$，ρ 为电阻率）的乘积。

$$\frac{T\mathrm{d}S}{V\mathrm{d}t}=jE=j^2\rho \tag{10.12}$$

式中，T 为温度，V 为样品体积，$\mathrm{d}S/\mathrm{d}t$ 是熵增率，$j^2\rho$ 是单位时间单位体积的焦耳热（W/cm^3）。

产生的焦耳热会被吸收并通过器件结构传导。导体中的热生成和热传导是完全耦合的，并由以下固体中一维热传导的傅里叶方程控制[16]：

$$\frac{\partial T}{\partial t}=\frac{\kappa}{\rho C_p}\times\frac{\partial^2 T}{\partial x^2}+\frac{q}{\rho C_p} \tag{10.13}$$

式中，ρ 是导体材料的密度，C_p 是比热容，κ 是热导率，q 是焦耳热引起的功率密度（W/cm^3）且 $q=jE$。上式等号右侧的第一项表示单位体积内热通量的散度，或由于热通量进出相邻体积而引起的体积内热的净变化；第二项表示单位体积内由于焦耳热而产生的热量。$\kappa/(\rho C_p)$ 的单位与原子扩散系数相同，为 cm^2/s。显然，如果忽略第二项，则该式与扩散的菲克第二定律相同。在这里，可以回顾第9章中的式（9.10）以进行比较。因此，原子扩散和热传导之间的区别在于，在考虑热传导的情况下，体积中始终存在温度变化。因为熵是正的，热量在体积中产生，所以体积的温度升高。

焦耳热向环境的耗散方式很复杂，取决于器件结构、材料以及环境。为了简化问题，考虑一个稳态模型，其中热量以两种方式向环境耗散热通量。第一种是通过硅到周围空气耗散，第二种是通过基板向周围空气耗散。通常，根据傅里叶定律，热通量表示为 $J_{heat}=-\kappa\ (\mathrm{d}T/\mathrm{d}x)$，是一个矢量。在这里，假设它受以下方程的支配，这是通过实验得出的：

$$J_{heat}=(h+T_{sub})(T-T_{ext}) \tag{10.14}$$

式中，J_{heat} 是耗散热通量，J/(cm^2 · s) 或 W/cm^2；h 是实验热传递系数，W/(cm^2 · K)；T_{ext} 是环境温度；T 是当前考虑的导体的温度。对于硅，可以假设 $h_{Si}=900$W/(cm^2 · K)；对于基板，可以假设 $h_{sub}=5$W/(cm^2 · K)。根据这些假设的热传递系数值，很明显在模型中大部分热量是通过硅侧散发的。热传递的模拟模型是可用的。

为了增加硅的表面积以增强散热，可以使用热界面材料（TIM）将鳍片结构附着到硅表面或基板表面，这类材料应具有出色的热传递系数。因此，人们对 TIM 的探索一直很活跃。

10.5.1 焦耳热与电迁移

如何将焦耳热和电迁移结合起来是一个难题。热电效应涉及热流和电荷流，电迁移涉及电荷流和原子流。热迁移涉及热流和原子流。如果将焦耳热添加到电迁移中，就可以让三种流同时存在，可以用一个 3×3 的矩阵方程来表达。下面，只考虑耦合的物理图景。

焦耳热对电迁移的影响方面，焦耳热会提高样品的温度，但同时热量的耗散会产生温度梯度。两者都会影响原子扩散。首先，来考虑温度梯度对原子运动的影响，这是热迁移，通过将热迁移和电迁移相加，将两者结合起来。其次，考虑由于焦耳热引起的均匀温度升高对电迁移的影响，这意味着在高温下，由于原子扩散加快，电迁移速率会更快。

电迁移对焦耳热的影响方面，当电迁移导致样品电阻变化或电流密度变化时，焦耳热会增加。增加电流密度意味着减小样品的横截面，假设施加的电流保持不变。在铜互连中，电迁移通过阴极端附近铜表面进行扩散，该过程倾向于减小样品厚度和截面面积。当阴极端变得越来越薄时，电流密度应该增加，因此焦耳热和温度都会增加。反之，这将增加电迁移速率[17]。这种正向反馈将迅速加速失效[18]。

10.5.2 焦耳热对电迁移中平均失效时间的影响

微电子行业产品质量的保证，需要统计可靠性测试和数据。除了对失效模式的物理分析和对失效机制的理解外，还需要对失效分布进行统计分析，以预测和推算产品的寿命。第13章中，将基于熵增对电迁移、热迁移和应力迁移的平均失效时间（MTTF）进行统一讨论。这将验证在关于电迁移MTTF的Black方程中，电流密度依赖于（T/j）^{2}，而不是$(1/j)^2$，也不是$1/j$。为了计算Black方程中的参数，必须考虑焦耳热的影响。

问题

10.1 银比铜和铝具有更好的导电性，为什么不使用银作为互连材料？

10.2 众所周知，向铝互连中添加1%的铜，可以大大提高其抗电迁移能力。向铜互连中添加什么元素，可以提高其抗电迁移能力？解释你的选择标准。

10.3 当导电路径出现转弯时，多层互连结构中会发生电流拥挤。除了转弯，还有哪些结构特征会导致电流拥挤？

10.4 家用100W台灯的延长线电流密度是多少？假设延长线中的铜线直径为0.1mm，长10ft（0.3048m），外施电压为110V。

10.5 根据原子振动的爱因斯坦模型，计算800℃下金原子散射的横截面。

10.6 在FCC金属中，证明原子从其平衡位置到激活位置的位移为$(2^{1/2}a)/4$，其中a为晶格参数。取$\langle x_d^2 \rangle = (2^{1/2}a/4)^2$，证明$(1/2)m\omega^2 a^2/8$是$\Delta H_m$的较好近似值。

10.7 计算电流密度为$10^5\,\mathrm{A/cm^2}$时eE的电场力，以及Au在弹性极限下的化学势$\sigma\Omega$。然后计算Au的临界长度。

10.8 在Au线中发生电迁移时，由于热传导不均匀，Au线会有温度梯度。设力为$X_1=-\mathrm{d}T/\mathrm{d}x$和$X_2=-\mathrm{d}\psi/\mathrm{d}x$，写下类似于式（9.23）的方程组，并解释式中的唯象系数。

10.9 在Cu的Blech测试结构中，当温度为350℃，电流密度为$1\times10^6\,\mathrm{A/cm^2}$条件下，测得漂移速度为2m/s。通过Cu的表面扩散和晶界扩散假设，计算铜的有效电荷数Z^*。

参考文献

1 Chen, K. N. and Tu, K. N. (2015). Materials challenges in three-dimensional integrated circuits. *MRS Bulletin* 40 (3): 219-222.

2 Huntington, H. B. and Grone, A. R. (1961). Current-induced marker motion in gold wires. *Journal of Physics and Chemistry of Solids* 20: 76.

3 Ames, I., d'Heurle, F. M., and Horstman, R. (1970). Reduction of electromigration in aluminum films by copper doping. *IBM Journal of Research and Development* 4: 461.

4 d'Heurle, F. M. and Ho, P. S. (1978). *Thin Films: Interdiffusion and Reactions* (eds. J. M. Poate, K. N. Tu and J. W. Mayer), 243. New York: Wiley-Interscience.

5 Ho, P. S. and Kwok, T. (1989). Electromigration in metals. *Reports on Progress in Physics* 52: 301.

6 Sorbello, R. S. (1997). *Solid State Physics*, vol. 51 (eds. H. Ehrenreich and F. Spaepen), 159-231. New York: Academic Press.

7 Hu, C. K., Gignac, L., Malhotra, S. G. et al. (2001). Mechanisms for very long electromigration lifetime in dual-damascence Cu interconnections. *Applied Physics Letters* 78: 904.

8 Blech, I. A. and Herring, C. (1976). Stress generation by electromigration. *Applied Physics Letters* 29: 131-133.

9 Blech, I. A. (1976). Electromigration in thin aluminum films on titanium nitride. *Journal of Applied Physics* 47: 1203-1208.

10 Tu, K. N., Yeh, C. C., Liu, C. Y., and Chen, C. (2000). Effect of current crowding on vacancy diffusion and void formation in electromigration. *Applied Physics Letters* 76: 988-990.

11 Yeh, E. C. C., Choi, W. J., Tu, K. N. et al. (2002). Current-crowding-induced electromigration failure in flip chip solder joints. *Applied Physics Letters* 80(4): 580-582.

12 Okabayashi, H., Kitamura, H., Komatsu, M., and Mori, H. (1996). In-situ side-view observation of electromigration in layered Al lines by ultrahigh voltage transmission electron microscopy. AIP Conference Proceedings, vol. 373, 214.

13 Shingubara, S., Osaka, T., Abdeslam, S. et al. (1998). Void formation mechanism at no current stressed area. AIP Conference Proceedings, vol. 418, 159.

14 Tu, K. N. (2003). Recent advances on electromigration in very-large-scale-integration of interconnects. *Journal of Applied Physics* 94: 5451-5473.

15 Tu, K. N., Liu, Y., and Li, M. (2017). Effect of Joule heating and current crowding on electromigration in mobile technology. *Applied Physics Reviews* 4: 011101.

16 Liu, Y., Li, M., Kim, D. W. et al. (2015). Synergistic effect of electromigration and Joule heating on system level weak-link failure in 2.5D integrated circuits. *Journal of Applied Physics* 118: 135304.

17 Li, M., Kim, D. W., Gu, S. et al. (2016). Joule heating induced thermomigration failure in unpowered microbumps due to thermal crosstalk in 2.5D IC technology. *Journal of Applied Physics* 120: 075105.

18 Carslaw, H. S. and Jaeger, J. C. *Conduction of Heat in Solids*, 2e. New York: Oxford Science Publications.

第11章 热迁移

11.1 引言

在第9章中，提到当不均匀的二元固溶体或合金在恒温恒压下退火时，它将变得均匀。当均匀的二元合金在温度梯度下恒压退火时，合金会变得不均匀。这种非合金化现象被称为索雷效应[1]。

基于索雷效应，我们可以理解为什么对热迁移的研究要等到C4焊点的可靠性成为问题时才进行[2-7]。这是因为焊料是一种合金或两相共晶合金。虽然电迁移在铝和铜的相互连接中非常重要，但关于它们的热迁移的讨论很少。

在3D IC封装中，由于密集的封装，不仅焦耳热严重，而且散热较差。为了增强散热，需要有一个高的温度梯度[8]。不利的是，高温梯度会导致快速的热迁移。这种情况在小型结构中尤为严重。例如，考虑直径10 μm焊点的微凸块。如果凸块上有1℃的温差，温度梯度将为1000℃/cm，这可能会导致微凸块中的热迁移。

11.2 热迁移的驱动力

在热电效应中，温度梯度可以移动电子。类似地，温度梯度可以驱动原子。本质上，热端的电子在散射时能量较高，或与扩散原子的相互作用较强，因此原子沿着温度梯度向下移动。关于原子扩散的驱动力，它是由化学势梯度驱动的，如下所示。

$$J=C\langle v\rangle=CMF=C\frac{D}{kT}\left(-\frac{\partial\mu}{\partial x}\right)$$

式中，μ 是化学势能。现在考虑温度梯度作为驱动力，重写如下

$$J=C\frac{D}{kT}\times\frac{Q^*}{T}\left(-\frac{\partial T}{\partial x}\right) \tag{11.1}$$

式中，Q^* 被定义为热迁移中的传输热。比较上面两式，可以看到 Q^* 与 μ 具

有相同的量纲，因此它是每个原子的热能。

Q^* 的定义是，它是运动原子携带的热量与原子在初始状态（热端或冷端，取决于 Q^* 的符号）的热量之差。

为了定义 Q^* 的符号，检查式（11.1）。将考虑式中两点之间的 J：笛卡儿坐标中的点 1 在（x_1, T_1）处，点 2 在（x_2, T_2）处，如图 11.1 所示；假设 $T_1 > T_2$，并且原子通量移动从热到冷，即从点 1 移动到点 2。那么，则 $\Delta T/\Delta x$ 为负，所以 Q^* 为正。回想一下，这也是第 9 章中所示的所有通量方程都有负号的原因。因此，对于从热端移动到冷端的元素，Q^* 为正。对于从冷端向热端移动的元素，其 Q^* 为负。

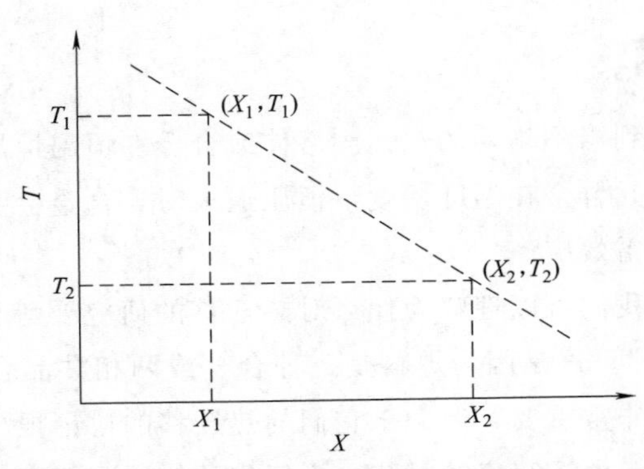

图 11.1　考虑公式中两点之间的 J；在直角坐标中，点 1 在（x_1，T_1）处，点 2 在（x_2，T_2）处，假设 $T_1 > T_2$，原子通量从热向冷移动，即从点 1 到点 2。那么，$\Delta T/\Delta x$ 为负值，所以 Q^* 为正值

11.3　传输热分析

热迁移中的热流 J_Q 和原子流 J_M 可以分别用温度梯度和化学势梯度表示，如下所示。

$$J_Q = -L_{QQ}\frac{1}{T}\times\frac{\mathrm{d}T}{\mathrm{d}x} - L_{QM}T\frac{\mathrm{d}}{\mathrm{d}x}\left(\frac{\mu}{T}\right)$$

$$J_M = -L_{MQ}\frac{1}{T}\times\frac{\mathrm{d}T}{\mathrm{d}x} - L_{MM}T\frac{\mathrm{d}}{\mathrm{d}x}\left(\frac{\mu}{T}\right)$$

当合金保持在温度梯度中直到建立浓度梯度以平衡前者时，就会达到质量流量 J_M 为零的稳定状态。假设 $J_M = 0$，就可以从上述的后一个等式中得出

$$L_{MQ}\frac{1}{T}\times\frac{\mathrm{d}T}{\mathrm{d}x} = -L_{MM}T\frac{\mathrm{d}}{\mathrm{d}x}\left(\frac{\mu}{T}\right)$$

将 $T/\mathrm{d}x$ 消去可得

$$\mathrm{d}\left(\frac{\mu}{T}\right)=-\frac{L_{MQ}}{L_{MM}}\times\frac{\mathrm{d}T}{T^2}$$

通过微分可得

$$\mathrm{d}\left(\frac{\mu}{T}\right)=\frac{1}{T}\mathrm{d}\mu-\mu\frac{1}{T^2}\mathrm{d}T$$

根据热力学关系，$\mu = H—TS$ 和

$$\mathrm{d}\mu=-S\mathrm{d}T+V\mathrm{d}p$$

然后有

$$\mathrm{d}\left(\frac{\mu}{T}\right)=\frac{V\mathrm{d}p}{T}-H\frac{\mu\mathrm{d}T}{T^2}=-\frac{L_{MQ}}{L_{MM}}\times\frac{\mathrm{d}T}{T^2}$$

由此得

$$\frac{V\mathrm{d}p}{T}=\left(H-\frac{L_{MQ}}{L_{MM}}\right)\frac{\mathrm{d}T}{T^2}$$

为了理解 L_{MQ}/L_{MM} 的含义，考虑等温条件下的热流与质量流之比，即当 $\mathrm{d}T/\mathrm{d}x = 0$ 时，有

$$\frac{J_Q}{J_M}=\frac{L_{QM}}{L_{MM}}=\frac{L_{MQ}}{L_{MM}}$$

式中，我们注意到，由昂萨格关系有 $L_{QM}=L_{MQ}$。表示与质量流相关的能量流 $L_{QM}=L_{MQ}$。定义 $Q'=L_{MQ}/L_{MM}$，得

$$\frac{V\mathrm{d}p}{T}=(H-Q)\frac{\mathrm{d}T}{T^2}=Q^*\frac{\mathrm{d}T}{T^2}$$

式中，定义传输热 $Q^*=H-Q'$，它表示与流体中原子相关的能量（Q'）和流体起始处储层中原子的焓（H）之间的差值。如果 H 大于 Q'，或者原子从热向冷流动，则 Q^* 为正值。

对于铁碳合金，Shewmon 的研究表明，在温度梯度下，碳原子会从冷端移动到热端，并形成稳定状态[1]。铁中的碳的 Q^* 值在 700℃附近约为－24 kcal/mol。

这里必须注意的是，通常我们处理的是有两种元素的合金，会发现其中一个元素从热端移动到冷端，另一个元素从冷端移动到热端。我们可能会说第一个的 Q^* 为正，而第二个的 Q^* 为负。但这可能是错误的。

下面考虑几乎纯组分的两相混合物，在下文中，下标 1 和 2 既对应于相，也对应于种类。假定样品的形状不变，因此样品的每个部分的体积都是恒定的。这意味着在实验室参考系中，两种物质的体积通量之和应为零。

$$\Omega_1 J_1 At = \Omega_2 J_2 At$$

或

$$\Omega_1 J_1 = \Omega_2 J_2$$

式中，J_1 和 J_2 分别是单位时间内单位面积的原子通量，Ω_1 和 Ω_2 分别是原子体积。A 是样品的横截面，t 是反应时间。在体积恒定的假设下，在两相系统中，J_2 的方向与 J_1 的方向相反。

因此，当发现 J_1 从热移动到冷时，其 Q^* 为正；而 J_2 从冷移动到热时，其 Q^* 为负。实际上，J_2 是被动的，由 J_1 驱动，而不是由温度梯度驱动。因此，在两相情况下，应该只考虑热迁移中占主导地位的通量，或者说只考虑从热端到冷端的通量。

11.4　相邻通电和未通电焊点间由于热传输引起的热迁移

在第 9 章 9.6 节中，讨论了未通电混装焊点的热迁移。研究发现，在混装焊点中可以直接观察到热迁移的影响，因为高铅焊料和共晶锡铅焊料的光学图像或扫描电镜图像可以清晰地区分开来。图 9.9～图 9.11 已解释了混装焊点中的热迁移现象，在此不再赘述。

此外，在图 9.4 中，还展示了倒装芯片技术中焦耳热的计算结果，其中通常每两个焊点通过芯片侧的 Al 互连连接，如图 9.4（a）所示。铝互连的温度远高于焊点，反过来，芯片侧的温度也会高于基板侧，因此焊点上会存在温度梯度。如果温度梯度足够大，焊点就会发生热迁移。图 9.4（b）显示了电流密度分布的模拟。

图 11.2 显示了施加电流为 0.5 A 时，红外传感器测量的焊点横截面的温度分布。其温度不均匀，芯片侧比基板侧更热，因为短的铝互连导致的焦耳热更大。高度为 100 μm 的焊料凸块两端的温差约为 5℃，因此温度梯度约为 500℃/cm。这个温度梯度大到足以使焊料凸块发生热迁移。然而，当温度梯度能横向转移到邻近的未通电焊点时，热迁移可能会发生在那里。

为了进行热迁移实验，按照图 11.3（a）中的示意图制备了测试样品。在一排四个混装焊点中，通过对左侧一对焊点通电来进行电迁移实验。由于顶部 Si 芯片侧的 Al 互连产生焦耳热，芯片一侧的温度高于底部基板一侧的温度。Si 是良好的热导体，因此这种温差会延伸到右侧未通电的一对焊点。由于没有电流通过右侧的这对焊点，仅发生热迁移。图 11.3（b）显示共晶相已移至顶部。另外，由于 Pb

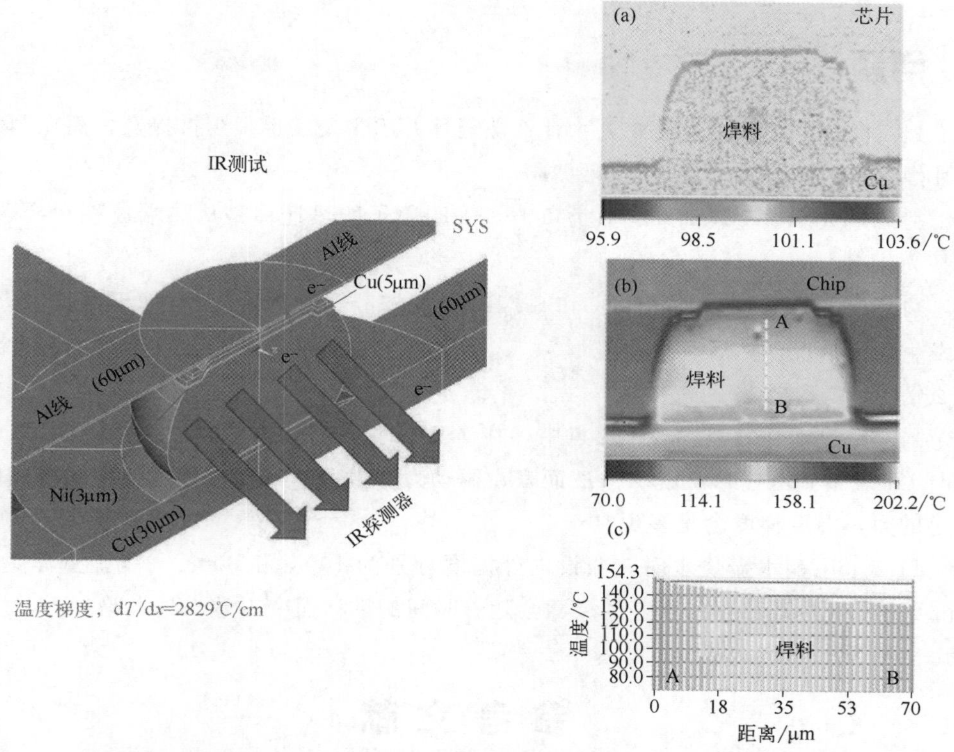

图 11.2　红外传感器测得的焊点横截面温度分布。(a) 施加电流之前的温度图，焊点放置在维持 100℃的热板上。(b) 施加电流为 0.55 A 时的温度图。(c) 对应图 (b) 中白色虚线 AB 的温度曲线

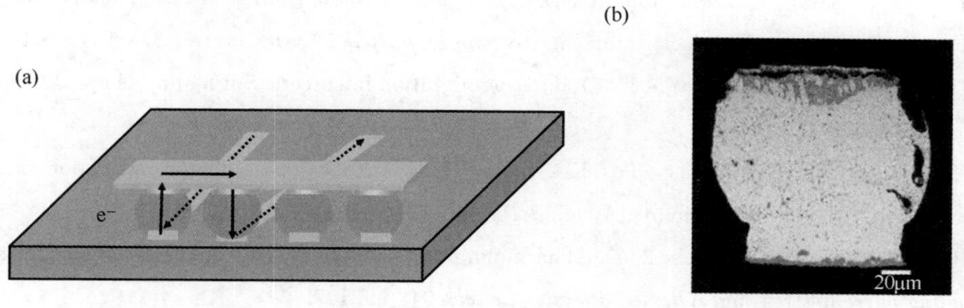

图 11.3　(a) 一排四个混装焊点的示意图，其中左侧的两个焊点进行了电迁移测试，而右侧的两个焊点未进行测试。(b) 右侧两个未通电混装焊点发生了热迁移。共晶焊料已迁移到顶部。顶部还形成了一个薄饼状空洞

是由热端向冷端扩散的主要物质，因此空位向上移动，从而出现了薄饼状空洞。Sn 原子实际上是逆着温度梯度向上扩散的。显然，左侧的一对焊点应该经受了电迁移和热迁移的综合作用。

问题

11.1 铝互连和铜互连中，为什么热迁移并不重要，也很少被提及，而在倒装芯片焊点中，热迁移却变得很重要？

11.2 大多数金属的迁移热为负值，表明原子的热迁移是从热端迁移到冷端。这是为什么？

11.3 如果对一个 $Sn_{40}Pb_{60}$ 和 $Sn_{60}Pb_{40}$ 的扩散耦合样品在150℃下进行退火，会发生什么情况？然后，如果在 200 ℃ 下对该扩散偶合 SnPb 进行退火，会发生什么情况？

11.4 已知在共晶 SnPb 焊点中，在150℃时，当施加的电流密度为 10.4 A/cm^2，可观察到电迁移。就 Z^*eE 而言，驱动力有多大？如果在热迁移中需要相同大小的力，温度梯度会是多少？

11.5 用铜水壶烧水时，假设内外温度分别为100℃和600℃，铜壶壁厚为 1 mm。会发生热迁移吗？水壶的尺寸会随着时间的推移而变得越来越大吗？

参考文献

1 Shewmon, P. (1989). *Diffusion in Solids*, 2e. Warrendale, PA: TMS.

2 Roush, W. and Jaspal, J. (1982). Thermomigration in Pb-In solder. *IEEE Proceedings*, CH1781, 342-345.

3 Ye, H., Basaran, C., and Hopkins, D. C. (2003). Thermomigration in Pb-Sn solder joints under joule heating during electric current stressing. *Applied Physics Letters* 82: 1045-1047.

4 Chuang, Y. C. and Liu, C. Y. (2006). Thermomigration in eutectic SnPb alloy. *Applied Physics Letters* 88: 174105.

5 Huang, A., Gusak, A. M., Tu, K. N., and Lai, Y.-S. (2006). Thermomigration in SnPb composite flip chip solder joints. *Applied Physics Letters* 88: 141911.

6 Hsiao, H.-Y. and Chen, C. (2009). Thermomigration in Pb-free SnAg solder joint under alternating current stressing. *Applied Physics Letters* 94: 092107.

7 Hsiao, H.-Y., Chang, Y.-W., Ouyang, F. et al. (2012). Thermomigration in solder joints. *Materials Science and Engineering Research* 73: 85-100.

8 Arpact, V. S. (1966). *Conduction Heat Transfer*. Reading, MA: Addition-Wiley.

12.1 引言

从概念上讲，应力迁移与电迁移或热迁移有本质区别。如前三章所述，后两者是基于不可逆过程的交互效应。这是因为电迁移或热迁移中的原子流分别伴随着电子流或热流。然而，应力迁移中的原子流并不伴随“应力流”（stress flow），尤其是在假设存在弹性应力的情况下。应力迁移是由应力势梯度（也是化学势梯度）驱动的一次原子流[1-3]。通常，应力迁移被称为稳态扩散蠕变。

应力势（stress potential）被定义为$\sigma\Omega$，其中σ是应力，Ω是原子体积。因此，应力迁移的驱动力为

$$F=-\frac{\mathrm{d}\sigma\Omega}{\mathrm{d}x} \tag{12.1}$$

应力迁移的原子通量为

$$J=CMF=\frac{1}{\Omega}\times\frac{D}{kT}\left(-\frac{\mathrm{d}\sigma\Omega}{\mathrm{d}x}\right)=\frac{D}{kT}\left(-\frac{\mathrm{d}\sigma}{\mathrm{d}x}\right)$$

在纯金属中，$\sigma\Omega=1$。

下面是一个常见的稳态扩散蠕变的例子：在某些年代久远的建筑中，铅管在重力作用下因自重而下垂。铅的熔点为327℃，室温对铅来说是一个相对较高的温度；因此，多年的原子扩散足以使铅管蠕变。蠕变的一个现代应用是用退火良好的纯铜O形圈作为超高真空系统中的压力密封件，其中在紧固螺栓的作用下会产生压应力，使得一些铜原子可以扩散或重新分布，以填补密封件中的任何微小缝隙。在封装技术中，应力迁移的一个例子是锡晶须在压应力梯度下的生长，本章将对此进行讨论。

12.2 应力作用下固体中的化学势

在稳定的应力状态（或恒载荷）下，即使在弹性极限内，固体也会因扩散蠕变

而缓慢变形或松弛。由于弹性应变能与化学能相比较小，因此我们将仅在没有化学效应的情况下处理纯金属中的蠕变。亥姆霍兹自由能（Helmholtz free energy）F的变化可表示为

$$dF = -S\,dT - p\,dV$$

如果形变发生在恒温条件下，如室温蠕变，则有

$$p = -\frac{\partial F}{\partial V}$$

上式可解释为应力（压力）是一种能量密度（即单位体积的能量）。对于给定体积，能量变化等于能量密度乘以给定体积。因此，对于原子体积 Ω，可得

$$P\Omega = -\frac{\partial F}{\partial V}\Omega = -\frac{\partial F}{\partial\left(\frac{V}{\Omega}\right)} = -\frac{\partial F}{\partial N}$$

式中，N 是体积 V 中的原子数。注意最后一项是化学势，根据定义，负号表示压力导致的体积减小，使得能量增加，因为压力是一种（特定条件下）压应力，所以为负的。由于化学势由每个原子的亥姆霍兹［或吉布斯（Gibbs）］自由能定义，因此应力体的化学势变化

$$\mu = \pm\sigma\Omega \tag{12.2}$$

式中，正号或负号分别表示外部拉应力或压应力。

为了定量地感受 $\sigma\Omega$ 的数量级，下面考虑一个在弹性极限（即应变为 0.2%）下受力的铝片。Al 的杨氏模量为 $Y = 6 \times 10^{11}$ dyn/cm^2，因此应力

$$\sigma = Y\varepsilon = 1.2\times10^{9}\ \frac{\text{dyn}}{\text{cm}^2} = 1.2\times10^{9}\,\text{erg}^{❶}/\text{cm}^3$$

由于 Al 具有面心立方晶格，晶格常数为 0.405 nm，因此 0.405^3 的晶胞中有四个原子，或者是 0.602×10^{23} atom/cm^3。因此

$$\sigma\Omega = \frac{1.2\times10^{9}\,\text{erg}}{0.602\times10^{23}\,\text{atom}} = 2\times10^{-14}\ \frac{\text{erg}}{\text{atom}} = 0.0125\text{eV/atom}$$

将此值与下面每个原子的应变能的值进行比较，可以得出

$$E_{elastic} = \int\sigma d\varepsilon = \frac{1}{2}Y\varepsilon^2 = \frac{1}{2}\times1.2\times10^{9}\ \frac{\text{erg}}{\text{cm}^3}\times\frac{2}{1000} = 1.2.\times10^{6}\ \frac{\text{erg}}{\text{cm}^3} = 10^{-5}\,\text{eV/atom}$$

它比应力势能小得多。应变能是每个原子因应变而增加的能量。应力势能是从应力体中增加或去除一个原子时的能量变化。

在热激活过程（如扩散）中，化学势作为指数因子出现。考虑 Al 在 400℃时受力至弹性极限的情况，得出 $kT = 0.058$ eV，以及

❶ 1erg=10^{-7}J=1dyn・cm。

$$\exp\left(-\frac{\sigma\Omega}{kT}\right)=\exp\left(-\frac{0.0125}{0.058}\right)=0.806$$

通常蠕变发生在较低的应力下（或 $\sigma\Omega \ll kT$），因此可以线性化指数项：

$$\exp\left(-\frac{\sigma\Omega}{kT}\right)=1-\frac{\sigma\Omega}{kT}$$

现在，考虑在室温下将 Al 薄膜沉积在厚石英基板上，如图 12.1（a）所示。然后，将温度升至 400℃，由于 Al 的膨胀，样品会向下弯曲，Al 受到压缩，如图 12.1（b）所示。如果将试样在 400℃下保持一段时间，则会发生蠕变以松弛弯曲，如图 12.1（c）所示。然后将温度降至 100℃，Al 膜处于拉伸状态，如图 12.1（d）所示。由于在 100℃时的蠕变速度较慢，因此可以通过测量弯曲曲率来确定 Al 膜中的拉伸应力，这将在下文中讨论。

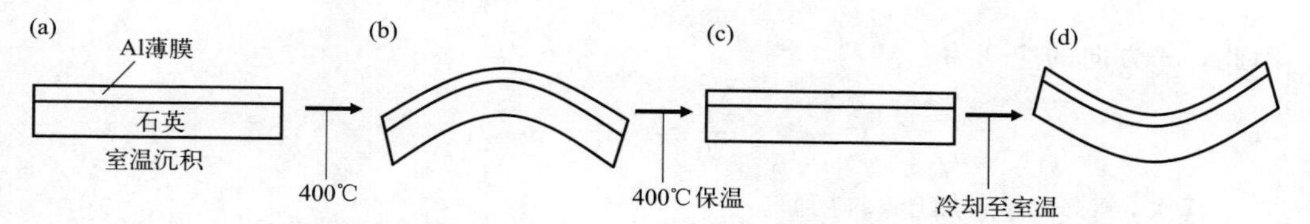

图 12.1　(a) 室温下在厚石英基板上沉积 Al 薄膜。(b) 将温度升至 400℃，由于 Al 的膨胀，样品将向下弯曲并且 Al 受到压缩。(c) 如果将样品在 400℃下保持一段时间，就会发生蠕变以松弛弯曲。(d) 后将温度降低到 100℃，Al 膜处于拉伸状态

在上述温度范围内，铝和石英的热膨胀系数分别约为 $\alpha=25\times10^{-6}/℃$ 和 $\alpha=0.5\times10^{-6}/℃$。因此，热应变为

$$\varepsilon=\Delta\alpha\Delta T=25\times10^{-6}\times300=0.75\%$$

那么，热应力为 $\sigma=Y\varepsilon=4.5\times10^{-9}\,\mathrm{dyn/cm^2}$，$\sigma\Omega=0.045\mathrm{eV}$。

12.3　薄膜中双轴应力的 Stoney 方程

为了测量上述石英上 Al 薄膜中的应力，我们注意到该应力是双轴的[4]。如图 12.2（a）所示，应力沿薄膜平面内的两个主轴作用，但在垂直于薄膜自由表面的方向上没有应力，在法线方向存在应变。

为了表示双轴应力，我们先从三维各向同性立方体结构开始，如图 12.2（b）所示。x 轴、y 轴和 z 轴的线性尺寸分别为 l、w 和 t。首先考虑静水压力下的整体结构。将依次在 x、y 和 z 轴方向施加压力。首先，在 x 方向施加压力 p，因此有

$$p=-Y\frac{\Delta l_1}{l}$$

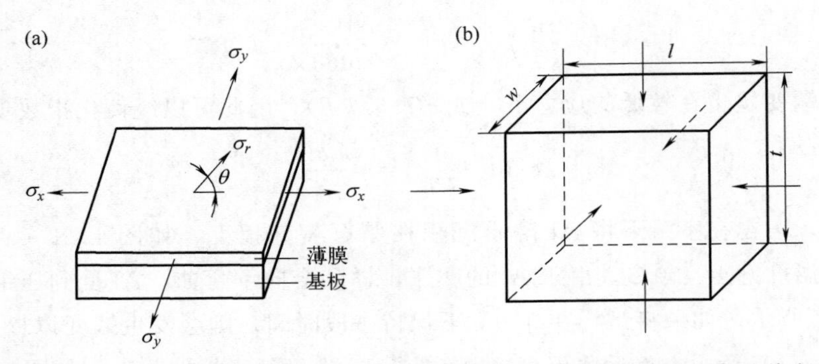

图 12.2 （a）应力沿薄膜平面上的两个主轴作用，但在薄膜自由表面的法线方向上没有应力；在法线方向存在应变。（b）通过三维各向同性立方体结构，来表示双轴应力；x 轴、y 轴和 z 轴的线性尺寸分别为 l、w 和 t

因此，x 方向的应变为

$$\frac{\Delta l_1}{l}=-\frac{p}{Y}$$

其次，对 y 方向加压，得到

$$\frac{\Delta w}{w}=-\frac{p}{Y}$$

由于泊松效应，x 方向的拉伸应变为

$$\frac{\Delta l_2}{l}=+v\frac{p}{Y}=-v\frac{\Delta w}{w}$$

然后，在 z 方向施加压缩，x 方向的拉伸应变

$$\frac{\Delta l_3}{l}=+v\frac{p}{Y}$$

x 方向的总应变为

$$\frac{\Delta l}{l}=\frac{\Delta l_1}{l}+\frac{\Delta l_2}{l}+\frac{\Delta l_3}{l}=-\frac{p}{Y}(1-2v)$$

或

$$\varepsilon_x=-\left(\frac{\sigma_x}{Y}-v\frac{\sigma_y}{Y}-v\frac{\sigma_z}{Y}\right)=-\frac{1}{Y}[\sigma_x-v(\sigma_y+\sigma_z)]$$

现在，将应力改为拉力，得出以下公式：

$$\varepsilon_x=\frac{1}{Y}[\sigma_x-v(\sigma_y+\sigma_z)]$$

$$\varepsilon_y=\frac{1}{Y}[\sigma_y-v(\sigma_x+\sigma_z)]$$

$$\varepsilon_z=\frac{1}{Y}[\sigma_z-v(\sigma_x+\sigma_y)]$$

在薄膜双轴应力状态下，假设在薄膜平面内（x 和 y）存在拉应力，但在 z 方向上没有应力（$\sigma_z=0$）。因此

$$\varepsilon_x=\frac{1}{Y}(\sigma_x-v\sigma_y)$$

$$\varepsilon_y=\frac{1}{Y}(\sigma_y-v\sigma_x)$$

$$\varepsilon_z=-\frac{v}{Y}(\sigma_x+\sigma_y) \tag{12.3}$$

根据这些公式，可以得出

$$\varepsilon_x+\varepsilon_y=\frac{1-v}{Y}(\sigma_x+\sigma_y)$$

$$\varepsilon_z=-\frac{v}{1-v}(\varepsilon_x+\varepsilon_y)$$

在 $\varepsilon_x=\varepsilon_y$ 的二维各向同性系统中，可得

$$\varepsilon_z=-\frac{2v}{1-v}\varepsilon_x$$

$$\sigma_x=\left(\frac{Y}{1-v}\right)\varepsilon_x \tag{12.4}$$

稍后，将应用上述关系求得基板上薄膜应力的 Stoney 方程。现在，对薄膜应力进行分析，假设薄膜厚度 t_f 远远小于基板厚度 t_s，因此，可以将没有应力的中性面视为基板的中间。

在图 12.3（a）中，放大了基板的一端，以显示中性面（neutral plane）、薄膜和基板的应力分布以及相应的力和力矩。在平衡状态下，薄膜中的应力产生的力矩必须等于基板中的应力产生的力矩，见图 12.3（b）。由于假设薄膜厚度很薄，整个薄膜厚度上的应力 σ_f 是均匀的。那么薄膜中相对于中性面的力而产生的力矩 M_f（力乘以垂直距离）为

$$M_f=\sigma_f W t_f\ \frac{t_s}{2} \tag{12.5}$$

式中，W 是 t_f 法线上的薄膜宽度。接下来，为了计算基板的力矩，首先可以得到以下几何关系

$$\frac{d}{r}=\frac{\Delta d}{t_s/2}$$

因此

$$\frac{1}{r}=\frac{\Delta d}{dt_s/2}=\frac{\varepsilon_{max}}{t_s/2} \tag{12.6}$$

式中，r 是从中性面测量的基板曲率半径，d 是在中性面测量的基板的任意长

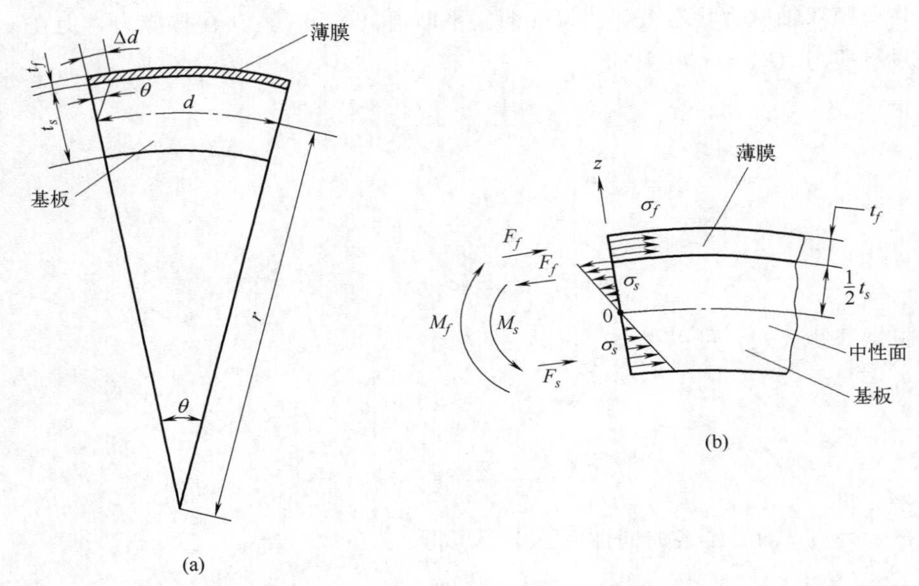

图 12.3 (a) 放大了基板的一端以显示中性面、薄膜中以及基板中的应力分布以及相应的力和力矩。(b) 在平衡状态下，薄膜中的应力产生的力矩必须等于基板中的应力产生的力矩

度，$\Delta d/d=\varepsilon_{max}$ 是在基板外表面测量的应变。在基板内，中性面处的弹性应变为零，但随着从中性面测量的距离 z 线性增加（即它遵循胡克定律并随应力线性增加），因此

$$\frac{\varepsilon_s(z)}{z}=\frac{\varepsilon_{max}}{t_s/2}=\frac{1}{r}$$

式中，$\varepsilon_s(z)$ 是与中性面平行且与中性面相距 z 的平面上的应变。然后，假设基板处于双轴应力状态，根据式（12.4）可得

$$\sigma_s(z)=\left(\frac{Y}{1-v}\right)_s\varepsilon_s(z)=\left(\frac{Y}{1-v}\right)_s\frac{z}{r} \tag{12.7}$$

因此，基板中应力产生的力矩为

$$M_s=w\int_{-t_s/2}^{t_s/2}z\sigma(z)\mathrm{d}z=w\int_{-t_s/2}^{t_s/2}\left(\frac{Y}{1-v}\right)_s\frac{z^2}{r}\mathrm{d}z=\left(\frac{Y}{1-v}\right)_s\frac{Wt_s^3}{12r} \tag{12.8}$$

令 M_s 等于 M_f，得到下面的 Stoney 方程：

$$\sigma_f=\left(\frac{Y}{1-v}\right)_s\frac{t_s^2}{6rt_f} \tag{12.9}$$

式中，下标 f 和 s 分别指薄膜和基板。上式表明，通过测量薄膜和基板的曲率和厚度，并了解基板的杨氏模量和泊松比，就能确定薄膜中的双轴应力。曲率可通过弯曲光束或激光干涉测量。

12.4 扩散蠕变

蠕变是一种随时间变化的固体力学行为或变形行为。当外加载荷或应力达到稳态时，变形涉及原子扩散。在图 12.4 中，描绘了在剪切应力 S 作用下多晶纯金属中的六边形晶粒，可以看作是在拉应力和压应力共同作用下的结果，反之亦然。这可以通过使用矢量和来验证，因为应力（单位面积上的力）是一个矢量。剪切应力或拉应力和压应力的共同作用使晶粒从实线描绘的原始形状变形为虚线所描绘的形状。

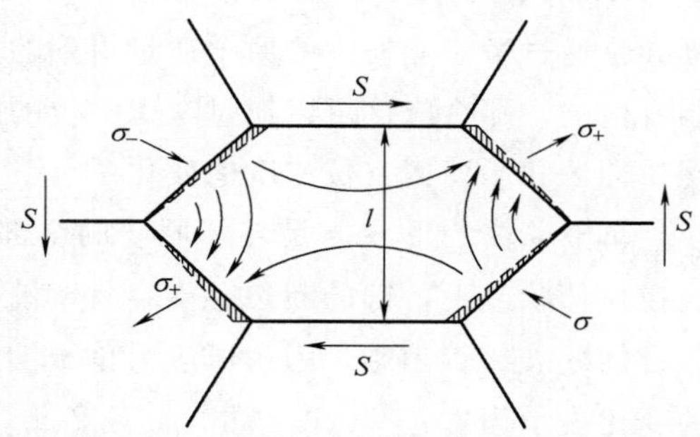

图 12.4 多晶固体中的六边形晶粒处于剪切应力 S 下，该应力可分解为一对拉应力和压应力

如果应力持续存在，可以通过将阴影区域中的部分原子从压缩区域传输到拉伸区域来使固体缓慢变形，从而释放应力。这种传输可以通过原子扩散进行，如图 12.4 中的弯曲箭头所示。对于该问题的分析，可以通过 Nabarro-Herring 蠕变模型来理解。在该模型中，假定表面和晶界是有效的空位源和空位阱，它们通过原子扩散或晶格中的空位扩散进行物质传输。

在拉伸区域，由于应力而偏离平衡值 μ_0 的化学势为

$$\mu_1 - \mu_0 = \sigma\Omega$$

类似地，在压缩区域

$$\mu_2 - \mu_0 = -\sigma\Omega$$

因此，从压缩区到拉伸区的化学势差为

$$\Delta\mu = \mu_2 - \mu_0 = -2\sigma\Omega$$

这种势差将驱动原子从压缩区域扩散到拉伸区域。作用在扩散原子上的力可以表示为：

$$F = -\frac{\Delta\mu}{\Delta x} = \frac{2\sigma\Omega}{l}$$

这里 l 是晶粒尺寸。扩散原子的通量可以表示为

$$J=CMF=C\frac{D}{kT}\left(\frac{2\sigma\Omega}{l}\right)=\frac{2\sigma\Omega}{kTl} \tag{12.10}$$

在上文中，取纯金属的 $\sigma\Omega=1$。原子在时间 t 内和通过面积 A 通量传输的原子数为 $N'=JAt$，则原子通量传输累积的体积为 $\Omega N'=\Omega JAt$。那么其应变为

$$\varepsilon=\frac{\Delta l}{l}=\frac{\Omega N/A}{l}=\frac{\Omega Jt}{l} \tag{12.11}$$

因此，应变速率或蠕变速率为

$$\frac{\mathrm{d}\varepsilon}{\mathrm{d}t}=\frac{\Omega J}{l}=\frac{2\sigma\Omega D}{kTl^2} \tag{12.12}$$

这就是著名的 Nabarro-Herring 蠕变方程。它显示出对 l^2 的反向依赖性

我们注意到上述推导是通过考虑晶格中的原子通量得到的。然而，如果假设晶格扩散是通过空位机制发生的，那么应该可以通过考虑空位的反向通量得到相同的方程。为此，需要处理拉伸区和压缩区空位浓度的变化。

面心立方（FCC）金属中空位的形成能是破坏原子的全部 12 个近邻键，将其移除并置于金属表面。在拉伸状态下，键的断裂会更容易，因为拉应力使键稍有拉伸；而在压缩状态下，键的断裂比较困难，因为压应力稍微缩短了键。因此，可以将受压体中空位浓度的变化表示为

$$C_v^{\pm}=C\ \exp[(-\Delta G_f\pm\sigma\Omega)/(kT)] \tag{12.13}$$

式中，C_v^+ 和 C_v^- 分别对应于拉伸和压缩区域的空位浓度。假设 $\sigma\Omega\ll kT$，有

$$C_v^{\pm}=C_v\left(1\pm\frac{\sigma\Omega}{kT}\right)$$

式中，$C_v=C\exp[-\Delta G_f//(kT)]$，是平衡状态下的空位浓度。那么拉伸区和压缩区的空位浓度差为

$$\Delta C_v=C_v^+-C_v^-=C_v\frac{2\sigma\Omega}{kT} \tag{12.14}$$

因此，从拉伸区域到压缩区域的空位通量为

$$J_v=-D_v\frac{\Delta C_v}{\Delta x}=-\frac{2\sigma\Omega C_vD_v}{kTl} \tag{12.15}$$

式中，D_v 是空位扩散系数，取 $DC=D_vC_v$，可得

$$J=\frac{2\sigma\Omega DC}{kTl}=\frac{2\sigma D}{kTl} \tag{12.16}$$

该式与式（12.10）相同。因此，无论是考虑原子扩散还是空位扩散，蠕变方程都是一样的。考虑空位扩散的优点在于，当蠕变发生在存在界面的微结构中时，空位通量会导致空洞的形成。为了计算空洞体积或空洞增长率，考虑空位扩散会更容易。

在式（12.12）中，如果绘制 $\ln(T\mathrm{d}\varepsilon/\mathrm{d}t)$ 与 $1/(kT)$ 的关系图，就可以确定蠕变激活能，研究发现蠕变激活能与固体中晶格扩散的激活能相同。事实上，这种相关性已在文献中得到验证。

12.5 室温下锡晶须的自发生长

12.5.1 晶须的形态学

图 12.5（a）是两个顶层为 Sn 的 Cu 凸块之间的 Sn 晶须的 SEM 图像，该晶须引起了短路。当在 Cu 凸块和 Sn 层之间添加 Ni 层时就不会产生 Sn 晶须，见图 12.5（b）。下面将讨论锡晶须的自发生长机制。

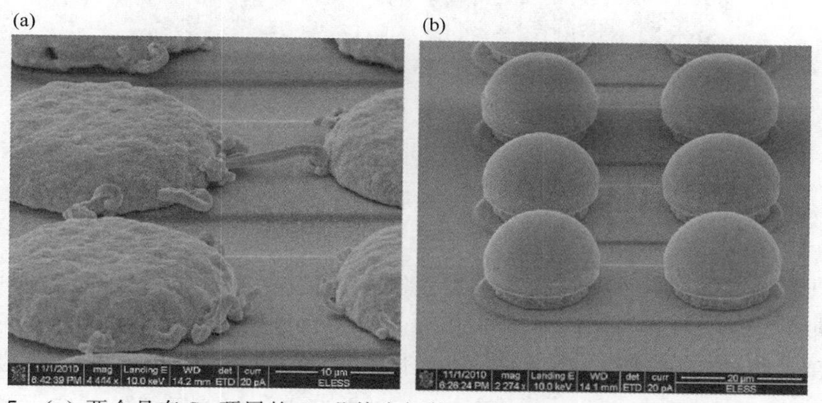

图 12.5　(a) 两个具有 Sn 顶层的 Cu 凸块之间的 Sn 晶须 SEM 图像，该晶须引起了短路。(b) SEM 图像显示，当在 Cu 凸块和 Sn 层之间添加 Ni 层时就不会产生 Sn 晶须

电子封装中的引线框架，如图 12.6（a）和（b）所示，其铜脚表面具有镀了约 15 μm 厚的 Sn，在室温下会自发生长 Sn 晶须。Sn 晶须的横截面 TEM 图像和相应的电子衍射图分别如图 12.7（a）和（b）所示。

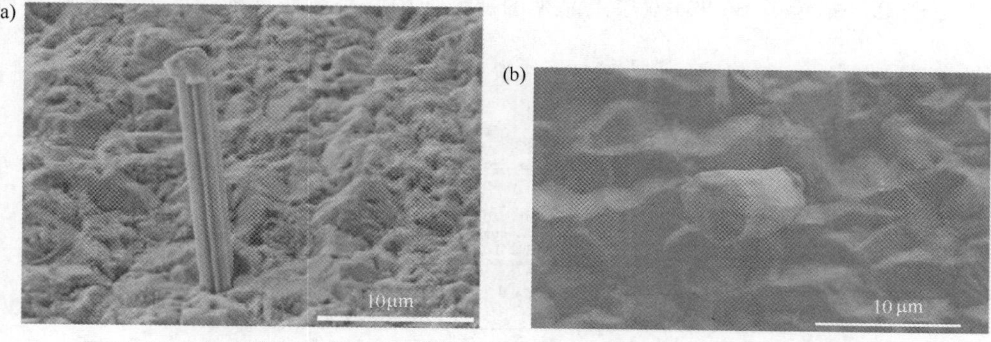

图 12.6　(a) 引线框架表面 Sn 晶须的 SEM 图像。(b) 引线框架表面的短晶须

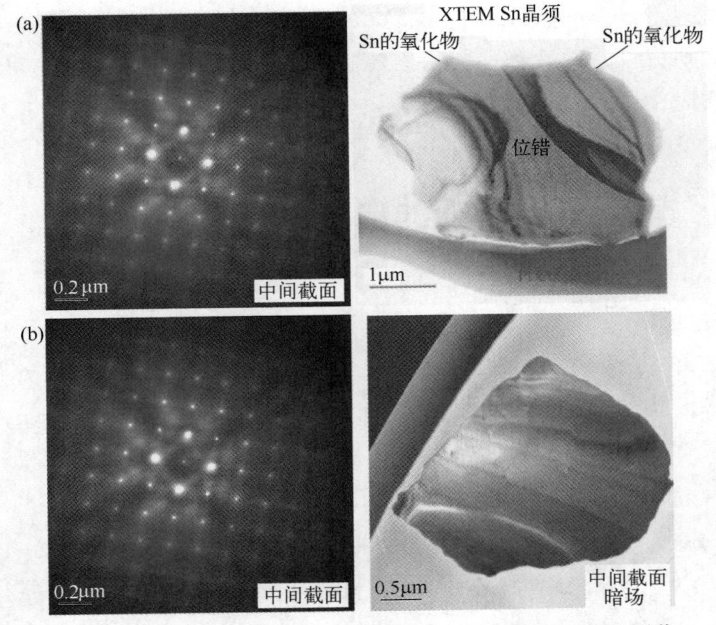

图 12.7 (a) 和 (b) 都是 Sn 晶须的电子衍射图和截面图像。电子衍射图显示 Sn 晶须的生长方向为 (001)

通常情况下，晶须出现在 Cu 上 Sn 双层的表面上，这是因为 Cu 在 Sn 中进行间隙扩散，Cu 和 Sn 在室温下反应形成 Cu_6Sn_5。Cu_6Sn_5 沿着锡的晶界生长，会在锡的周围区域产生压应力。因为 Cu 原子进入了 Sn 的固定体积之中，该应力是压应力。为了释放压应力，一些 Sn 原子必须扩散开来，但这需要一个应力梯度作为驱动力。晶须的生长会在晶须与其基板之间的界面上产生拉力。由于晶须完全被氧化锡覆盖，因此拉力会在晶须根部附近的氧化锡表面产生裂纹。裂纹暴露出无应力的 Sn 自由表面，因此，存在一个应力梯度将 Sn 原子驱动到晶须的根部，使得晶须可以生长。

图 12.8 描绘了 Sn/Cu 双层上晶须的横截面图。晶须底部的裂纹开口见箭头所

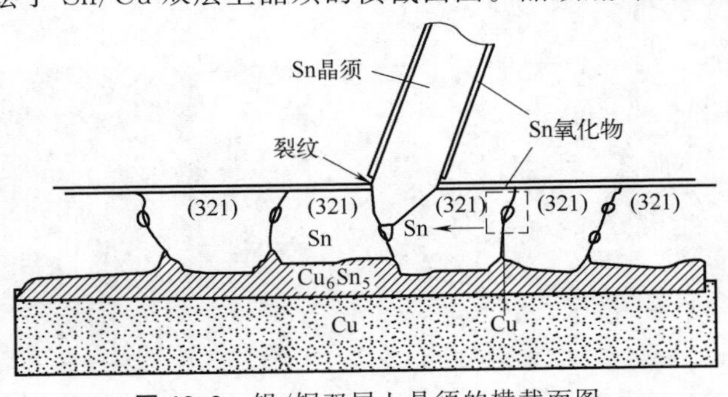

图 12.8 锡/铜双层上晶须的横截面图

示。裂纹暴露出了 Sn 的自由表面，该表面没有法向应力，因此裂纹表面与 Sn 中的压缩区域之间存在应力梯度。压缩区域由图 12.8 中的虚线方块表示。应力梯度驱使 Sn 原子扩散到裂纹周围，促使晶须生长。通过同步辐射微 X 射线衍射测量可知，应力梯度很小，这将在后面讨论。可以将晶须生长视为室温再结晶，其中受压应力的 Sn 转变为无应力的 Sn 晶须。

据文献报道，在焊料中添加稀土元素会促进晶须的生长。这是因为稀土元素是强氧化元素，其氧化物会使氧化锡裂开，晶须随之产生。

Sn 晶须通常不是笔直的，而是弯曲的。这可以通过晶须根部氧化物的形成来解释。如果根部周围的部分氧化物没有被破坏，则该部分的生长停止。然后另一侧的生长将导致晶须的倾斜。然而，当晶须弯曲到 90°时，它就不能再弯曲了，然后就会恢复直线生长。

尽管我们了解晶须生长的机制，但如何使器件中不生长晶须仍然具有很大挑战性，因为不能保证在卫星等需要高可靠性的器件中不生长一根晶须。这就是对晶须的研究仍然活跃的原因。

完全没有 Sn 晶须生长的条件很难满足，除非能够去除 Sn 基焊点，或者在器件的整个表面覆盖一层坚固的涂层。图 12.5（b）中的 Ni 层是为了阻止 Cu 扩散到 Sn 中，以防止 Cu_6Sn_5 的生长。

在下一节中，将直接测量晶须根部附近的应力梯度，结果证明其值非常小。结合 Cu 在 Sn 中的快速间隙扩散动力学，以及 Sn 在室温下由于熔点低而在 Sn 中快速自扩散，就能理解为什么 Sn 晶须生长很容易，为什么它是一种独特的冶金现象。

12.5.2 锡晶须生长驱动力的测量

图 12.9 为引线框架表面 Sn 晶须的 SEM 图像。圆圈表示通过同步辐射微 X 射线衍射研究的 Sn 晶须根部。晶须尖端由于突出而使图像失焦。图 12.10 显示了通过同步辐射微 X 射线衍射测量到的锡晶须周围区域（红色）[5, 6]。图 12.11 显示了测量到的晶须根部周围区域的压应力分布。

在图 12.11 中，估算了晶须根部原点（$x=0$，$y=0$）与左下角点（$x=-0.5400$，$y=0.8475$）之间的应力梯度。发现 $\Delta x\approx 10\mu\text{m}$，$\Delta\sigma\approx 4\text{MPa}$，并取 Sn 原子的原子体积为 $27\times10^{-24}\text{cm}^3$。驱动力如下：

$$F=-\frac{\Delta\sigma\Omega}{\Delta x}=\frac{4\times10^{6}\ \dfrac{\text{N}}{\text{m}^2}\times27\times10^{-24}\text{cm}^3}{10^{-3}\text{cm}}=\frac{4\times10^{7}\ \dfrac{\text{dyn}}{\text{m}^2}\times27\times10^{-24}\text{cm}^3}{10^{-3}\text{cm}}$$

$$=\frac{108\times10^{-17}\text{erg}}{10^{-3}\text{cm}}\approx10^{-12}\text{erg/cm}$$

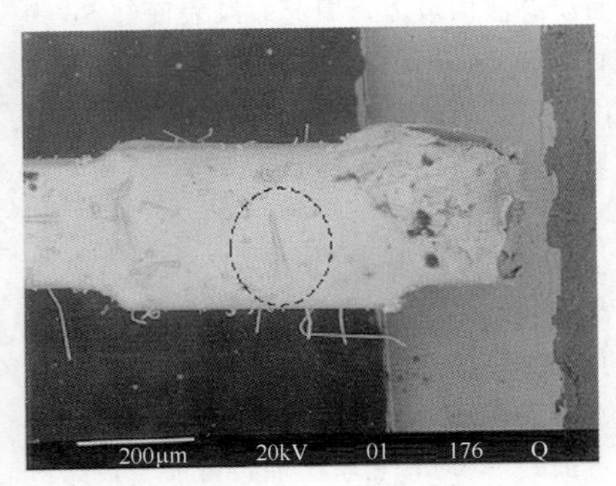

图 12.9 引线框架引脚上 Sn 晶须的 SEM 图像（以圆圈表示）。晶须尖端失焦

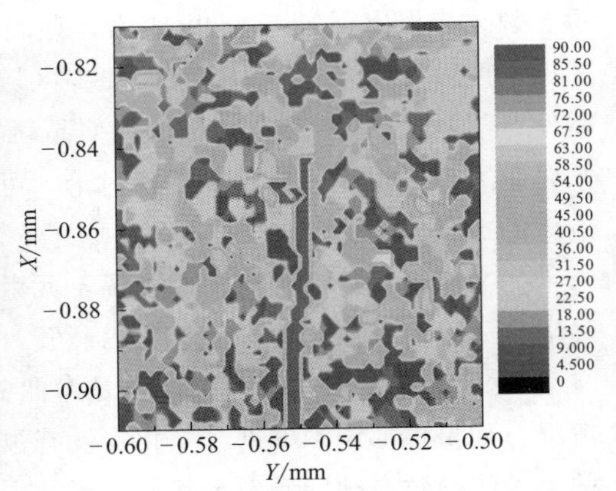

图 12.10 同步辐射微衍射用于测量图 12.9 中的晶须根部周围的应力分布。x 和 y 坐标使其能精确定位位置

1.5μm

（单位：MPa）

	−0.5400	−0.5415	−0.5430	−0.5445	−0.5460	−0.5475	−0.5490	−0.5505	−0.5520	−0.5535	−0.5550
−0.8340	−2.82	−3.21	−2.26	0.93	0.93	−0.23	−8.17	2.22	1.49	1.6	−0.03
−0.8355	−2.26	−2.64	−2.64	−1.04	1.37	1.37	−1.31	0.87	0.87	0.87	−0.7
−0.8370	−2.53	−3.21	−3.21	−2.64	−1.04	3.61	0.75	0.87	0.7	0.7	−0.19
−0.8385	−7.37	−9.62	−6.57	−2.64	3.61	4.52	3.61	0.29	−1.31	0	−4.79
−0.8400	−7.37	−8.22	−6.57	−1.18	0.75	4.23	0.75	−2.25	−2.27	−2.91	−6.91
−0.8415	−4.17	−4.84	−4.17	−1.81	−0.67	0.00	−1.96	−1.96	−3.74	−5.08	−5.08
−0.8430	−4.17	−4.17	−3.63	−1.81	−1.81	−2.29	−2.29	−1.96	−1.96	−3.27	−3.27
−0.8445	−4.14	−4.17	−3.86	−3.63	−2.79	−4.64	−4.78	−0.84	−1.4	−1.49	−3.27
−0.8460	−3.14	−3.63	−3.86	−3.63	−3.13	−4.78	−4.78	0.04	0.04	−1.41	−2.33
−0.8475	−4.14	−4.49	−4.49	−4.64	−3.86	−6.04	−1.72	3.55	3.55	−0.41	−2.33
−0.8490	−3.33	−5.67	−6.29	−6.29	−2.66	−2.08	−1.72	−1.79	0	−1.79	−3.73

晶须

图 12.11 晶须根部周围区域压应力的测量分布。其中，估算了晶须根部原点（$x=0$，$y=0$）与左下角点（$x=-0.5400$，$y=0.8475$）之间的应力梯度。发现 $\Delta x\approx 10\mu m$ 和 $\Delta\sigma\approx 4MPa$

该力在原子距离为 0.3 nm 的距离上所做的功为 3×10^{-27}J，与下一节将讨论的 Sn 中电迁移和热迁移的计算结果处于同一数量级。晶须生长所需的驱动力较小，这就是 Sn 晶须如此常见的原因。我们还发现 Sn 基焊点的阳极在电迁移过程中会发生晶须生长，这将在 12.5.4 小节中讨论。阳极会发生电流拥挤，从而挤出晶须。

12.5.3 锡晶须的生长动力学

为了模拟锡晶须的生长[7]，假设有一个晶须阵列，每个晶须的直径为 $2a$，以及为晶须生长提供原子通量的应力场的半径为 b，如图 12.12 所示。为了评估应力场中的驱动力，可以采用圆柱坐标系进行评估，驱动力 F 可以写为：

$$F=-\frac{\partial \mu}{\partial r}$$

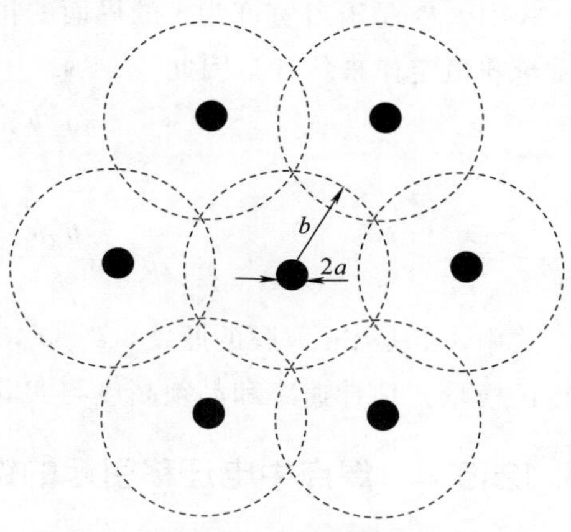

图 12.12　为了模拟锡晶须的生长，假设一个晶须阵列，每个晶须的直径为 $2a$，以及为晶须生长提供原子通量的应力场的半径为 b

考虑晶须生长的早期阶段，为简单起见假设生长已经处于稳定状态。因此，可以在圆柱坐标系中求解势 $\sigma\Omega$ 的二维稳态连续性方程：

$$\nabla^2\sigma=\frac{\partial^2\sigma}{\partial r^2}+\frac{1}{r}\times\frac{\partial \sigma}{\partial r}=0$$

之所以能用连续性方程求解 σ，是因为它是一个类密度函数，这在 12.2 节中已经讨论过。

解的形式为 $\sigma = A''\ln r + B''$。利用 t（时间）$=0$（晶须生长的起始点）处的边界条件，可以得出

$$\sigma=\sigma_0，其中\ r=b$$

$$\sigma=\sigma，其中\ r=a$$

得到

$$A''=\frac{\sigma_0}{\ln(b/a)}=\sigma_0 A'B''=-\frac{\sigma_0\ln a}{\ln(b/a)}$$

因此

$$\sigma=A'\sigma_0\ln r+B''$$

然后

$$F=-\frac{\partial \mu}{\partial r}=-\frac{\partial \sigma\Omega}{\partial r}=-A\ \frac{\sigma_0\Omega}{r}$$

已知 F，则给出 $r=a$ 时的原子通量为

$$J=CMF=C\ \frac{D}{kT}\left(-A\ \frac{\sigma_0\Omega}{a}\right)=-A\ \frac{\sigma_0 D}{kTa}$$

因此，在 t 时间内晶须基部积累的材料量将等于晶须生长的体积，即 $JAt\Omega=h\pi a^2$，其中 A 是晶须基部的外围面积，所以 $A=2\pi r\delta$，其中 δ 是晶须与锡基板之间界面的有效厚度，约为 0.3～0.5 nm。

晶须的生长速度将为

$$\frac{\mathrm{d}h}{\mathrm{d}t}=\frac{JA\Omega}{\pi a^2}=\frac{2\pi a\delta\Omega}{\pi a^2}\left(-A\frac{\sigma_0\Omega}{kTa}\right)=-A\frac{2\sigma_0\Omega\delta D}{kTa^2}$$

式中，D 是沿着宽度为 δ 的界面的扩散系数。晶须的最终高度 h_f 可以通过使用质量守恒定律来估计，因此

$$\pi a^2 h_f=\pi b^2 h\varepsilon$$

或

$$h_f=\frac{b_2 h'}{a^2}\times\frac{\sigma_0(2-3\nu)}{Y}$$

式中，h'是 Sn 薄膜的厚度，$\varepsilon=\sigma_0(2-3\nu)/Y$ 是薄膜的应变，ν 是泊松比，Y 是杨氏模量。估计速率和晶须高度与实验数据基本吻合。

12.5.4 焊点中电迁移引起的锡晶须生长

为了研究倒装芯片焊点阳极侧的电迁移，需要模拟一对焊点中的电流分布，以观察焊点中电流的流入和流出。在第 9 章中，图 9.4 描述了一对焊点中的电流密度，焊点上侧为硅芯片，下侧为聚合物基板。在芯片一侧，两个焊点通过一个较短的铝互连线连接，在基板一侧，两个焊点分别通过一个铜焊盘连接到外部。如图 9.4（a）中的箭头所示，电子电流可从其中一个焊盘流过一个焊点，然后流过 Al 互连、另一个焊点，并从另一个焊盘流出。已知 Al 互连、焊点下金属、焊点和 Cu 键合焊盘的尺寸和电阻，可以模拟倒装芯片结构中的电流分布，如图 9.4（b）所示。

从电流分布模拟来看，有两个重要特征。首先，Al 互连的电流密度最高；其次，焊点的电流密度分布不均匀。第一点意味着在器件运行期间，Al 是结构中最热的部分，因为焦耳热与电流密度的平方成正比，即 $j^2\rho$。焊点上会有一个温度梯度，因为铜焊盘中的焦耳热较小。其次，焊点中存在电流拥挤现象，电子从 Al 互连处进入焊点，也从焊点进入 Al 互连处。如第 10 章图 10.8 所示，在入口处，电迁移将导致薄饼型空洞的形成，但在出口处，可能会形成锡晶须，见图 12.13。

图 12.13 是一组 SEM 图，显示了在电迁移作用下无铅焊点阳极一端锡晶须的形成和随后的生长过程[8]。如图 12.13（a）中长箭头所示，电子从左下角流入，从右上角流出。因此，电迁移将 Sn 原子驱动到右上角的阳极端。由于焊点表面被具有保护作用的氧化锡覆盖，阳极处产生了压应力。压应力使表面氧化物破裂，见图 12.13（b），形成了小面积的无应力自由表面。因此，在无应力表面和周围处于压缩状态的阳极之间产生了应力势梯度，应力势梯度使应力迁移发生并导致锡晶须生长，见图 12.13（c）和（d）。晶须表面有氧化锡，但晶须的生长会拉伸并使其

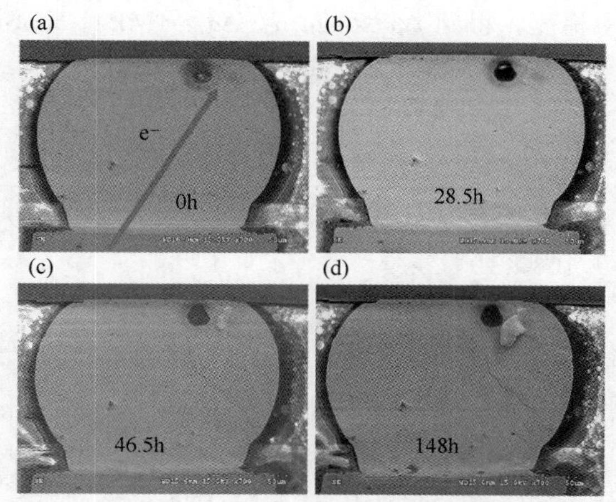

图 12.13　一组 SEM 图像，显示无铅焊点阳极侧的锡晶须在电迁移过程中的形成和生长。148h 后，无铅焊点右上角的锡晶须被挤出

根部附近的表面氧化物被破坏。在电迁移保持压应力的同时，断裂的氧化物保持了无应力表面。两者结合，晶须就会生长。破碎的氧化物是锡晶须生长的关键因素。

12.6 电迁移、热迁移和应力迁移中驱动力的比较

本节比较 Sn 中的电迁移、热迁移和应力迁移的驱动力，特别是压应力下 Sn 晶须的生长。首先考虑电迁移，其驱动力为 $F = Z^* eE = Z^* e\rho j$。众所周知，当温度高于在 100℃时，电流密度在 10^4 A/cm^2 或 10^8 A/m^2 以上时，Sn 基焊点中会发生电迁移。计算时，取 $Z^* = 10$，$e = 1.6 \times 10^{-19}$ C，$\rho = 10 \times 10^{-8}$ Ω·m，$j = 1 \times 10^8$ A/m^2，得到 $F = 1.6 \times 10^{-17}$ N。该力作用下原子跳跃一个原子间距所做的功是：

$$\Delta w = Fa = (1.6\times10^{-17}\mathrm{N})\times(3\times10^{-10}\mathrm{m}) = 4.8\times10^{-27}\mathrm{N\cdot m} = 4.8\times10^{-27}\mathrm{J}$$

接下来，考虑在 1000℃/cm 温度梯度下的热迁移。研究发现，在这么高的温度梯度下，焊点在 100℃附近发生热迁移。由于 1000℃/cm 的温度梯度而产生的温差约为 3×10^{-5} K，跳跃（通过）一个原子（直径为 3×10^{-8} cm）间距，热能的变化是：

$$3k\Delta T = 3\times1.38\times10^{-23}\mathrm{(J/K)}\times3\times10^{-5}\mathrm{K} = 1.3\times10^{-27}\mathrm{J}$$

这与上述计算中给出的电迁移功具有相同的数量级。

最后，通过计算锡晶须生长的驱动力来考虑应力迁移。关于应力迁移，假设驱动力等于应力势梯度，即$-\mathrm{d}\sigma\Omega/\mathrm{d}x$，其中 σ 是法向应力（而不是剪切应力），Ω 是原子体积。使用同步辐射通过 X 射线衍射测量了锡晶须根部周围的应力分布，如图 12.11 所示。估算原点（$x = 0$，$y = 0$）和左下角点（$x = -0.5400$，$y =$

0.8475）之间的应力梯度，得到 $\Delta x \approx 10\mu\text{m}$，$\Delta\sigma \approx 4\text{MPa}$。取 Sn 原子的原子体积为 $27\times10^{-24}\text{cm}^3$，则驱动力 F 如下所示：

$$F=-\frac{\Delta\sigma\Omega}{\Delta x}=\frac{4\times10^{6}\ \frac{\text{N}}{\text{m}^{2}}\times27\times10^{-24}\text{cm}^{3}}{10^{-3}\text{cm}}=\frac{4\times10^{7}\ \frac{\text{dyn}}{\text{m}^{2}}\times27\times10^{-24}\text{cm}^{3}}{10^{-3}\text{cm}}$$

$$=\frac{108\times10^{-17}\text{erg}}{10^{-3}\text{cm}}\approx10^{-12}\text{erg/cm}$$

该力在原子直径为 0.3 nm 的距离上所做的功为 3×10^{-27} J，与上面计算的 Sn 中的电迁移和热迁移的功处于同一数量级。

力的乘积

这里有三种力的乘积。第一个：力×距离＝所做的功。第二个：力×迁移率＝迁移速度，或 $\langle v\rangle=MF$。第三个：共轭力（X）×共轭通量（J）＝熵增，或 $JX=T\theta$，其中 T 是温度，θ 是熵增速率。

对于迁移速度，$\langle v\rangle=MF$，其中原子扩散中的 $M=D/(kT)$。由于原子扩散系数 D 取决于材料和温度，因此发现在微电子器件工作温度 100℃附近的 Al 互连中会有电迁移，该迁移通过晶界扩散进行。然而在同样温度下的铜互连中，电迁移则通过表面扩散进行。此外，在锡焊点或锡中，晶格才是电迁移产生的原因。表 10.2 显示了 Al、Cu 和 Sn 中电迁移扩散系数的差异，这主要是由于金属的熔点的差异所致。

知道迁移（漂移）速度，可以计算原子通量，$J=C\langle v\rangle=CMF$。继而在已知通量、驱动力的基础上，就可以计算熵增。相比之下，原子通量导致的熵增比电子通量引起的熵增小得多，因为后者比前者大得多。为了直接比较，考虑下面的情况，由 Al 互连中的电迁移引起的焦耳热和由于 Al 互连中的电传导引起的焦耳热。

在前述的 9.3.1 小节中，为计算 Al 互连中的电致焦耳热，对 Al 取 $j=10^{6}$ A/cm^2，且 $\rho=10^{-6}\ \Omega\cdot\text{cm}$，则焦耳热为

$$\frac{T\text{d}S}{V\text{d}t}=jE=\rho j^{2}=10^{6}\ \frac{\text{J}}{\text{cm}^{3}\cdot\text{s}}$$

对于 Al 互连中的电迁移，可得

$$\frac{T\text{d}S}{V\text{d}t}=jX=\left(C\ \frac{D}{kT}F\right)F=C\ \frac{D}{kT}(Z^{*}e\rho j)^{2}$$

取 $C=10^{23}/\text{cm}^3$，$T=400$ K，$D=10^{-16}\ \text{cm}^2/\text{s}$，$Z^{*}e=10^{-18}$C，$\rho=10^{-6}\ \Omega\cdot\text{cm}$，$j=10^{6}\ \text{A/cm}^2$。代入这些数据，得到

$$\frac{T\text{d}S}{V\text{d}t}=\frac{10^{-19}\text{J}^{2}}{(0.33\text{eV})\text{cm}^{3}\cdot\text{s}}=20\ \frac{\text{J}}{\text{cm}^{3}\cdot\text{s}}$$

在 $T=400$ K 时，$kT=0.033$ eV，$1J=6.24\times10^{18}$ eV。显然，电致焦耳热要大得多。

问题

12.1 电迁移和热迁移都是不可逆过程中的交互效应。为什么应力迁移不是一种交互效应？

12.2 当对一块金属施加弹性应力时，金属会发生变形。金属中的主要流动通量是什么？

12.3 我们有基于晶格扩散的 Nabarro-Herring 蠕变模型，以及基于晶界扩散的 Coble 蠕变模型。能否根据表面扩散建立蠕变模型？如果可以，请解释。

12.4 在120℃的温度下，在100 μm 厚的 Si 片上无热应力地沉积 1 μm 厚的 Al 薄膜。将晶圆和薄膜冷却至 20℃。使用下面的值并假设 Si 的泊松比为 0.272，计算 Al 膜的热应变和应力，并计算其曲率半径。Al 和 Si 的热膨胀系数分别为 24.6×10^{-6}/℃和 2.6×10^{-6}/℃。Al 和 Si 的杨氏模量分别为 $0.7\times10^{11}\,N/m^2$ 和 $1.9\times10^{11}\,N/m^2$。

12.5 晶圆上薄膜中的应力可以根据晶圆的弯曲度来确定。弯曲度可以用扫描长度为 $2l$ 的表面轮廓仪来测量。请证明 Stoney 方程可以表示如下：

$$\sigma=\left(\frac{\delta}{3l^3}\right)\left(\frac{Y}{1-\nu}\right)\left(\frac{t_S^2}{t_f}\right)$$

式中，δ 是轮廓仪扫描的最大弓形高度。

参考文献

1 Mott, N. F. and Jones, H. (1958). *The Theory of the Properties of Metals and Alloys*. New York: Dover.

2 Nix, W. D. (1989). Mechanical properties of thin films. *Metallurgical Transactions A* 20: 2217-2245.

3 Spaepen, F. (2000). Interfaces and stress in thin films. *Acta Materialia* 48: 31-42.

4 Murakami, M. and Segmiller, A. (1988). Analytical techniques for thin films. In: *Treatise on Materials Science and Technology*, vol. 27 (eds. K. N. Tu and B. Rosenberg). Boston: Academic Press.

5 Sheng, G. T. T., Hu, C. F., Choi, W. J. et al. (2002). Tin whiskers studied by focused ion beam imaging and transmission electron microscopy. *Journal of Applied Physics* 92: 64-69.

6 Choi, W. J., Lee, T. Y., Tu, K. N. et al. (2003). Tin whisker studied by synchrotron radiation

micro-diffraction. *Acta Materialia* 51：6253-6261.

7 Tu，K. N. (1994). Irreversible processes of spontaneous whisker growth in bimetallic Cu-Sn thin film reactions. *Physics Review* B49：2030-2034.

8 Ouyang，F.-Y.，Chen，K.，Tu，K. N.，and Lai，Y.-S. (2007). Effect of current crowding on whisker growth at the anode in flip chip solder joints. *Applied Physics Letters* 91：231919.

13.1 引言

当一个器件被制造出来以在应用中提供特定功能时，人们希望该器件中的微观结构在其使用寿命期间不会改变。遗憾的是，事实并非如此！当发生不期望的微观结构变化（例如器件互连中的阴极处形成空洞）时，就会失效。这是因为硅基器件是电流—电压器件，所以必须施加电流来操作该器件。它是一个开放系统。在高电流密度下，电迁移会引起互连中的微观结构发生变化，并可能由于阴极处形成的空洞造成开路，或阳极处晶须挤出造成短路，从而导致电路失效。此外，高电流密度会引起焦耳热，温度升高会在器件中具有不同热膨胀系数的材料之间产生热应力。热传导会产生温度梯度，该温度梯度可能大到足以引起热迁移。热应力和温度梯度会引起原子扩散、相不稳定和微观结构变化。

这些微观结构变化的独特之处在于它们发生在非平衡热力学领域，或者说它们是不可逆过程。这是因为在开放系统中电子流、原子流和热流共存。因此，正如在第 9 章中讨论的那样，需要基于熵增的可靠性科学，以提供对导致器件失效的不可逆过程中微观结构变化的基本理解。

此外，微电子行业的产品保证要求对新产品进行统计可靠性测试。在前几章中，讨论了失效模式的物理分析和对失效机制的理解。然而，统计分析中还需要失效分布，以便预测和规划产品的使用寿命。它可以提供有关产品可靠性的两个重要信息。首先是产品在消费者使用的特定条件下的平均失效时间（MTTF）。例如，我们需要知道在汽车引擎盖下使用的器件的平均失效时间（MTTF），因为汽车引擎盖下是一个非常闷热的高温环境。其次，在预测现有器件的未来应用时，由于功能的增加，应用电流密度可能必须提高。然后，我们需要知道可以应用于现有器件的最大电流密度是多少，以便它仍然可以在所需的使用寿命内无故障地运行。

要进行统计分布分析，有两个重要条件。首先，必须有能够测量大量器件故障随时间、温度和特定驱动力（例如电迁移中的电流密度）的函数的设备，这类设备能对器件施加应力直至其发生故障。其次，必须有大量的测试样本，这些样本应非常接近真实的消费产品。因此，必须使用工业实验室提供的样本，而不是在校园环境中制作的任意样本。图 13.1 显示了一套用于电迁移下倒装焊点失效统计分析的设备，包括两个炉子、四个电源（出于安全考虑，施加的电流限制在 2A）、一个多通道控制单元和一台用于记录的个人计算机。

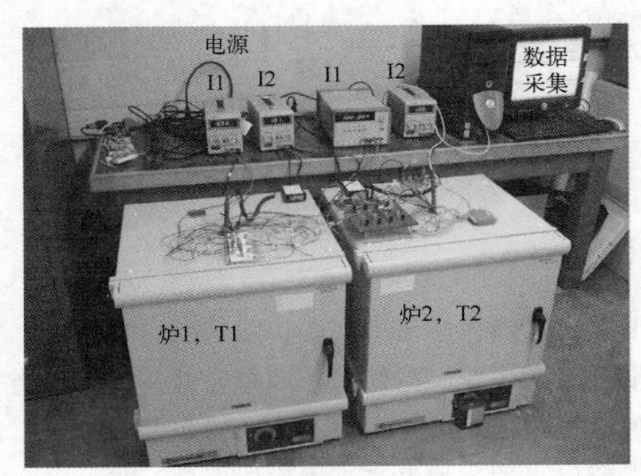

图 13.1 用于对电迁移下倒装芯片焊点失效进行统计分析的设备

例如，在研究倒装芯片焊点可靠性时，需要在一块电路板上安装多个倒装芯片进行加速测试，或者必须能够将多个单独的倒装芯片电气连接在一起进行测试，这样才能在合理的时间内获得大量有意义的数据。图 13.2 显示了这样一块测试电路板的光学图像，电路板上有四个芯片，用于电迁移测试。图 13.3 显示了四个芯片中的一个芯片与电路板之间的焊点布局。芯片尺寸为 0.3cm×0.3cm，共有 36 个焊点。焊点直径为 250μm。凸块下金属化（UBM）处的接触开口直径为 200μm。芯片使用成分为 Sn-1.2% Ag-0.5% Cu 的无铅焊料凸块安装在印制电路板上。UBM 是 Al/Ni(V)/Cu 的层状薄膜，其中 Al、Ni（V）、Cu 的厚度分别为 0.1μm、0.3μm、1μm。图中显示了硅芯片上表面的蛇形 Pt 线温度传感器。

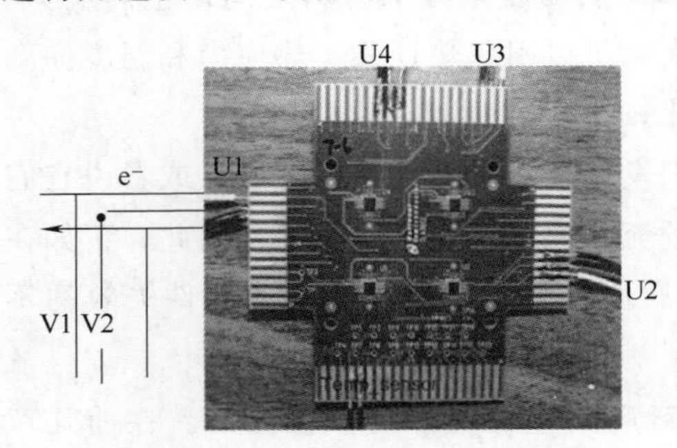

图 13.2 显示了这种测试板的光学图像，测试板上有四个芯片，用于电迁移测试

在本章中，将首先讨论有无晶格移位的微观结构变化。晶格移位的定义将在下一节给出。

当不可逆过程伴有晶格移位时，晶格位点总数是守恒的，并且是一个恒定体积过程，不会形成空洞或晶须，因而不会失效。如果没有晶格移位，则是一个非恒定体积过程，因此多余的空位无法被空位阱吸收，并且必须创建额外的晶格位置来形成空洞，因此会发生失效。此外，如果多余的原子无法被吸收，它们就会形成小丘和晶须。

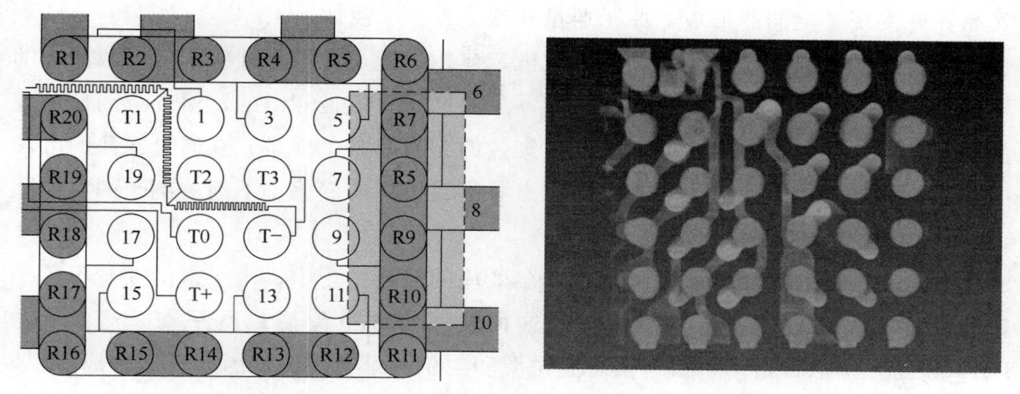

图 13.3 四个芯片中的一个芯片与电路板之间的焊点布局。芯片尺寸为 0.3 cm× 0.3 cm，共有 36 个焊点，焊球直径为 250 μm

接下来，将讨论电迁移中的 MTTF，并回顾 Black 方程，以证明方程中 j^{-2} 的依赖性。然后，提出一个基于熵增的统一 MTTF 模型，该模型可用于电迁移、热迁移、应力迁移以及其他任何不可逆过程的失效分析。最后，还将介绍近期 2.5D 集成电路器件中系统级失效研究的几个实例。

13.2 晶格移位与否导致的微观结构变化

传统热力学中的相变发生在两个平衡态之间的封闭系统中，通常在恒温恒压条件下进行。例如，对于共晶锡铅焊料从熔融态到固态的相变，可以用最小化吉布斯自由能来描述这一过程，并使用 Sn-Pb 平衡相图来定义凝固后共晶组织中两种固相的组成。然而，在这种特殊情况下，它是一个接近平衡的状态，而不是最终的平衡相变，因为我们无法定义共晶结构中的片层间距。

然而，当在开放系统中的温度梯度或压力（应力）梯度下发生相变时，不具备恒温恒压的边界条件，因此该变化不能用吉布斯自由能的最小化来描述。取而代之的是不可逆过程，并且相变动力学属于非平衡热力学领域。一个典型的例子是热迁移的索雷效应，即均质合金在温度梯度下变得不均匀。由于非均匀态比均匀态具有更高的自由能，因此它是自由能增加而不是减少的过程。

然而，如果没有原子通量发散，不可逆过程可能不会导致晶格移位引起的器件失效。以铝导线中的电迁移为例，如果电迁移驱动的原子通量在导线中是均匀的，并且阴极和阳极分别是非常大的铝原子的源和阱，那么就不会发生失效，因为当将失效定义为导线中形成空洞或晶须时，铝原子从阴极到阳极的质量迁移是稳定的。因此，为了避免失效，需要不可逆过程中原子通量的发散。例如，在 Al 导线的三叉晶界处发现了空洞的形成，原子通量在这里发生了发散。

尽管如此，如果是恒定晶格位点或恒定体积过程，发散条件对于空洞或晶须的形成是必要的，但不充分。我们注意到，虽然原子总数是守恒的，但在空洞形成或晶须生长时，晶格位点总数必须增加。失效的充分必要条件是，在通量发散的区域中不能有晶格移位，所以必须有晶格位点数量或体积的变化。下面的例子解释了什么是晶格移位。

在铜和铜锌合金间互扩散的柯肯达尔效应的经典例子中，由于铜的通量不等于锌的通量，因此会出现通量发散，而这种发散会被空位通量所平衡。然而，在 Darken 的互扩散分析中，由于假定空位源和空位阱是有效的，因此不会形成空位，空位可以在微观结构中根据需要产生或吸收；反过来，也可以假设样本中各处的空位处于平衡状态。因此，没有空位的过饱和，则空洞不能形核。此外，根据 Darken 的分析，也不存在应力问题。

图 13.4 是互扩散中晶格移位概念的示意图，假定原子通量从右侧向左侧移动。随之而来的是大量空穴向相反方向移动。在图的右侧，假设存在一个位错环，它充当空位阱，因此位错环会通过吸收空位而攀移以增加其直径。同样，在左侧假设存在一个位错环，它是空位源，因此该环将攀移，通过发射空位来减小其直径。这些位错攀移运动迟早会消除右侧的原子平面，同时会在左侧产生一个原子平面。因此，综合效应将导致两个位错环之间的所有原子平面向右移动一个原子平面的厚度。这种效应被定义为晶格移位。如果在中间区域植入一个标记，它会随着晶格移位而移动，因此可以测量标记的位移或运动。

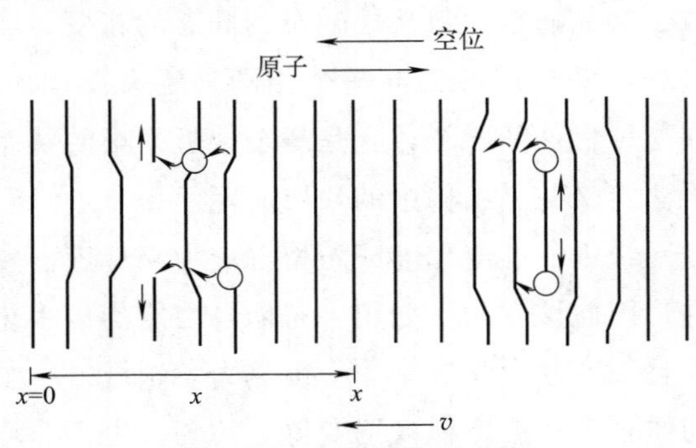

图 13.4　晶格移位示意图

在 Darken 的柯肯达尔效应模型中，不存在空洞和应力。然而，在大多数相互扩散和反应的实际情况中，都会形成柯肯达尔空洞或弗仑克尔空洞。还发现由于晶格移位不足而导致样品因应力效应而弯曲。如果晶格移位不足或没有发生晶格移位，多余的空位就无法被吸收，就必须创建晶格位点来容纳它们。如果它们形成空洞，空洞就会占用新的晶格位点，从而使体积增大。这意味着，当空洞形成导致失效时，将有一个非恒定体积过程。

反之，由于必须假设原子总数是守恒的，那么晶格移位的概念又如何呢？我们可以创造空位，但不能创造原子。然而，当晶须生长时，必须允许创建新的晶格位置，以便使晶须从样品中生长出来。因此，失效需要通量发散，而没有晶格移位的概念仍然是正确的。

13.3 失效统计分析

13.3.1 用于电迁移 MTTF 的 Black 方程

在研究电迁移时，可以改变时间、温度和施加的电流密度。为了根据电迁移测试获得平均失效时间（MTTF），Black 提供了如下方程[1,2]：

$$\mathrm{MTTF}=A(j^{-n})\exp\left(\frac{E_a}{kT}\right) \tag{13.1}$$

式中，MTTF 通过三个参数与温度和电流密度相关联，即前因子 A、电流密度功率因数 n 和活化能 E_a。值得注意的是，在大多数 MTTF 数据中，n 接近 2，而 E_a 则与电迁移中原子扩散的活化能有关。为什么 $n=2$ 一直是一个有争议的话题，人们对此进行了广泛的讨论[3-8]。在下一节中，将重温 Black 方程，并说明 $n=2$ 是合理的。

要从实验中确定这些参数，至少需要在两种温度和两种电流密度下进行电迁移测试，测试结果与失效发生前的时间成函数关系。图 13.5 显示了一组焊点样品（见图 13.2）的失效时间的威布尔（Weibull）分布图，使用的是图 13.1 所示的设备，在 $5\times10^3\,\mathrm{A/cm^2}$、$1\times10^4\,\mathrm{A/cm^2}$ 两种电流密度以及 125℃、150℃两种温度下进行测试；通过计算机自动测量每个样品上的电压变化来监测电阻变化，并记录数据；数据按电压与时间绘制，从中可以确定每个样本的失效时间。

图 13.5 所示的威布尔线性图对于根据 Black 失效方程获得 MTTF 来说非常重要。然而，要在测试样品的特定部位找到导致电阻增加的失效或空洞形成是很困难的。这一点在 3D IC 器件中尤为明显，因为要在 3D 结构中找到导致开路的故障点并不容易。这就需要高分辨率的原位同步辐射 X 射线断层扫描检测。

通常，有人会问为什么我们倾向于在电迁移研究中使用威布尔分布而不是其他分布，如对数正态分布。因为研究发现在威布尔分布中，可以很容易地观察到早期

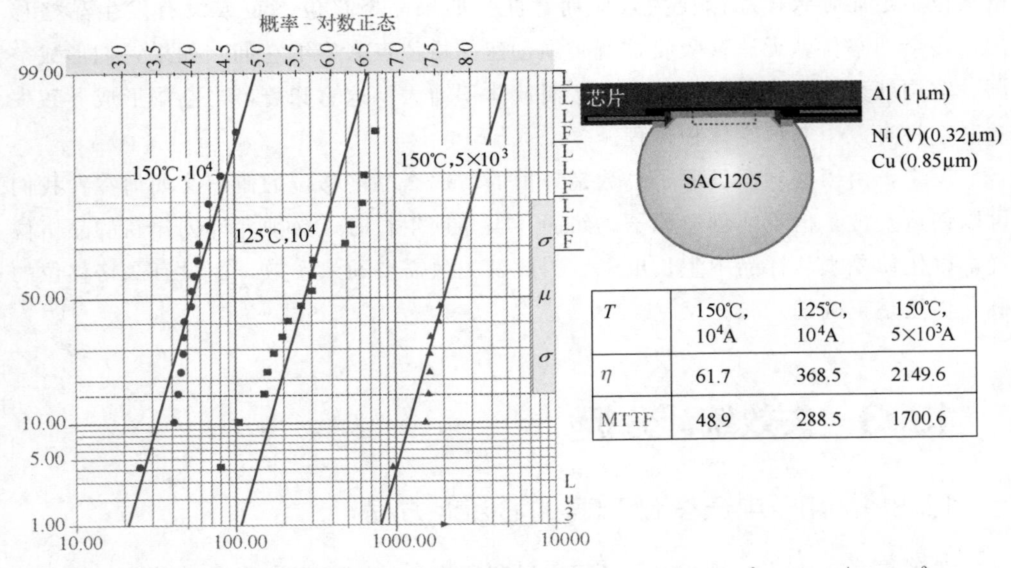

T	150℃, 10^4A	125℃, 10^4A	150℃, 5×10^3A
η	61.7	368.5	2149.6
MTTF	48.9	288.5	1700.6

图 13.5　一组焊点失效时间的威布尔分布图，在 5×10^3 A/cm^2、1×10^4 A/cm^2 两种电流密度以及 125℃、150℃两种温度下测试

薄弱环节失效的数据。从系统可靠性的角度来看，由于薄弱环节而导致的早期失效是最不希望出现的。它们必须被移除。另一个很好的理由是与电迁移中时间相关失效的物理模式的相关，其中威布尔分布函数和相变的 Johnson-Mehl-Avrami (JMA) 方程之间的精确相似性是有趣的，这将在稍后讨论。

为求出 Black 的 MTTF 方程中的活化能，使用相同电流密度和两个温度下的数据以及以下关系：

$$\frac{\mathrm{MTTF}_2}{\mathrm{MTTF}_1}=\frac{\exp\left(\dfrac{E_a}{kT_2}\right)}{\exp\left(\dfrac{E_a}{kT_1}\right)}$$

$$E_a=\left(\frac{1}{kT_2}-\frac{1}{kT_1}\right)\log\left(\frac{\mathrm{MTTF}_2}{\mathrm{MTTF}_1}\right) \tag{13.2}$$

然后，为了确定 n，可以使用相同温度下两种不同电流密度的数据以及下面的关系：

$$\frac{\mathrm{MTTF}_2}{\mathrm{MTTF}_1}=\left(\frac{j_1}{j_2}\right)^n \tag{13.3}$$

然而，由于焦耳热，在应用上述两个关系时要谨慎。在使用式 (13.2) 计算活化能时，需考虑焦耳热对温度的影响，将 kT 改为 $k(T+\Delta T)$，其中 ΔT 是电流密度作用下的焦耳热引起的，并且已经测量过；因此在式 (13.2) 中，kT_1 变为 $k(T_1+$

ΔT)，kT_2 变为 $k(T_2+\Delta T)$。这一修正非常简单。

当使用式（13.3）计算 n 时，就比较困难了。由于焦耳热在不同的电流密度下是不同的，因此很难假设在相同退火温度下测量的两个不同电流密度的温度是相同的。实际温度并不相同，因此问题并不简单。需要知道不同电流密度下的 ΔT 升幅，以便进行温度校正。即可以使用沉积在测试样品上的铂薄膜蛇形线温度传感器来获得温度校正。

根据图 13.5 所示数据，活化能为 1.15eV/atom。我们发现 $n=2.08$。然后可以确定常数 $A=1.5\times10^{-1}\text{s}\cdot\text{A}^2/\text{cm}^4$。根据得到的 MTTF 方程，可以计算出在现场使用条件下的寿命预测或外推。

13.3.2 威布尔分布函数和 JMA 相变理论

根据威布尔分布函数得到：

$$F(t)=1-\exp\left[-\left(\frac{t}{\eta}\right)^{\beta}\right] \tag{13.4}$$

式中，$F(t)$ 是失效样品随时间变化的百分比或分数，η 是特征寿命，β 是形状因子或威布尔图的斜率。这意味着较大的斜率将导致失效时间分布更窄。

威布尔分布函数和相变的 Johnson-Mehl-Avrami（JMA）正则方程[9] 在数学形式上有着密切的相似性。在经典相变中，例如在不改变组分的情况下，将非晶相结晶为晶相，转化体积的分数通过 JMA 方程表示为：

$$X_T=1-\exp(-X_{ext})=1-\exp\left[-\left(\frac{t}{\lambda}\right)^{n}\right] \tag{13.5}$$

式中，X_T 是转换体积的分数；X_{ext} 是扩展体积的分数，定义为：

$$X_{ext}=\int_{\tau=0}^{\tau=t}\frac{4\pi}{3}R_N R_G^3(t-\tau)^3\,\mathrm{d}\tau \tag{13.6}$$

式中，R_N 是形核率，R_G 是球形粒子的生长速率，t 是相变时间。实质上，X_{ext} 的物理含义是在不考虑生长撞击和幻影形核（能量起伏引起的形核）条件下，在 $\tau=0\sim t$ 期间内所有球形颗粒的体积总和。

由于威尔布分布函数［式（13.4)］和相变的 JMA 方程［式（13.5）］的数学形式相似，将二者关联起来是很有意义的，这样我们就可以从一组互连器件中形成空洞的相变角度，来解释 MTTF 的威尔布分布。由于空洞而导致的电迁移引起的开路故障，可被视为 Al 线或 Cu 线阴极端或倒装芯片焊点处的相变，在这些位置空洞形核和生长。这是一个跨学科的课题，需要在未来仔细研究。在 Black 的 MTTF 方程中，活化能的物理含义尚未明确定义。它可以是空洞形核的活化能，或空洞生长的活化能，或两者之和，如式（13.6）中 R_N 和 R_G 所示。

13.4 电迁移、热迁移和应力迁移 MTTF 的统一模型

13.4.1 重新审视电迁移 MTTF 的 Black 方程

为了重新审视 Black 方程，我们考虑将不可逆过程中的熵增视为微观结构失效的基础。根据昂萨格关系，熵增率等于

$$\frac{T\mathrm{d}S}{V\mathrm{d}t}=JX \tag{13.7}$$

式中，T 是温度，$\mathrm{d}S/\mathrm{d}t$ 是熵增率，V 是不可逆过程中的样品体积，J 和 X 分别是共轭通量和共轭驱动力。由于不可逆过程中存在原子通量、热通量和电荷通量，因此通量背后的力相应地就是共轭驱动力。

设 J_e 为电迁移驱动的原子通量，则有

$$J_e=-C\frac{D}{kT}Z^*e\rho j \tag{13.8}$$

关于共轭驱动力

$$X_e=Z^*eE=Z^*e\rho j \tag{13.9}$$

式中，$E=-\mathrm{d}j/\mathrm{d}x=\rho j$，为电场。

现在，令 V^* 为阴极端空洞形成的临界体积，它导致了开路失效，有 $V^*=\Omega J_e At$，其中 Ω 是原子体积，A 是扩散截面，t（或 MTTF）是失效时间，因此

$$t=V^*/(\Omega J_e A) \tag{13.10}$$

上式表明 MTTF 与 $1/j$ 成正比，因此 $n=1$。然而，有些学者认为空洞的形成需要形核，当 MTTF 包括空洞失效的形核和长大时，n 可能等于 2。

现在，为了证明 $n=2$ 的合理性，考虑熵增。根据式（13.7），直至失效的总熵增量为 $S_{threshold}=(\mathrm{d}S/\mathrm{d}t)t$，因此根据式（13.7）[10]：

$$TS_{threshold}/V=J_eX_et$$

$$\begin{aligned}
t^{failure}&=\frac{TS_{threshold}}{VJ_eX_e}=\frac{TS_{threshold}}{V}\times\frac{1}{\left(C\dfrac{D}{kT}Z^*e\rho j\right)(Z^*e\rho j)}\\
&=\frac{TS_{threshold}}{V}\times\frac{1}{C}\times\frac{kT}{D}\times\frac{1}{(Z^*e\rho j)^2}j^{-2} \qquad (13.11)\\
&=\frac{S_{threshold}}{VC}\times\frac{KT^2}{(Z^*e\rho j)^2D_0}\exp\left(\frac{E}{kT}\right)j^{-2}\\
&=A\left(\frac{T}{j}\right)^2\exp\left(\frac{E}{kT}\right)
\end{aligned}$$

式中 $A=\frac{S_{threshold}k}{VCD_0(Z^*e\rho)^2}$，表明 $n=2$ 在 Black 方程中是合理的。而 MTTF 与 $(T/j)^2$ 相关，而不是 $(1/j)^2$，也不是 $1/j$。

另一方面，如果考虑如第 9 章所述电传导中的焦耳热，则为

$$\frac{T\mathrm{d}S}{V\mathrm{d}t}=j\left(-\frac{\mathrm{d}\varphi}{\mathrm{d}x}\right)=jE=j^2\rho$$

式中，$j^2\rho$ 被称为单位时间单位体积的“焦耳热”。它可能是式（13.11）中电流密度和 MTTF 之间的 j^2 隐性联系。

13.4.2 热迁移 MTTF

要获得热迁移的 MTTF，原子通量如下所示[10]：

$$J_h=C\frac{D}{kT}\times\frac{Q^*}{T}\left(-\frac{\partial T}{\partial x}\right) \tag{13.12}$$

式中，Q^* 被定义为热迁移中的传输热，且 Q^* 具有与 μ 相同的量纲，因此它是每个原子的热能。共轭驱动力是

$$X_h=\frac{Q^*}{T}\left(-\frac{\mathrm{d}T}{\mathrm{d}x}\right) \tag{13.13}$$

有

$$J_hX_ht^{failure}=TS_{threshold}/V$$

$$\mathrm{MTTF}\approx t^{failure}=\frac{ts_{threshold}}{VJ_hX_h}=B\left(-\frac{\mathrm{d}T}{\mathrm{d}x}\right)^{-2}\exp\left(\frac{E_a}{kT}\right) \tag{13.14}$$

13.4.3 应力迁移 MTTF

应力迁移的驱动力见式(13.15)，其中应力势定义为 $\sigma\Omega$，σ 为应力，Ω 为原子体积。

$$X_s=-\frac{\mathrm{d}\sigma\Omega}{\mathrm{d}x} \tag{13.15}$$

应力迁移中的共轭原子通量为

$$J_S=CMF=C\frac{D}{kT}\left(-\frac{\mathrm{d}\sigma\Omega}{\mathrm{d}x}\right)=\frac{D}{kT}\left(-\frac{\mathrm{d}\sigma}{\mathrm{d}x}\right) \tag{13.16}$$

有 $J_SX_St^{failure}=TS_{threshold}/V$[10]，则

$$\mathrm{MTTF}\approx t^{failure}=\frac{ts_{threshold}}{VJ_SX_S}=G\left(-\frac{\mathrm{d}\sigma}{\mathrm{d}x}\right)^{-2}\exp\left(\frac{E_a}{kT}\right) \tag{13.17}$$

13.4.4 电迁移、热迁移与应力迁移 MTTF 之间的联系

上一章已经证明，锡或富锡焊料中的电迁移、热迁移和应力迁移的共轭力几乎

相同。因此，下面将通过等效它们的驱动力来分析三者的 MTTF。

$$Z^{*}e\rho j=3k\frac{\mathrm{d}T}{\mathrm{d}x}=-\frac{\mathrm{d}\sigma\Omega}{\mathrm{d}x} \tag{13.18}$$

则有

$$j=\frac{3k}{Z^{*}e\rho}\times\frac{\mathrm{d}T}{\mathrm{d}x}=\frac{-1}{Z^{*}e\rho}\times\frac{\mathrm{d}\sigma\Omega}{\mathrm{d}x} \tag{13.19}$$

然后，通过将 j^{-2} 代入初始的 Black 方程，可以分别获得热迁移和应力迁移的 MTTF。

13.4.5 开放系统中其他不可逆过程的 MTTF 方程

上述三个例子表明，对于开放系统中其他类型的不可逆过程，也可以利用式 (13.7) 求得 MTTF 方程。因此，对于任何不可逆过程，只要能定义通量和驱动力，就能得到其 MTTF 方程，但是 MTTF 方程中的参数必须根据实验数据确定。

13.5 移动技术中的失效分析

在移动技术领域，对更小尺寸、更多功能、更低功耗和更低成本的持续需求，是对制造技术和失效分析的挑战。在第 1 章中已经提到，目前电子封装的两大趋势是越来越多的 I/O 数量和越来越低的功耗或焦耳热。实际上，3D IC 的想法在微电子行业已经出现了十多年。然而，由于成本高、可靠性低，3D IC 尚未实现大规模量产。目前，5G 技术在人工智能应用中的使用为推动 2.5D IC 而不是 3D IC 大规模生产提供了动力。因此，2.5D 集成电路器件的可靠性成为人们关注的焦点。

在 2.5D IC 器件中，添加硅转接板需要多一层重布线层（RDL）和一层焊点。这是因为使用了硅通孔（TSV）和微凸块进行垂直互连。在密集的 2.5D IC 封装中，不仅焦耳热严重，而且散热较差。为了增强散热，需要有高的温度梯度。遗憾的是，温度梯度会导致热迁移。此外，硅转接板的使用增强了沿转接板的横向热传递，已经证实这会导致意外的热迁移失效。因此，热管理影响移动技术中的所有可靠性问题。焦耳热增强的电迁移是失效的主要问题，尤其是早期失效。在本节中，将讨论电迁移和焦耳热的协同效应，以及硅转接板上的热串扰（thermal cross-talk）问题。

13.5.1 2.5D IC 技术中薄弱环节的焦耳热增强电迁移失效

在第 1 章中，图 1.4 和图 1.5 分别显示了 2.5D IC 测试样品的 SEM 横截面图像和 X 射线断层扫描图像。基本上，有两块硅芯片和三层焊点。三层焊点包括是底部最大的 BGA、中间的 C4 倒装芯片焊点，以及顶部最小的微凸块。为了实现它们之间的互连，有两组重布线层（RDL）。第一组 RDL 用于从 BGA 到 C4 焊点的电路扇出，第二组 RDL 用于从 C4 焊点到微凸块的电路扇出。扇出的目的是增加 I/O 数量。第二组 RDL 在 2.5D IC 中是新的，因为在 2D IC 中不存在。研究发现，在没有充分考虑可靠性的情况下，将这一新的 RDL 添加到器件中，会成为电迁移测试中的薄弱环节[11]。

在第 1 章的图 1.5（a）中，使用一组箭头表示可以通过电流来研究 2.5D IC 封装电路中的电迁移。左侧的一个 BGA 焊球用作阴极，电子将流过 PTH、倒装焊点、TSV 和微凸块的菊花链，并以相反的方向返回到右边的另一个作为阳极的 BGA 焊球。由于该电路是封装电路，因此既不包括晶体管，也不包括多层铜镶嵌互连。尽管如此，TSV 和 RDL 中还是存在大量的 Cu 连接，而且封装电路中存在焊点。相比之前如第 10 章所述的在一对焊点或一条铜或铝线的电迁移的研究，这种系统级的电迁移测试要复杂得多。

当 100 mA 电流在 100℃下通过一对 BGA 时，测试样品在 1s 内失效。根据这一初步发现，选择了三种较低电流的测试条件：100℃，50 mA；100℃，60 mA；150℃，50 mA。如图 13.6 所示，所有失效都显示出电阻随时间平缓变化，直到电阻突然增加导致失效[11]。

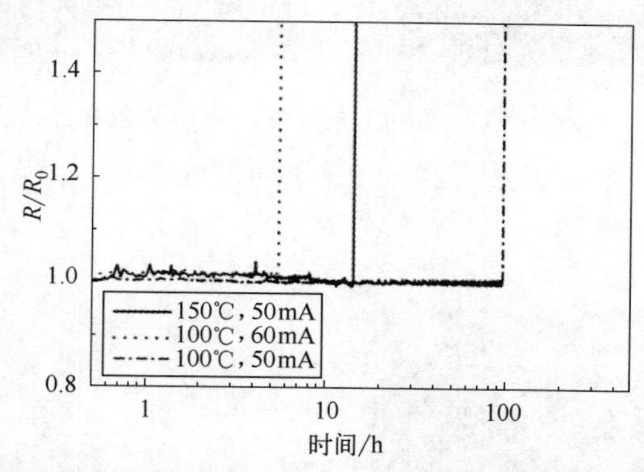

图 13.6 所有失效都显示出电阻随时间平缓变化，直到电阻突然增加导致失效

为了确定失效位置，对失效样品进行了缓慢而仔细的逐层抛光，并对图像进行了检查。图 13.7（a）和（b）显示了在 100℃、50 mA 下 164 h 的失效位置图像；图 13.7（c）和（d）显示了在 150℃、50 mA 下 12.25 h 的失效位置图像。这些失效位置出现在转接板芯片的 RDL 上。在图 13.7（a）中，可以看到 RDL 上有六个周期性的空洞。使用聚焦离子束（FIB）垂直切割这些孔，图 13.7（b）显示了其中一幅图像。这些空洞表明发生了烧毁失效，可以看到铜线被熔化，它们之间的电介质被破坏。图 13.7（c）显示了另一个失效位置。该位置非常大，长约 80 μm。为了获得更清晰的图像，使用 FIB 分别在失效点的起始、中间和末端切割了三个孔。

这些图像彼此相似，其中一张如图 13.7（d）所示。图 13.8（a）显示了样品中 RDL 的位置，它靠近转接板底部，位于 TSV 下方。图 13.8（b）是 RDL 中铜线的 TEM 横截面图像，铜线的横截面约为 100 nm×100 nm。

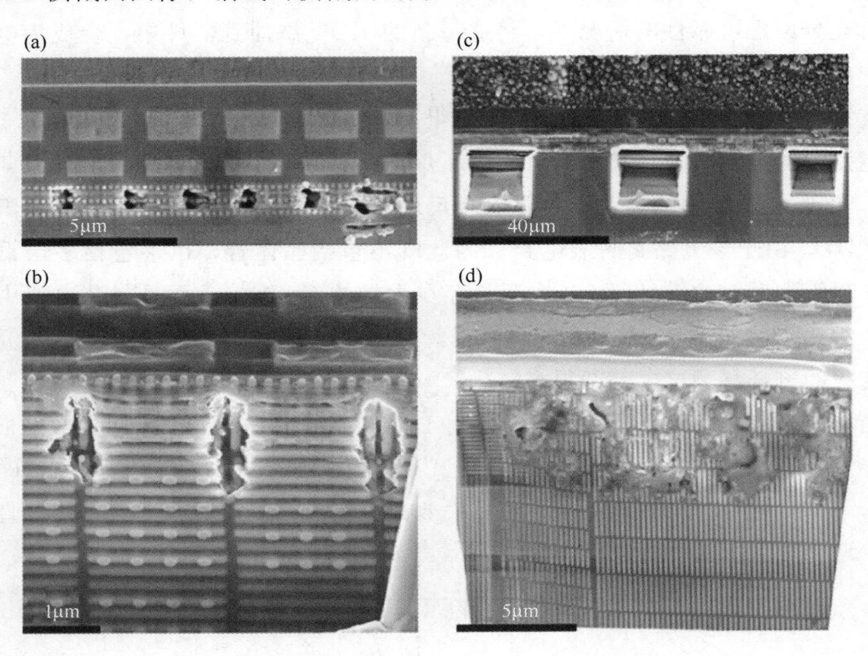

图 13.7 （a）、（b）在 100℃、50mA 条件下，164h 失效样品的失效位置图像。（c）、（d）样品在 150℃、50mA 下 12.25h 失效

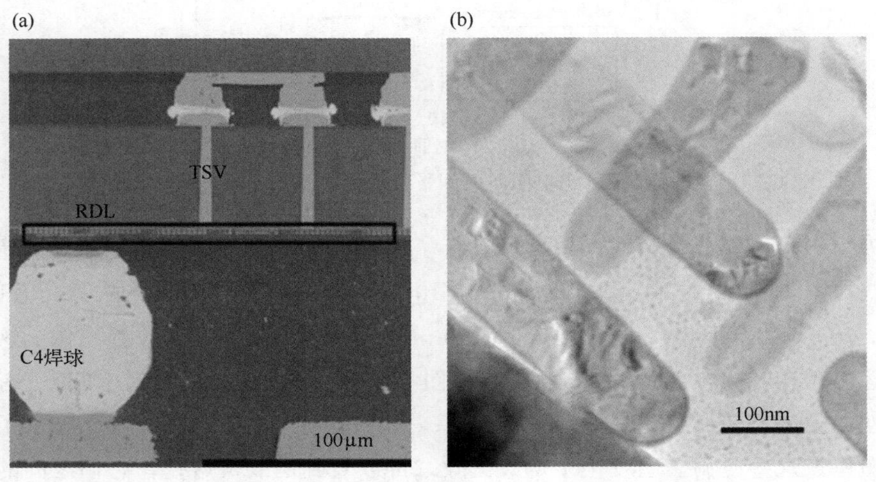

图 13.8 （a）样品中 RDL 的位置靠近转接板底部且位于 TSV 下方。（b）RDL 中铜线的 TEM 横截面图像，铜线的横截面约为 100nm×100nm

根据图 13.8，如果假设 1mA 电流穿过 100nm×100nm 的横截面积，则电流密度将为 $1\times10^7 A/cm^2$，这对 100℃的铜线来说，其中发生电迁移的概率来说是非常高的。对电流密度的估计是合理的，因为从 BGA 到 C4 焊点和微凸块的焊点密度变化（单位面积上的焊点数量）来看，当施加的电流为 50～60mA 时，预计会有很高的电流密度。此外，RDL 中的 Cu 线密度极高，这意味着焦耳热非常严重，散热也很差，因此温度会随着时间的推移而增加。如第 10 章所述，这些情况与之前在铜线中进行的电迁移研究有很大不同。

由于烧毁失效与时间有关，因此温度必须升至 Cu 熔点（1083℃）以上。从物理角度来看，我们注意到转接板芯片的厚度约为 50 μm，远小于硅器件芯片 200 μm 的典型厚度。因此，硅转接板的热传导大大降低，这也是散热不良的原因之一。下面，将通过仿真确认随时间变化的焦耳热，以及通过正反馈增强的电迁移。

这里采用一个三维模拟程序来显示 RDL 导线在测试条件下烧毁的可能性。由于 RDL 中的铜线与铜大马士革结构相似，因此和铜大马士革结构的损伤一样，在 100 ℃时通过表面扩散导致的电迁移损伤，将使铜线沿电流流动方向变细。由于铜线中电流路径的横截面积减小，电阻和焦耳热会增加。由于散热不良，焦耳热的增加将导致温度升高，进而增加电迁移率。然而，增强的电迁移会进一步减薄厚度，进而再次增加电阻和温度。这一正反馈过程加速了 RDL 中铜线的减薄。图 13.9 是在三种不同应力条件下的模拟结果，从中可以看到协同和正反馈作用导致了快速和灾难性的烧毁失效。

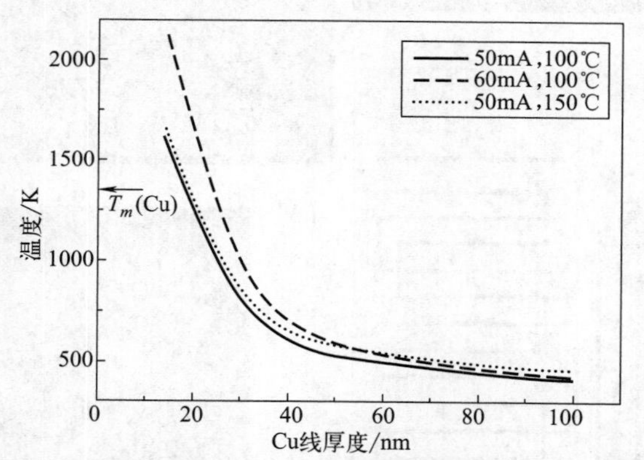

图 13.9　三种不同应力条件下的模拟结果，从中可以清楚地看出协同和正反馈作用导致快速和灾难性的烧毁失效

焦耳热和电迁移对烧毁的协同作用是一种新的可靠性失效模式。随着晶体管的密度变得更高，而移动设备的外形尺寸不会发生太大变化，焦耳热将成为最关键的问题。这种协同效应可能会导致未来出现机械失效和其他失效。显然，需要进一步的关注和更深的理解。

简而言之，2.5D IC 测试样品中的系统级电迁移显示出一种随时间变化的烧毁失效。失效位置在 C4 接头和微凸块之间的 RDL 上。模拟结果支持这一发现，即焦耳加热和电迁移之间的正反馈会导致局部温度升高，达到铜的熔点，从而导致快速和灾难性的烧毁失效。

13.5.2 2.5D IC 技术中热串扰导致焦耳热引起的热迁移失效

2.5D IC 器件中，热串扰也会引起未通电微凸块的热迁移失效[12]。如图 13.10 所示，在测试结构中有两个 Si 芯片，水平放置在 Si 转接板上。图 13.10（a）和（b）分别显示了测试样品的横截面 SEM 图像和 X 射线断层扫描俯视图。图 13.10（a）显示了两层 Si 芯片的堆叠；底部较大的 Si 芯片作为转接板，通过与微凸块热压键合，垂直连接到顶部两个较小的硅芯片上，如图 13.10（b）所示，微凸块呈菊花链排列。顶部的两个 Si 芯片由底部填充材料隔开。在这两个芯片的下方，各有两个直径为 17μm、间距为 30μm 的菊花链微凸块。微凸块的菊花链电路如图 13.10（c）所示。

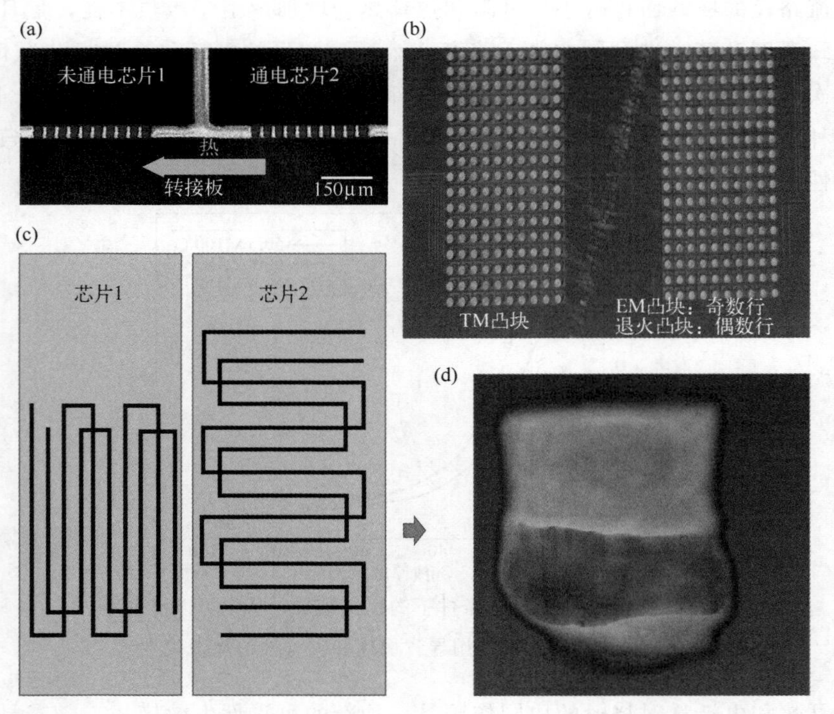

图 13.10 （a）试样的横截面 SEM 图像；（b）试样的同步辐射（SR）X 射线显微断层扫描俯视图；（c）电路原理图；（d）X 射线显微断层扫描中的一个微凸块

图 13.10（b）中的一个 Si 芯片（芯片 2）下的一个微凸块菊花链在 5.3×

$10^4 A/cm^2$ 的电流密度下通电。测试温度为150℃和170℃。由于菊花链中的焦耳热，通电微凸块中的温度将比测试温度高出约30℃（通过模拟估算）。然而，由于菊花链的布局，芯片2下方的通电微凸块中几乎没有温度梯度。因此，通电的微凸块只有电迁移但没有热迁移。

然而，图13.10（a）中相邻芯片（芯片1）中的未通电微凸块因焊料层中的大孔而损坏。这是因为来自通电微凸块的焦耳热通过转接板水平地转移到相邻未通电微凸块的底部，并在相邻芯片1的未通电微凸块上产生了约1000℃/cm量级的大的温度梯度，因此后者因热迁移而失效。

此外，当芯片2中的一条菊花链通电时，焦耳热将通过顶部Si芯片和底部Si转接板传递到芯片2中相邻菊花链中的未通电微凸块。因此，芯片2中的未通电微凸块没有温度梯度，但会经历恒温退火，由于焦耳热，其温度比环境温度略高30℃，但既不会发生电迁移，也不会发生热迁移。

简而言之，测试样品中有三组不同的微凸块：电迁移下的微凸块（芯片2中的通电微凸块）；热迁移下的微凸块（中的微凸块）；等温退火下的微凸块（芯片2中的未通电微凸块）。同步辐射断层扫描用于比较这三组微凸块。结果表明，热迁移下的微凸块损伤最大。图13.10（d）是利用同步辐射X射线显微层析成像技术拍摄的在接收状态下一个微凸块的三维图像。

图13.11（a）显示芯片2下的微凸块在120mA、170℃、72h的过程中受到的电迁移应力，由于只为芯片2下奇数行（第1行）的微凸块通电，因此偶数行（第2行）的微凸块没有通电，但处于等温退火状态。图13.11（b）显示芯片2下奇数行（第1行）微凸块的等温退火情况。图13.11（c）显示芯片1中处于热迁移状

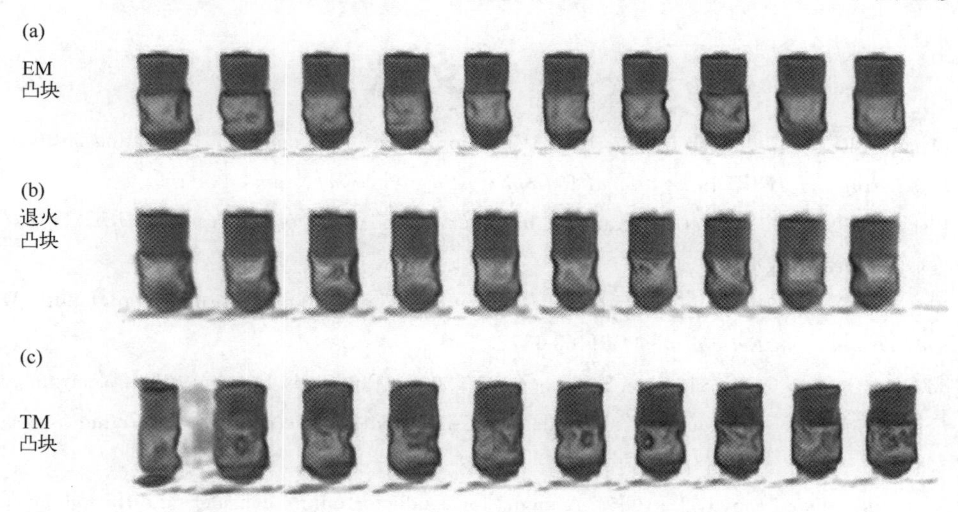

图13.11 三组微凸块的对比

态的微凸块，相比之下，热迁移下的微凸块表面的凹痕要多得多，说明热迁移下锡的表面扩散最为严重，造成的破坏也更大。为了检查微凸块内部的损坏情况，用Avizo软件对样品进行了逐片分析。结果发现，即使在微凸块的中间，热迁移微凸块的空洞体积也至少是电迁移微凸块空洞体积的2倍。

问题

13.1　微电子技术中的良率和可靠性之间的区别是什么？请举例说明。

13.2　什么是平均失效时间（MTTF）？为什么它很重要？

13.3　电迁移一直是微电子器件中主要的可靠性问题。为什么几乎从未发现我们的个人电脑、笔记本电脑和手机因电迁移而故障呢？

13.4　为什么焦耳热被认为是未来3D IC器件的关键可靠性问题？

13.5　在Black的MTTF方程中，为什么活化能前面的符号是正的？

13.6　在Black方程中，测得活化能为$E=1\text{V/atom}$，电流密度的功率因子为$n=2$，前因子$A=10^{-2}\text{s}\cdot(\text{A/cm}^2)^2$。当器件在100℃温度下使用，电流密度为$2\times10^3\text{A/cm}^2$时，计算其MTTF。那么对于下一代器件，当电流密度增加到$1\times10^4\text{A/cm}^2$时，MTTF将是多少？

13.7　在倒装芯片技术中，导线到凸块的配置是独特的，这意味着电迁移可能发生在铝线以及焊料凸块中。假设由于电流拥挤，Al线中的电流密度为10^6A/cm^2，焊料凸块中的电流密度为10^4A/cm^2。在100℃下，哪一个会首先因空洞形成而失效？

参考文献

1　Black, J. R. (1967). Mass transport of Al by momentum exchange with conducting electrons. *Proceedings of IEEE International Reliability Physics Symposium*, 144-159.

2　Black, J. R. (1969). Electromigration-a brief survey and some recent results. *IEEE Transactions on Electron Devices* 16: 338-347.

3　Lloyd, J. R. (2007). Black's law revisited-nucleation and growth in electromigration failure. *Microelectronics and Reliability* 47: 1468-1472.

4　de Orio, R. L., Ceric, H., and Selberherr, S. (2010). Physically based model of electromigration: from Black's equation to modern TCAD models. *Microelectronics Reliability* 50: 775-789.

5　Shatzkes, M. and Lloyd, J. (1986). A model for conductor failure considering diffusion concurrently with electromigration resulting in a current exponent of 2. *Journal of Applied Physics*

59：3890-3893.

6 Kirchheim，R. and Kaeber，U. (1991). Atomistic and computer modeling of metallization failure of integrated circuits by electromigration. *Journal of Applied Physics* 70：172-181.

7 Korhonen，M. A.，Borgesen，P.，Tu，K. N.，and Li，C. Y. (1993). Stress evolution due to electromigration in confined metal lines. *Journal of Applied Physics* 73：3790-3799.

8 Clement，J. J. and Thompson，C. V. (1995). Modeling electromigration induced stress evolution in confined metal lines. *Journal of Applied Physics* 78：900-904.

9 Porter，D. A. and Eastering，K. E. (1992). *Phase Transformations in Metals and Alloys*，2e，290. London：Chapman & Hall.

10 Tu，K. N. and Gusak，A. M. (2019). A unified model of mean-time-to-failure for electromigration，thermomigration，and stress-migration based on entropy production. *Journal of Applied Physics* 126：075109.

11 Liu，Y.，Li，M.，Kim，D. W. et al. (2015). Synergistic effect of electromigration and Joule heating on system level weak-link failure in 2.5D integrated circuits. *Journal of Applied Physics* 118：135304.

12 Li，M.，Kim，D. W.，Gu，S. et al. (2016). Joule heating induced thermomigration failure in un-powered microbumps due to thermal crosstalk in 2.5D IC technology. *Journal of Applied Physics* 120：075105.

第14章 电子封装可靠性中的人工智能

14.1 引言

人工智能（AI）旨在模仿人类智能。在大数据时代，已经发现了许多新的人工智能应用，例如利用先进的5G通信技术和3D IC设备进行远程教学和家庭办公。那么，人工智能应用的技术革新，会给电子封装技术的可靠性研究带来哪些提升？经过本书前面章节的分析，我们应该知道了可靠性领域最重要的问题是什么，以及如何从人工智能中获得帮助。

可靠性中最重要的问题是“经验”。在任何一家公司，拥有可靠性经验的员工都是非常宝贵的。他/她需要大致了解新器件的最佳设计、不同材料的适当整合及关键工艺步骤，以便可以在封装技术中实现可靠性设计（DFR）。新产品可以在可靠性、成本效益和缩短上市时间的要求之间达到最佳折中。毫无疑问，创新永远是重要的。

从根本上说，电子器件的可靠性失效是由于微观结构变化导致空洞或小丘的形成。人工智能的目标是在拥有大数据的基础上，建立一个拥有可靠性专家经验的机器，其中包括每一个由于微观结构变化而导致可靠性失效的事件。

本质上，微观结构变化是一个与时间相关的事件，它可能导致器件中的空穴和小丘形成。由于它是与时间相关的，我们可以根据一组微观结构变化数据中的失效统计分布来定义平均失效时间（MTTF），这些数据可以表征器件的寿命。通常，必须一个接一个地对一组样本进行测试，这需要耗费时间。

14.2 事件的时间无关性转化

可靠性是一个与时间相关的事件，因此挑战在于它需要时间。例如，在研究电迁移时，必须根据时间、电流密度和温度进行大量测试，直到失效发生。其目的是获得失效的分布以进行MTTF分析。这是一项耗时的工作。然而，如果人工智能可以帮助将其更改为与时间无关的事件，就可以节省时间。

可靠性有两个关键问题。第一个问题是，新器件的 MTTF 有多长？第二个问题是，在 MTTF 分布范围之外，是否存在由系统中的薄弱环节引起的早期失效？早期失效是不可接受的，必须识别并消除。

回顾一下，MTTF 方程可以根据第 13 章中给出的熵增计算得出。此处重复 13.4.1 小节的式（13.7）：

$$\frac{T\mathrm{d}S}{V\mathrm{d}t}=JX \tag{14.1}$$

这意味着，对于任何不可逆过程，只要能定义通量和驱动力，就能立即得到其 MTTF 方程。然而，方程中的参数必须根据实验数据进行计算，这非常耗时。

因此，人们不禁要问，人工智能能否帮助我们快速获得 MTTF 中的参数，而无需进行冗长枯燥的依赖时间变化的测试？为此，我们认识到大数据的优势在于，可以在一次可靠性测试中了解大量样品的微观结构变化。例如，可以获得在特定的给定时间和温度、特定的施加电流密度下的微观结构变化的分布。换句话说，一次或两次测试的大量样品的微观结构变化的时间无关分布取代了许多样品逐一测试的时间相关失效分布。

为了分析器件的微观结构，可能需要有关设计、材料、每个部件的尺寸和加工步骤的所有信息。此外，加工对微观结构的稳定性或变化的影响应该是已知的，这样就可以计算可靠性测试所采用的任何电路路径的电阻、热传导和应力松弛。事实上，热处理会影响互扩散和反应以形成合金或金属间化合物，因此需要充分了解它们，以便在可靠性测试下计算器件中的电阻变化、焦耳热、散热和应力松弛。

了解了热分布，就能找出电路中的热点或散热不良问题所在。了解了应力松弛，就能找出应力中心在哪里。反之，将能够找到原子通量发散以及空位的源和阱，在这些地方，测试电路中可能会出现薄弱环节，并可能成为测试中的早期失效。

实验上，需要使用 X 射线图形处理单元（X-GPU）来验证 3D IC 器件中的故障。下面给出一个 X-GPU 的示例。我们去医院拍摄肺部 X 线片，以观察是否患有肺结核或肺癌，医生通过检查底片就能做出判断。

在 3D IC 器件中，无法从样品表面观察到内部空洞，需要穿透三维结构。这意味着必须检查器件的内部结构。因此，需要使用 X-GPU 来完成这项工作。拍摄故障前后器件结构的 X 射线 3D 图像，通过比较，我们和机器就可以检测出故障及其在三维结构中的位置。如果 X 射线设备已进行了大量的测试，并且数据和故障图像已经存储在机器中，那么就可以获得微观结构变化的分布，这个过程是机器学习的一部分。可以利用失效时的平均微观结构变化来分析可靠性，并获得所需的 MTTF 参数。

14.3 从平均微观结构变化到失效推导 MTTF

测试样本需要以不同的方式来准备。应该有大量的测试样本连接在一起，例如，由数百个倒装芯片焊点组成的菊花链。在给定温度和时间下进行热退火后，可以获得菊花链焊点中空洞形成的分布。空洞体积可以在 X-GPU 的分辨率内测量，其分辨率为 0.7μm。由此可以获得空洞体积相对于所有接头焊点体积的比率的分布。我们可以定义，当比例超过 20％时，就是失效。通过对比测试前后的数据，可以得出失效分布和薄弱环节。

当机器进行了大量的测试并存储了失效前后的所有数据和图像时，它就拥有了可靠性专家的经验以及专家的智慧。这意味着当我们将新器件带到机器上拍摄 X 射线图像时，它可以判断微观结构中是否存在薄弱环节。它还可以提供新器件的平均微观结构失效变化（MMTF)，进而可以得到 MTTF。现在机器可以做到这一点，而无需进行烦琐的可靠性测试。

14.4 小结

未来的可靠性研究必须考虑到人工智能，因为在生产大量消费电子产品的微电子公司之间存在着激烈竞争。我们可以将可靠性研究从时间相关的事件转变为时间无关的事件。